普通高等教育机械设计制造及其自动化系列教材

先进制造技术

主　编　任小中
副主编　黄永程　袁全红
参　编　姚会君　刘海娜

北京理工大学出版社
BEIJING INSTITUTE OF TECHNOLOGY PRESS

内容简介

本书是在综合国内外先进制造技术最新研究成果和相关文献的基础上，结合作者在先进制造技术领域多年的教学和科研实践经验编写而成的。本书从科学思维、学科综合和技术集成的角度，以先进设计技术、先进制造工艺和制造自动化技术为主干，以先进生产管理技术和先进制造模式为软环境，系统地构建了先进制造技术的知识体系。本书旨在使学生了解先进制造技术的内涵、拓宽知识面、掌握先进制造方法，启发学生科学思维，培养学生科学创新精神，提高学生解决复杂工程技术问题的能力。

除绪论外，全书共 7 章，内容包括先进制造技术概论、先进设计技术、先进制造工艺、制造自动化技术、现代制造企业的信息管理技术、先进制造模式和智能制造等。书中各章开头有"学习目标"，章后有"本章小结"，并附有一定量的思考题与习题。本书有与教材配套的电子课件。

本书体系完整、内容新颖、知识面宽，既可作为高等院校机械工程、飞行器制造工程、工业工程、管理工程等各类与制造技术有关的学科及专业的教材，也可供制造业工程技术人员参考。

图书在版编目（CIP）数据

先进制造技术／任小中主编. --北京：北京理工大学出版社，2022.6（2022.7 重印）
ISBN 978-7-5763-1368-0

Ⅰ. ①先… Ⅱ. ①任… Ⅲ. ①机械制造工艺 Ⅳ. ①TH16

中国版本图书馆 CIP 数据核字（2022）第 096583 号

出版发行 / 北京理工大学出版社有限责任公司		
社　　址 / 北京市海淀区中关村南大街 5 号		
邮　　编 / 100081		
电　　话 / (010) 68914775（总编室）		
(010) 82562903（教材售后服务热线）		
(010) 68944723（其他图书服务热线）		
网　　址 / http：//www.bitpress.com.cn		
经　　销 / 全国各地新华书店		
印　　刷 / 北京广达印刷有限公司		
开　　本 / 787 毫米×1092 毫米　1/16		
印　　张 / 17	责任编辑 / 多海鹏	
字　　数 / 393 千字	文案编辑 / 闫小惠	
版　　次 / 2022 年 6 月第 1 版　2022 年 7 月第 2 次印刷	责任校对 / 刘亚男	
定　　价 / 52.00 元	责任印制 / 李志强	

图书出现印装质量问题，请拨打售后服务热线，本社负责调换

主编简介

任小中，高校教龄逾40年，博士，教授，河南省教学名师，河南省师德先进个人，河南省优秀科技特派员。曾作为高级访问学者赴日本研修，曾受中国教育部委派赴非洲执行援外教育任务。现任黄河交通学院机电工程学院院长、河南省智能制造技术与装备工程技术研究中心主任、河南省一流专业"机械设计制造及其自动化"负责人。

主持国家级精品资源共享课程和国家级双语教学示范课程各1项，主持河南省双语教学示范课程1项、河南省研究生优质资源课程1项、河南省成人教育精品在线开放课程1项、河南省视频公开课1项，获得省级教学成果特等奖1项、二等奖1项、校级教学成果特等奖3项。

主要从事新型制造装备的研制和传动件先进制造技术方面的研究。主持和参与完成国家自然科学基金项目各1项，参与在研国家自然科学基金项目1项，主持或参与完成省部级以上科技项目15项，发表教研和科研论文80余篇。

　　制造业是国民经济的主体，是立国之本、兴国之器、强国之基。制造技术是制造业为国民经济建设和人民生活生产各类必需物资所使用的一切生产技术的总称，是制造业的技术支撑和可持续发展的根本动力。当前，在经济全球化的进程中，制造技术不断汲取计算机、信息、自动化、材料、生物及现代管理技术的研究与应用成果并与之融合，使传统制造技术有了质的飞跃，形成了先进制造技术的新体系，有利于从总体上提升制造企业对动态和不可预测市场环境的适应能力和竞争能力，实现优质、高效、低耗、敏捷和绿色制造。因此，我国制造业要想在激烈的国际市场竞争中求得生存和发展，必须掌握和科学运用最先进的制造技术。这就要求培养一大批掌握先进制造技术、具有科学思维和创新意识以及工程实践能力的高素质专业人才。

　　为了使学生掌握先进制造技术的理念和内涵，了解先进制造技术的最新发展，培养学生的创新意识和工程实践能力，促进先进制造技术在我国的研究和应用，全国众多院校的机械工程、材料科学与工程、飞行器制造工程、工业工程以及一些新工科专业纷纷开设了"先进制造技术"课程。本书是由多位编者在各自教学和研究的基础上共同编写完成的。除绪论外，全书共分7章。

　　第1章主要阐述了先进制造技术的内涵和特征，分析了先进制造技术的体系结构，展望了先进制造技术的发展趋势。

　　第2章基于先进设计技术的体系结构，主要阐述了一些具有代表性的先进设计技术，如计算机辅助设计技术、逆向工程、并行设计和绿色设计技术等，并给出了一些应用案例。

　　第3章在总体概括先进制造工艺内容的基础上，主要阐述了超精密加工技术、微细/纳米加工技术、高速加工技术、现代特种加工技术、3D打印技术、绿色制造技术等，这些都是先进制造技术的核心技术。本章对每一项技术都列举了其应用情况。

　　第4章首先概述了制造自动化技术的发展，接着介绍了工业机器人技术及应用、柔性制造技术与应用、自动检测与监控技术。

　　第5章主要介绍了现代制造企业比较热门的一些信息管理技术及其应用，如企业资源计划、供应链管理、产品数据管理技术、制造执行系统等。

　　第6章概述了先进制造模式的内涵与特征，主要介绍了计算机集成制造系统与应用、大批量定制的关键技术及其应用、精益生产、敏捷制造等几种先进制造的理念和模式。

　　第7章介绍了智能制造的主要内容和技术体系，分析了智能加工技术的构成以及我国在智能加工领域存在的主要问题以及解决这些问题的措施，介绍了智能控制的应用情况，重点阐述了智能生产线与智能工厂，最后给出了智能制造的应用案例。

本书以先进设计技术、先进制造工艺和制造自动化技术为主干，以先进生产管理信息技术和先进制造模式为软环境，系统地构建了先进制造技术的知识体系。本书具有以下特色。

（1）知识体系完整。从"大制造"角度构建产品设计–制造工艺–制造自动化–企业信息管理–先进制造模式的层次架构，注重学科交叉融合。

（2）内容全面，突出"先进"。不仅介绍先进的制造工艺，而且介绍与制造密切相关的先进设计技术和自动化技术，还介绍了与之配套的先进管理技术和先进制造模式，特别把智能制造单独作为一章写入。

（3）理论联系实际，注入课程思政元素，注重综合素质培养。教材不仅介绍先进制造的哲理、方法、技术，还引入应用案例，培养学生分析和解决实际问题的能力；同时，还实时地引入课程思政元素，培养学生的综合素质。

（4）形态新颖。书中设置有二维码，通过二维码链接微视频或动画，将单调乏味的内容变得丰富多彩、极富趣味，令常规不可观察的内容变得近在眼前、触手可及。将难于感知和理解的知识点以3D教学资源的形式进行演示，力图达到"教师易教、学生易学"的目的。

参加本教材编写的教师有：黄河交通学院任小中、姚会君、刘海娜，广东理工学院黄永程，广东科技学院袁全红。具体编写分工为：任小中编写绪论、第1章、第3章、第6章的6.4节~6.5节；姚会君编写第2章；黄永程编写第4章；袁全红编写第5章；刘海娜编写第6章的6.1节~6.3节、第7章。全书由任小中担任主编、黄永程和袁全红担任副主编。任小中负责全书的统稿工作。

本书参阅了同行专家、学者的著作和文献资料，谨此向有关作者表示诚挚的谢意！并向所有关心和帮助本书出版的人表示感谢！

由于先进制造技术是一门处于不断发展中的综合性交叉学科，涉及的学科多、知识面广，非编者等少数几个人的知识、能力所能覆盖，加之编者水平有限，不妥之处在所难免，恳请广大师生与读者不吝赐教。

编　者
2021 年 11 月

目　录

绪　论 ……………………………………………………………………………… (1)

　0.1　制造技术与制造系统 ………………………………………………… (1)

　0.2　制造业的发展与作用 ………………………………………………… (3)

　0.3　我国制造业的成就和现状 …………………………………………… (6)

　0.4　本书主要内容和学习要求 ………………………………………… (11)

第1章　先进制造技术概论 …………………………………………………… (12)

　1.1　先进制造技术的产生和发展 ……………………………………… (12)

　1.2　先进制造技术的体系结构和分类 ………………………………… (19)

　1.3　先进制造技术的发展趋势 ………………………………………… (23)

　本章小结 ……………………………………………………………………… (26)

　思考题与习题 ………………………………………………………………… (27)

第2章　先进设计技术 ………………………………………………………… (28)

　2.1　概　述 ……………………………………………………………… (28)

　2.2　计算机辅助设计技术 ……………………………………………… (31)

　2.3　逆向工程 …………………………………………………………… (40)

　2.4　全生命周期设计 …………………………………………………… (47)

　本章小结 ……………………………………………………………………… (56)

　思考题与习题 ………………………………………………………………… (57)

第3章　先进制造工艺 ………………………………………………………… (58)

　3.1　概　述 ……………………………………………………………… (58)

　3.2　超精密加工技术 …………………………………………………… (60)

　3.3　微细/纳米加工技术 ……………………………………………… (72)

　3.4　高速加工技术 ……………………………………………………… (80)

　3.5　现代特种加工技术 ………………………………………………… (89)

　3.6　3D打印技术 ……………………………………………………… (97)

　3.7　绿色制造技术 …………………………………………………… (104)

　本章小结 …………………………………………………………………… (114)

　思考题与习题 ……………………………………………………………… (115)

第4章　制造自动化技术 …………………………………………………… (116)

　4.1　概　述 …………………………………………………………… (116)

4.2 工业机器人技术 ……………………………………………………（120）

4.3 柔性制造技术 …………………………………………………………（128）

4.4 自动检测与监控技术 ………………………………………………（147）

本章小结 ……………………………………………………………………（153）

思考题与习题 ………………………………………………………………（154）

第5章 现代制造企业的信息管理技术 ……………………………………（155）

5.1 概 述 …………………………………………………………………（155）

5.2 企业资源计划 …………………………………………………………（162）

5.3 供应链管理 ……………………………………………………………（177）

5.4 产品数据管理技术 ……………………………………………………（185）

5.5 制造执行系统 …………………………………………………………（193）

本章小结 ……………………………………………………………………（199）

思考题与习题 ………………………………………………………………（199）

第6章 先进制造模式 ………………………………………………………（200）

6.1 概 述 …………………………………………………………………（200）

6.2 计算机集成制造系统 …………………………………………………（204）

6.3 大批量定制 ……………………………………………………………（210）

6.4 精益生产 ………………………………………………………………（214）

6.5 敏捷制造 ………………………………………………………………（220）

本章小结 ……………………………………………………………………（226）

思考题与习题 ………………………………………………………………（227）

第7章 智能制造 ……………………………………………………………（228）

7.1 概 述 …………………………………………………………………（228）

7.2 智能制造技术体系 ……………………………………………………（232）

7.3 智能加工与控制 ………………………………………………………（235）

7.4 智能生产线与智能工厂 ………………………………………………（241）

7.5 应用案例：智能制造在数控车床生产中的应用 ……………………（250）

本章小结 ……………………………………………………………………（258）

思考题与习题 ………………………………………………………………（258）

参考文献 ……………………………………………………………………（259）

绪　论

0.1　制造技术与制造系统

0.1.1　制造与制造技术

1. 制造

制造（Manufacturing）一词来源于拉丁语词根 Manu（手）和 Facere（做），这说明制造是靠手工完成的，18 世纪之前一直是这样。自第一次工业革命以来，手工劳动逐渐被机器生产所代替，制造技术实现了机械化。制造是指人们根据自己的意图，运用掌握的知识和技能，利用手工或一切可以利用的工具和设备把原材料制成有价值的产品并把这些产品投放市场的整个过程的总称。

制造的含义有狭义和广义之分。狭义制造仅指生产车间与物流有关的加工和装配过程，而广义制造不仅包括了具体的工艺过程，还包括市场分析、产品设计、质量控制、生产过程管理、营销、售后服务直至产品报废处理等在内的整个产品寿命周期的全过程。国际生产工程学会在 1983 年将制造定义为：制造是制造企业中所涉及产品设计、物料选择、生产计划、生产、质量保证、经营管理、市场营销和服务等一系列相关活动和工作的总称。目前，广义制造已为越来越多的人所接受。

制造的功能是通过制造工艺过程、物料流动过程和信息流动过程来实现的。制造工艺过程指直接改变被制造对象的形状、尺寸、性能的行为活动。物料流动过程指被制造对象在制造过程中的运输、储存、装夹等活动。信息流动过程指被制造对象在制造过程中的信息获取、分析处理、监控等活动。

2. 制造技术

制造技术是制造业为国民经济建设和人民生活生产各类必需物资所使用的一切生产技术的总称，是将原材料和其他生产要素经济合理地转化为可直接使用的具有较高附加值的成品/半成品和技术服务的技术群。这些技术包括运用一定的知识和技能，操纵可以利用的物质、工具，采取各种有效的策略、方法等。

0.1.2　制造系统与制造工程

1. 制造系统

制造系统是指由制造过程及其所涉及的硬件、软件和人员所组成的一个将制造资源转变为成品或半成品的输入/输出系统，它涉及产品的生命周期，包括市场分析、产品设计、工艺规划、加工过程、装配、运输、产品销售、售后服务及回收处理等全部过程或部分环节。其中，硬件包括厂房、生产设备、工具、刀具、计算机及网络等；软件包括制造理论、制造技术（制造工艺和制造方法等）、管理方法、制造信息及其有关的软件系统等；制造资源包括狭义制造资源和广义制造资源。狭义制造资源主要指物能资源，如原材料、坯件、半成品、能源等；广义制造资源还包括硬件、软件和人员等。制造系统的功能结构如图0-1所示。

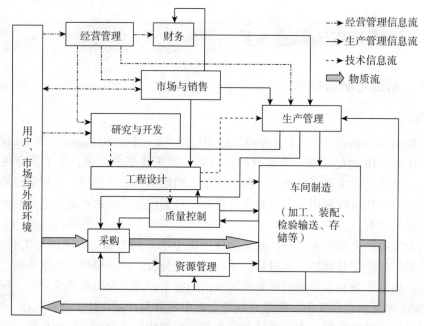

图0-1　制造系统的功能结构

以某轿车生产为例，其物流示意图如图0-2所示。从狭义制造的观点来看，该制造系统主要由毛坯生产、机械加工、装配与调试三大环节组成。从广义制造的观点来看，该制造系统涵盖了从原材料到成品的整个过程，大致分为三个阶段。第一阶段为获取阶段，包含了原材料的获取、库存和初步加工；第二阶段为转变阶段，包含了零件加工、零件库存、装配与调试；第三阶段为分配阶段，包含了成品库存、销售和售后服务。

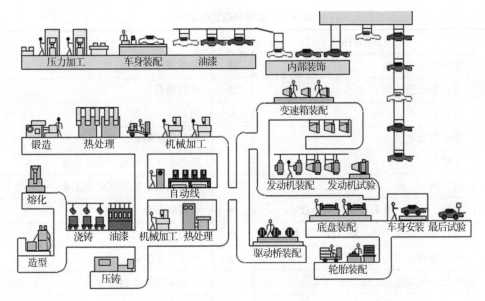

图 0-2 轿车制造系统物流示意图

2. 制造工程

制造工程是一个以制造科学为基础、由制造模式和制造技术构成的、对制造资源和制造信息进行加工处理的有机整体。它是传统制造工程与计算机技术、数控技术、信息技术、控制论及系统科学等学科相结合的产物。制造工程的功能最初仅限于使用工具制造物品，而后逐渐地将制造过程同与其有关的因素作为一个整体来考虑。随着科学技术的进步，制造工程概念有了新的含义，即除了设计和生产以外，还包括企业活动的其他方面，如产品的研究与开发、市场和销售服务等。制造工程学科除了包含工程材料、成型技术、加工工艺外，还包含制造自动化以及相应的传感测试和监控技术等。机械工程、电子工程、化学工程等均属于制造工程。制造工程随着国民经济的发展，在多学科的交叉渗透中不断地发展，且主要通过制造技术应用于生产实践之中。

0.2 制造业的发展与作用

0.2.1 制造业及其分类

制造业是将制造资源通过制造过程转化为可供人和社会使用和利用的工业产品或生活消费品的行业。制造业是所有与制造有关的行业群体的总称。根据 GB/T 4754—2017 可知，制造业涵盖多达 30 个行业，如表 0-1 所示。由于不同制造行业的加工对象不同，因此制造技术差异很大。本书主要涉及机械制造领域的制造技术。

表 0-1　我国制造业的细分

代码	行业名称	代码	行业名称
13	农副食品加工业	28	化学纤维制造业
14	食品制造业	29	橡胶制品业
15	饮料制造业	30	塑料制品业
16	烟草制造业	31	非金属矿物制品业
17	纺织业	32	黑色金属冶炼及压延加工业
18	纺织服装、鞋、帽制造业	33	有色金属冶炼及压延加工业
19	皮革、毛皮、羽毛（绒）制造业	34	金属制品业
20	木材加工及木、竹、藤、镓、草制造业	35	通用设备制造业
21	家具制造业	36	专用设备制造业
22	造纸及纸制品业	37	交通运输设备制造业
23	印刷业和记录媒介的复制	38	电气机械及器材制造业
24	文教体育用品制造业	39	通信设备、计算机及其他电子设备制造业
25	石油加工、炼焦及核燃料加工业	40	仪器仪表及文化、办公用机械制造业
26	化学原料及化学制品制造业	41	工艺品及其他制造业
27	医药制造业	42	废弃资源和废旧材料回收加工业

0.2.2　制造业的发展历程

在远古时代，人们利用原始工具（如石刀、石斧、石锤）进行有组织的石料开采和加工，形成了原始制造业。到了青铜器时代和之后的铁器时代，制造以手工作坊的形式出现，主要是利用人力进行纺织、冶炼、铸造各种农耕器具等原始制造活动。

工业革命是现代文明的起点，是人类生产方式的根本性变革。回顾人类工业发展史，科学和技术的每一次革新，都首先体现在制造业上，极大地促进了人类生产方式的改变和创新。自 18 世纪以来，制造业的发展经历了以下几个发展时期。

18 世纪末的第一次工业革命创造了机器工厂的"蒸汽时代"，蒸汽动力实现了生产制造的机械化，人类进入"工业 1.0"时代。

链接 0-1
蒸汽时代

20 世纪初的第二次工业革命将人类带入大量生产的"电气时代"，电力的广泛运用促进了生产流水线的出现。福特汽车生产线，实现了以刚性自动化制造技术为特征的大规模生产方式，人类进入"工业 2.0"时代。

20 世纪中期计算机的发明、可编程逻辑控制器的应用使机器不仅延伸了人的体力，而且延伸了人的脑力，开创了数字控制机器的新时代，使人-机在空间和时间上可以分离，人不再是机器的附属品，真正成为机器的主人。机械自动化生产制造方式逐步取代了人类作业，这正是"工业 3.0"时代的典型特征。

链接 0-2
福特汽车生产线

进入 21 世纪，互联网、新能源、新材料和生物技术正在以极快的速度形成巨大产业能力和市场，将使整个工业生产体系提升到一个新的水平，推动一场新的工业革命。德国技术科学院等机构联合提出"工业 4.0"战略规划，旨在确保德国制造业的未来竞争力和引领世界工业发展潮流。德国技术科学院划分的四次工业革命的特征如图 0-3 所示。由图 0-3 可见，"工业 4.0"与前三次工业革命的本质区别在于其具有"人-机""机-机"相互通信能力的信息物理融合系统（Cyber Physics System，CPS）。由此推断，未来的制造业将是没有围墙的"智能工厂"。

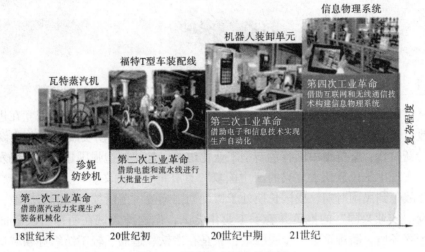

图 0-3　四次工业革命的特征

0.2.3　制造业在国民经济中的地位和作用

制造业是国民经济的主体，是立国之本、兴国之器、强国之基。18 世纪中叶开启工业文明以来，制造业始终处于经济发展的核心地位。世界强国的兴衰史和中华民族的奋斗史一再证明，没有强大的制造业，就没有国家和民族的强盛。许多国家的经济腾飞，制造业功不可没。制造业的作用具体表现在以下几个方面。

（1）制造业是国民经济的支柱产业和经济增长的"发动机"。在发达国家中，制造业创造了约 60% 的社会财富、约 45% 的国民经济收入。改革开放以来，我国的经济增长一半以上来自制造业的成长。

（2）制造业是高技术产业化的基本载体。纵观工业化历史，众多的科技成果都孕育在制造业的发展之中。制造业也是科技手段的提供者，科学技术与制造业相伴成长。例如，20 世纪兴起的核技术、空间技术、信息技术、生物医学技术等高新技术无一不是通过制造业的发展而产生并转化为规模生产力的。其直接结果是诸如集成电路、计算机、移动通信设备、国际互联网、机器人、核电站、航天飞机等产品相继问世，并由此形成了制造业中的高新技术产业。

（3）制造业仍是吸纳劳动力的重要部门。在工业国家中，约有 1/4 的人口从事各种形式的制造活动。在我国，虽然目前制造业转型升级减少了对普工的招聘量，但保持制造业就业稳定仍是我国当前稳就业的重要内容。对普工进行培训，使他们具有一技之长，他们仍然可以在制造业找到一份适合自己的工作。制造业不仅吸纳了一半的城市就业人口，也吸纳了近一半的农村剩余劳动力。

（4）制造业也是国际经贸关系的"压舱石"，是促进国家间经济合作、人员往来、共同发展的纽带。

（5）制造业是国家安全的重要保障。现代战争已进入"高技术战争"的时代，武器装备的较量在很大意义上就是制造技术水平的较量。没有精良的装备，没有强大的装备制造业，一个国家不仅不会有军事和政治上的安全，而且经济和文化上的安全也会受到威胁。

0.3　我国制造业的成就和现状

0.3.1　我国制造业的成就

我国坚定不移走工业化道路，致力于建设完备发达的工业体系，是我们党在进入社会主义建设和改革开放时期切实践行"初心使命"的集中体现与生动实践。而在建设中国特色社会主义的新时代，坚持走中国特色新型工业化道路，加快制造强国建设，加快发展先进制造业，对于实现中华民族伟大复兴的"中国梦"具有重要的意义。

从鸦片战争到民国时期，我国长期处于遭受列强霸凌、落后挨打的悲惨境地，让一些仁人志士萌发"实业兴国"的抱负并着手工业化尝试，但这种尝试在萌芽阶段就面临内忧外患的恶劣生存环境，磨难重重，步履维艰，只是在冶铁、造船、轻工纺织等领域形成了一些零星且低端的制造能力。我国最终与以机械化为基本特征的第一次工业革命和以电气化、自动化为基本特征的第二次工业革命擦肩而过，始终未能摆脱农业占主导、工业基础十分薄弱、工业化水平极低的局面。

中华人民共和国成立伊始，以毛泽东为首的老一辈领导人高瞻远瞩，面对西方国家严密的经济技术围困和封锁，毅然决然走工业化道路。从"一五""二五"时期156个重点项目的建成投产，到"两弹一星"试制成功，再到后来的大规模"三线建设"，上下同心，矢志不渝，艰苦奋斗，举全国之力投入工业化建设，使我国历史上首次拥有了在世界上比较独特的、相对完整的工业体系，艰难地补上了第一次工业革命和第二次工业革命的功课。这个时期，我国虽然不得不在计划经济时代关起门来搞工业化，但我国制造实现了从无到有、由全球工业化的"落后者"成为"追赶者"的第一次伟大转变。

中国制造真正驶入发展快车道并融入全球化分工体系始于改革开放初期。彼时，欧、美、日等发达国家和地区掀起一轮"去工业化"浪潮，而我国大力实施改革开放政策，打开国门让境外资本、装备、技术和管理等生产要素与国内相对丰富的劳动力、土地与自然资源结合起来，以中外合资、外商独资、"三来一补"以及代工生产等多种方式，迅速在沿海地区形成大规模制造产能和产业集群。与此同时，国内民营工业也随之异军突起。特别是2002年我国加入WTO后，为适应国际贸易规则，空前加大改革开放力度，不断优化投资和营商环境，吸引全球跨国巨头纷纷落户我国。中国制造行销全球，制造业取得了举世瞩目的成就，主要表现如下。

1. 被誉为"世界工厂"

2009年，我国进出口贸易总额达到2.2万亿美元，成为世界第一大货物出口国。国内生产总值达到4.9万亿美元，成为世界第二大经济体。2012年，我国制造业增加值为2.08

万亿美元，在全球制造业占比约 20%，成为世界上名副其实的"制造大国"。2018 年，我国工业增加值首次超过 30 万亿元，占全球比重超过 1/4。在 500 余种主要工业品中，我国有 220 多种产量位居世界第一，其中，汽车产量超过 2 780 万辆，占全球产量的 30%；新能源汽车产销量连续 5 年位居世界首位，累计推广量超 450 万辆，占全球的 50% 以上；动力电池技术处于全球领先水平。中国凭借巨大的制造业总量成为名副其实的"世界工厂"。

2. "国之重器""国家名片"闪亮面世

说到"国之重器"，首先要深切缅怀核潜艇的第一任总设计师彭士禄、"两弹一星"的重要开拓者林俊德、歼-15 飞机研制现场总指挥罗阳、中国"天眼"首席科学家兼总设计师南仁东等大国重器缔造者。

| 链接 0-3 | 链接 0-4 | 链接 0-5-1 | 链接 0-5-2 | 链接 0-6 |
| 彭士禄 | 林俊德 | 罗阳简介 | 罗阳采访 | 南仁东 |

中国在轨道交通（包括高铁）、超临界燃煤发电、特高压输变电、超级计算机、核聚变装置、民用无人机等领域居于世界领先水平；在全球导航定位系统、载人深潜、深地探测、5G 移动通信、语音人脸识别、工程机械、大型震动平台、可再生能源、新能源汽车、第三代核电、港口装备、载人航天、人工智能、3D 打印、可燃冰试采、量子技术、纳米材料等领域整体进入世界先进行列；在集成电路、大型客机、高档数控机床、大型船舶制造、碳硅材料、节能环保技术等领域迈出加快追赶世界先进水平的步伐。近些年，12 米级卧式双五轴镜像铣床、1.5 万吨航天构件充液拉深装备、8 万吨模锻压力机、深海石油钻井平台、绞吸式挖泥船等重大装备的入役，填补了国内相关行业的空白，解决了一些"卡脖子"难题。

3. 各具特色的装备制造业聚集区逐渐形成

目前，工业和信息化部已授牌 77 个装备制造领域国家级新型工业化产业示范基地，占中国示范基地总量的 29%。若干具有重要影响力的产业聚集区初步形成，高端装备形成以上海临港、沈阳铁西、辽宁大连湾、四川德阳等为代表的产业示范基地；船舶和海洋工程装备形成以环渤海地区、长三角地区和珠三角地区为中心的产业集聚区；工程机械主要品牌企业集中在徐州、长沙、柳州、临沂等地区；沈阳、芜湖、上海、哈尔滨、广州等地建立了工业机器人产业园。

4. 战略性新兴产业蓬勃发展

战略性新兴产业是以重大技术突破和重大发展需求为基础，对经济社会全局和长远发展具有重大引领带动作用，知识技术密集、物质资源消耗少、成长潜力大、综合效益好的产业。2018 年 11 月，国家统计局《战略性新兴产业分类（2018）》列出的战略性新兴产业，包括新一代信息技术产业、高端装备制造产业、新材料产业、生物产业、新能源汽车产业、新能源产业、节能环保产业、数字创意产业、相关服务业等九大领域，如图 0-4 所示。

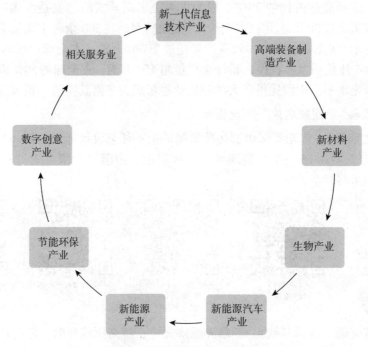

图0-4 九大战略性新兴产业

自"十三五"规划以来，我国战略性新兴产业总体实现持续快速增长，经济增长新动能作用不断增强。在工业方面，2016—2020年上半年，我国战略性新兴产业规模以上工业增加值增速始终高于全国工业总体增速。2020年上半年，我国战略性新兴产业规模以上工业增加值同比增长2.9%，高出全国总体增速4.2个百分点，如图0-5所示。

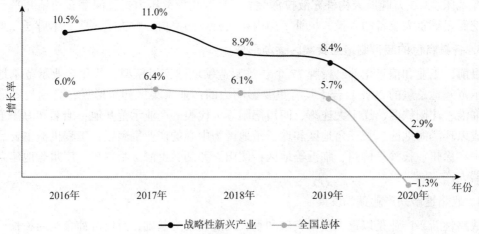

图0-5 我国战略性新兴产业工业增加值增速与全国总体增速对比

0.3.2 我国制造业的现状

我国制造业目前已取得了举世瞩目的成就，从落后挨打，到现在巨龙腾飞，我国制造人付出了巨大心血和努力。然而，不可否认的是，我国目前许多产品仍然高度依赖进口，我国制造业在这些领域的研发和生产依然存在难以攻破的技术难关。这其中有关乎我国工业命脉的核心产品，也有和我们生活息息相关的工业零部件。我国与先进国家的差距主要表现在以下几点。

1. 自主研发能力薄弱

我国制造业整体自主研发设计能力薄弱，几乎所有工业行业的关键核心技术都受制于人。例如，我国 IT 产业的产量虽然处在全球前列，但核心集成电路国产芯片占有率多项为 0，芯片技术高度依赖国外。2018 年，我国芯片市场超过 4 000 亿美元，然而贸易逆差高达 1 657 亿美元，芯片之痛是我国制造业难以抹去的阴影。

我国的火箭能去月球，四代战机能自主研发，但航空发动机依然高度依赖进口。目前世界航发领域，美、英航空发动机的霸主地位难以撼动，国产发动机市场占有率不足 1%。航空发动机的缺失不仅关乎我国民航事业的发展，更已成为制约我国空军战力的一个重要因素。可以说，没有国产航空发动机的突破，就没有我国空军的未来。

2. 自主营销品牌缺乏

树立良好的企业形象、创立驰名的品牌商标和掌控战略性的营销网络，是提高企业利润的关键。我国制造业知名品牌的数量及影响力与发达国家相比存在较大差距，市场营销和战略管理能力薄弱，缺乏全球营销经验，只会打"价格战"，主要依靠国外分销商或合作伙伴的营销网络开拓国际市场。我国相当一部分企业只是国际知名品牌的加工厂，为外资做零配件加工和代工生产，没有自主品牌和供销网络。"世界机械 500 强"是目前世界上第一个对世界机械企业进行综合比较的榜单。2021 年 8 月发布的《财富》世界 500 强排行榜上，中国大陆（含香港）上榜公司数量连续两年居首，达到 135 家，美国共计 122 家公司上榜。不少进入《财富》世界 500 强的中国公司竞争能力并不强，其关键原因在于缺乏创新的产品，以及制造创新产品的核心零部件及软件。

3. 产品质量问题突出

产品质量和技术标准整体水平不高，质量安全事件时有发生。以农业机械产品为例。据市场监管总局网站消息，2021 年，市场监管总局组织抽查了 447 家企业生产的 447 批次农业机械产品，涉及泵和稻麦联合收割机 2 种产品，发现 65 批次产品不合格，不合格发现率为 14.5%。跟踪抽查到上次抽查不合格企业 34 家，仍有 3 家企业不合格。

4. 高水平人力资本匮乏

进入 21 世纪以来，我国研发人员总量的年均增长率高于世界多数国家，显示了我国在科技人力投入方面具有长期增长潜力。但是，与发达国家相比，我国科技人力投入强度不高。在研究人才方面，我国研发人员密度仍远落后于世界主要创新国家，多数发达国家的每万名就业人员的 R&D 人员数量仍然是中国的 2 倍以上。在产业人才方面，我国 2025 年在机器人、新材料、节能与新能源汽车、生物医药和高性能医疗器械、新一代信息技术产业等领域的人才缺口将分别达到 450 万人、400 万人、103 万人、40 万人和 450 万人。

0.3.3 我国制造业的发展方向

"没有互联网，你会明珠暗淡。""没有先进制造业，你是空中楼阁。"在"互联网+"旋风下，"互联网+先进制造"被视为传统工业转型升级的下一个风口。2015 年"两会"期间，国务院总理李克强在《政府工作报告》中明确提出要实施"中国制造2025"，坚持创新驱动、智能转型、强化基础、绿色发展，加快从制造大国转向制造强国。同时，"互联网+"行动计划也写入了《政府工作报告》中，核心就是推动移动互联网、云计算、大数据、物联网等与现代制造业结合。这意味着"中国制造2025"和"互联网+"都是国家的核心战略，我国是制造业大国，也是互联网大国，互联网与制造业融合空间广阔，潜力巨大。实施"互联网+"行动计划，推进互联网和制造业融合深度发展，是建设制造强国的关键之举。

随着我国制造业的劳动力红利时代即将结束，很多发展中国家已接纳了不少转移的产业，对我国制造业形成了挑战。美国及其他工业发达国家若引领新一轮产业革命，将使其重获制造业优势。为使我国制造业不致落入"前有围堵，后有追兵"的局面，加快发展先进制造业刻不容缓。

链接 0-7
中国制造 2025

《中国制造2025》提出，坚持"创新驱动、质量为先、绿色发展、结构优化、人才为本"的基本方针，坚持"市场主导、政府引导，立足当前、着眼长远，整体推进、重点突破，自主发展、开放合作"的基本原则，通过"三步走"实现制造强国的战略目标，如图0-6所示。

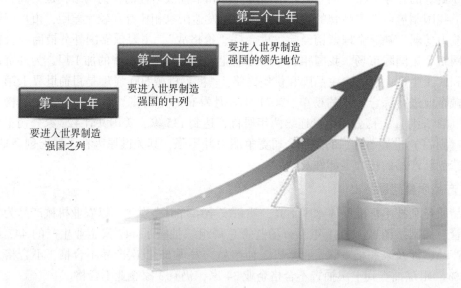

图 0-6 制造强国建设的"三步走"战略

第一步，到2020年，基本实现工业化，制造业大国地位进一步巩固，制造业信息化水平大幅提升。掌握一批重点领域关键核心技术，优势领域竞争力进一步增强，产品质量有较大提高。制造业数字化、网络化、智能化取得明显进展。重点行业单位工业增加值能耗、物耗及污染物排放明显下降。到2025年，制造业整体素质大幅提升，创新能力显著增强，全员劳动生产率明显提高，两化（工业化和信息化）融合迈上新台阶。重点行业单位工业增加值能耗、物耗及污染物排放达到世界先进水平。形成一批具有较强国际竞争力的跨国公司和产业集群，在全球产业分工和价值链中的地位明显提升。

第二步，到2035年我国制造业整体达到世界制造强国阵营中等水平。创新能力大幅度提升，重点领域发展取得重大突破，整体竞争力明显增强，优势行业形成全球创新引领能力，全面实现工业化。

第三步，到新中国成立一百年时，我国制造业大国地位更加巩固，综合实力进入世界制造强国前列。制造业主要领域具有创新引领能力和明显竞争优势，建成全球领先的技术体系和产业体系。

当然，制造业拥抱互联网，光靠制造企业单方面的努力是远远不够的。企业要告别过去制造业的辉煌历史，敞开胸怀，迎接新的技术、新的人才，寻求创新合作，在互联网这个海量数据金矿之中，寻找适合自身的互联网化之路。同时，政府也要积极出具相关鼓励政策，帮助制造业重振旗鼓，让这个国之根本利用互联网在平稳发展中不失本质、固本强基。虽然和其他任何行业一样，制造业的互联网化之路也可能是漫长而艰辛的，但只要政府、企业和各类组织各司其职，互相联动，让制造业转型"智造业"，甩掉中国以前靠廉价劳动力获得的"制造大国"之名，变身"制造强国"，必然会成为大势所趋。

0.4　本书主要内容和学习要求

0.4.1　本书主要内容

"先进制造技术"是高等院校机械设计制造及其自动化、机械工程、机械电子工程、车辆工程、飞行器制造工程和工业工程等专业的选修（限选）课以及很多院校机械工程硕士研究生的学位课。随着我国制造业的迅猛发展，先进制造技术在生产实践中的应用越来越广，充分反映了先进制造技术课程的重要性。本书从"大制造"的角度，讲述了机械制造业的前沿技术以及现代制造企业的信息管理技术，主要内容涉及先进设计技术、先进制造工艺、制造自动化技术、现代制造企业的信息管理技术等方面，并突出强调了计算机集成制造、大批量定制、精益生产、敏捷制造、虚拟制造、网络制造、智能制造等先进制造模式在现代制造企业中的推广应用。由此可见，先进制造技术不是一项具体的技术，而是由多学科高新技术集成的技术群。应当强调的是，先进制造工艺是先进制造技术的核心内容。离开了先进制造工艺，与之集成的计算机辅助技术、信息技术以及管理技术等都将成为无源之水、无本之木。

0.4.2　本书的学习要求与学习方法

先进制造技术是传统制造技术与基础科学、管理学、人文社会学和工程技术等领域的最新成果、理论、方法有机结合产生的适应未来制造的前沿技术的总称，是集机械、电子、信息、材料和管理等学科于一体的新兴交叉学科。这对当前高等工科院校的课程教学内容、人才培养体系以及专业和学科间的交叉渗透提出了新的挑战。要求学生在掌握坚实的自然科学知识和宽广的人文社会科学知识的基础上，学好铸造、锻压、焊接、热处理、表面保护、机械加工等基础工艺，因为这些基础工艺经过优化而形成的优质、高效、低耗、清洁基础制造技术是先进制造技术的核心部分。要掌握数控技术及装备知识，同时要学习CAD/CAM、现代设计方法、特种加工工艺、企业经营管理等相关课程，培养收集与处理信息的能力、获取新知识的能力、分析与解决问题的能力、组织管理能力、综合协同能力、表达沟通能力和社会活动能力等，尤其是不断增强的创新能力和工程实践能力。

第1章
先进制造技术概论

1. 了解先进制造技术产生的背景以及我国先进制造业的发展情况，深入思考如何把我国由制造大国变为制造强国。

2. 理解先进制造技术的内涵，熟知先进制造技术的特征。

3. 掌握先进制造技术的体系结构，熟悉先进制造技术的组成。

4. 了解先进制造技术的发展趋势。

1.1 先进制造技术的产生和发展

1.1.1 先进制造技术的产生背景

先进制造技术是相对于传统制造技术而言的，但先进制造技术（Advanced Manufacturing Technology，AMT）这一概念则是由美国于20世纪80年代末首次明确提出的。众所周知，美国制造业在第二次世界大战及稍后一段时期得到空前发展，形成了一股强大的研究开发力量，美国因此成为当时世界制造业的霸主。后来，国际环境发生了变化，美国开始重视基础研究、卫生健康和国防建设，而忽视了制造业的发展。20世纪70年代，一批美国学者不断鼓吹美国已进入"后工业化社会"，认为制造业为"夕阳工业"，主张经济中心由制造业转向高科技产业和第三产业，只重视理论成果，不重视实际应用，造成所谓"美国发明，日本发财"的局面。再加上美国政府长期以来对产业技术不予支持，使美国制造业产生衰退，产品的市场竞争力下降，贸易逆差剧增，许多原来占优势的汽车、家用电器、机床、半导体等产品在市场竞争中也纷纷败北。美国商品在来自日本的高质量、高科技产品，以及其他亚洲和拉美国家廉价商品的夹击下，市场生存空间不断萎缩。上述情况引起学术界、企业界和政界人士的广泛关注，纷纷要求政府出面组织、协调和支持产业技术的发展，重振美国经济。期间，又发生了轰动一时的"东芝事件"。美国政府开始认识到问题的严重性，白宫一份报告称"美国经济衰退已威胁到国家安全"，于是，花费数百万美元，组织大量专家、学者进行调查研究。美国麻省理工学院的一份调查报告中写道："一个国家要生活好，必须生产好"和"振兴美国经济的出路在于振兴美国的制造业"。学术界、企业界和政府之间形成了共识，即"经济的竞争归根到底是制造技术和制造能力的竞争"。1988年，美国政府开始投资进行大规模"21世纪制造企业战略"研究，制定并实施了先进制造技术计划和制造技术中心计划，取得了显著的效果。可见，美国实施先进制造技术的目的就是为了增强美国制造业的竞争力，夺回美国制造工业的优势，促进其国家的经济发展。

链接1-1
东芝事件

1.1.2　先进制造技术的发展概况

自先进制造技术提出后，许多工业发达国家都把先进制造技术作为国家级关键技术和优先发展领域。20世纪90年代以来，美洲、欧洲、亚洲各经济强国都纷纷针对先进制造技术的研发提出了国家层面的发展计划，旨在提高本国制造业的国际竞争能力。下面以美国、德国、日本、中国为例，介绍先进制造技术的发展概况。

1. 美国

在以新一代信息技术为核心的新科技革命牵引下，美国制造业呈现多路演进的新趋势。除了备受中国产业界关注的工业互联网和智能硬件，还有可以归属下一代的先进制造技术。值得指出的是，美国国家级的制造业战略，不是人们谈论得最多的工业互联网，而是先进制造伙伴（Advanced Manufacturing Partnership，AMP）计划。

全球金融危机之后，美国政府重新关注制造业问题。美国总统科技顾问委员会于2011年、2012年先后提出《保障美国在先进制造业的领导地位》以及第一份AMP报告《获取先进制造业国内竞争优势》。到了2014年10月，该委员会又发布了《加速美国先进制造业》，该报告俗称AMP2.0。

美国在前后两份AMP报告中，都明确提出了加强先进制造布局的理由，那就是通过规划系列AMP，保障美国在未来的全球竞争力。美国AMP系列计划，分别对发展先进制造业的战略目标、蓝图和行动计划及保障措施进行了详细的说明，如表1-1所示。

表1-1　美国AMP系列计划支持先进制造业的领域、内容和保障措施

领域	先进传感、控制和平台系统	可视化、信息化和数字化制造	先进材料制造
支持创新研发基础设施	建立制造技术测试展示包括"智能制造业"新技术的商业案例	建立卓越制造业中心，主要用于技术研发、早期的基础研究以及数字化的研究	建立材料卓越制造业中心，支持制造业创新研究和其他制造技术领域的研发
国家制造创新网络	在能源密集型和数字信息密集型制造业中，建立一家专门研究先进传感、控制和平台系统的研究机构	建立一家大数据制造业创新研究院，专门研究利用制造业大数据进行安全分析和决策	利用对国防设备的供应链管理，促进关键材料再加工技术的创新和研发

续表

领域	先进传感、控制和平台系统	可视化、信息化和数字化制造	先进材料制造
政企合作，建立技术标准	制定新的产业标准，包括关键系统和制造企业支持的数据互用标准	起草并部署制造业网络及设备安全、数据交换和储存的标准	设计材料属性的数据标准，帮助制造企业快速采用新材料和制造工艺
其他战略		鼓励其他制造业系统提供商、服务提供商或系统整合机构的建立和商业化	在生物疗法制造业等先进材料制造的关键领域，为博士设立制造业创新奖学金

奥巴马宣布实施 AMP 计划，有着明确的目的。一是促进经济增长，缓解就业压力，为其连任做政治准备；二是促进创新，重新夺回美国在全球制造业的领导地位，巩固美国的国际竞争力；三是维护国家安全。

美国政府对"制造业回归"的强力推动正在改写着全球制造业格局。美国再工业化的本质是产业升级，高端制造是其战略核心。美国已经正式启动高端制造计划，积极在纳米技术、高端电池、能源材料、生物制造、新一代微电子研发、高端机器人等领域加强攻关，以期保持其在高端制造领域的研发领先、技术领先和制造领先。美国制造业智能化升级促进法案与计划如表 1-2 所示。另外，由于美国工业用地成本相对较低，而人工成本过高，美国企业有充足的动力研发智能制造技术，以便最大限度地减少对人工的依赖。伴随超高度自动化工厂、3D 打印技术等先进技术的应用，美国智能制造产业得到了极大的发展。

表 1-2 美国制造业智能化升级促进法案与计划

政策	政策内容
制造业促进法案	法案规模约为 170 亿美元，通过暂时取消或削减美国制造业在进口原材料过程中需付的关税来重振制造业竞争力并恢复在过去 10 年中失去的 560 万个就业岗位
先进制造伙伴计划	聚合工业界、高校和联邦政府为可创造高品质制造业工作机会以及提高美国全球竞争力的新兴技术进行投资，这些技术（如信息技术、生物技术、纳米技术）将帮助美国的制造商降低成本、提高品质、加快产品研发速度，从而提供良好的就业机会。该计划利用了目前现有项目和议案，将投资 5 亿多美元推动这项工作。投资将涉及以下关键领域：打造关键国家安全工业的国内制造能力；缩短研制先进材料（用于制造产品）所需的时间；确立美国在下一代机器人技术领域的领导地位；提高生产过程中的能源效率；研发可大幅度缩短产品设计、制造与试验所需时间的新技术
先进制造业国家战略计划	明确美国先进制造业促进的三大原则：一、完善先进制造业创新政策；二、加强"产业公地"建设；三、优化政府投资。提出五大目标：一、加快中小企业投资；二、提高劳动力技能；三、建立健全伙伴关系；四、调整优化政府投资；五、加大研发投资力度

2. 德国

德国对制造产业的智能化极为重视，早在 20 世纪 90 年代初期，德国政府面对制造业竞争实力下滑的窘境，制定了名为"生产2000"的产业计划，以帮助德国制造业智能化的发展。德国政府力求通过这一计划达到德国制造业产业发展的多重目的，其中包括增强德国制造业研究水平；确保并提高德国制造业在国际市场竞争中的地位；提高德国制造业企业对市场的适应能力；通过新兴的信息及通信技术促进德国制造业的现代化；采用充分考虑人的需求和能力的生产方式；促进环境友好型制造业发展，大力推动清洁制造，改善制造业对环境的影响；帮助提升中小企业竞争实力。为了推动这一产业计划的进行，德国政府特别加大了某些对产业升级影响深远的研究领域的投资，如缩短产品开发和产品制造的周期，以便对新的市场需求作出快速响应；开发可重复利用的材料和可重复利用的产品；开发能进行"清洁制造"的制造过程；开发加速产品制造过程和减少运输费用的技术及系统；开发面向制造的信息技术及面向制造的高效、可控的系统；研究可提高对市场变化响应速度的开放的、具有学习能力的生产组织结构等。

　　2013年，欧债危机下的欧洲"哀鸿遍野"，唯有德国成为欧元区屹立不倒的"定海神针"。究其根本，德国制造业的长盛稳定，无疑是其抵御欧债危机的铜墙铁壁。德国制造业出口贡献了国家经济增长的2/3，拉动人均GDP的速度比其他任何发达国家都要快，德国被公认为欧洲四大经济体当中最为优秀的国家，经济实力居欧洲首位，是当今欧洲乃至世界一流的强国。作为全球工业实力最为强劲的国家之一，德国在新时代发展压力下，为进一步增强国际竞争力，提出了"工业4.0"概念。

　　"工业4.0"研究项目由德国联邦教研部与联邦经济技术部联手资助，在德国工程院、弗劳恩霍夫协会、西门子公司等德国学术界和产业界的建议和推动下形成，并已上升为国家级战略。德国联邦政府投入达2亿欧元。德国政府提出"工业4.0"战略，并在2013年4月的汉诺威工业博览会上正式推出，其目的是提高德国工业的竞争力，在新一轮工业革命中占领先机。德国

链接1-2
工业4.0

学术界和产业界认为，"工业4.0"概念即是以智能制造为主导的第四次工业革命，或革命性的生产方法。该战略旨在通过充分利用通信技术和网络空间虚拟系统-信息物理系统（Cyber-Physical System）相结合的手段，将制造业向智能化转型。德国制造业发展进程如图1-1所示。

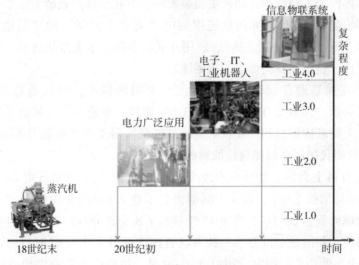

图1-1　德国制造业发展进程

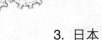
3. 日本

日本是世界上重要的先进制造业出口国之一，长期以来，一直坚持"新技术立国"的理念。日本的研发中心位居全球先进制造业产业链的最高端。从20世纪80年代末开始，日本政府相继出台了四项重大的先进制造技术计划，即智能制造系统计划、未来计划、风险企业型实验室计划和新型工业创新型技术研究开发促进计划。其中，影响最大的就是智能制造系统（Intelligent Manufacturing System，IMS）计划。IMS计划是1989年日本通产省发起的一项国际合作研究计划，其目标是：全面展望21世纪先进制造技术的发展趋势，超前开发下一代制造技术，解决全球制造业面临的共同问题，如提高产品质量和性能、促进科技成果转化、改善地球生态环境、推动全球制造信息与制造技术的体系化和标准化、快速响应制造业全球化等。该计划分成可行性研究（1992—1994）和全面实施（1995—2005）两个阶段。到1998年8月为止，共批准了12个项目，如21世纪的全球化制造、下一代制造系统、全能制造系统、变结构物料储运系统、快速产品开发、创新型和智能型现场工厂建设的研究、数字化模具设计系统、智能综合生产等。IMS计划充分反映了21世纪先进制造技术研究的三大特点：国际化、面向市场和企业参与、涉及当今先进制造技术领域的许多重大技术，该计划已受到世界各国的广泛关注。

1999年3月，日本政府又颁布了《制造基础技术振兴基本法》。日本政府认为，即使在未来的信息社会，制造业始终是基础战略产业，必须持续加强和促进制造业基础技术的发展。

4. 中国

1995年，我国在"九五"计划中提出要大力采用先进制造技术，明确将其列为高技术研究与发展专题，希望以信息化推进工业化，以缩小与工业发达国家的差距。中国为国际市场提供了大量物美价廉的产品，被誉为"世界工厂"。但部分学者认为，根据现阶段中国制造业发展"三高三低"的特点，中国还只是"世界加工厂"。当前我国制造业主要集中在低附加值的非核心部件加工制造和劳动密集型装配环节，在全球产业链上处于中低端，制造业"大而不强"的问题十分突出。如何推进中国由"制造业大国"向"制造业强国"转变，如何将"中国制造"变成"中国创造"，利用互联网和新技术重振制造业，增强我国制造业的竞争力与稳定性，是摆在我们面前的重要课题。

2015年，李克强总理在《政府工作报告》中明确指出，中国制造业要追赶"工业4.0"，同时也要补课"工业2.0"和"工业3.0"阶段，制造业核心基础零部件（元器件）、先进基础工艺、关键基础材料和产业技术基础（四基）等工业基础能力薄弱。

"十三五"期间我国制造强国建设取得的成就如下。

一是综合实力再上台阶，2016—2019年，我国全部工业增加值由24.54万亿元增至31.71万亿元，年均增长5.9%，远高于同期世界工业2.9%的年均增速。2019年，我国制造业增加值占全球比重达28.1%，比2015年提高1.8个百分点，连续10年保持世界第一制造大国地位。目前，我国是全世界唯一拥有联合国产业分类中全部41个工业大类、207个工业中类、666个工业小类的国家。2020年1—9月，规模以上工业增加值同比增长1.2%，其中三季度增长5.8%，呈逐季回升态势。

链接1-3-1　　　　　链接1-3-2　　　　　链接1-3-3　　　　　链接1-4
解读《中国制造2025》　中国制造2025·国之重器　中国制造2025·尖端科技　我国高技术制造业增长迅猛

二是创新能力显著提高，2019年，我国规模以上工业企业研发投入强度达1.32%，比2015年提高0.42个百分点。初步形成了以17家国家制造业创新中心为核心，100余家省级制造业创新中心为补充的制造业创新网络。2020年，我国在世界知识产权组织"全球创新指数"排名第14位，比2015年上升15位。

三是产业结构持续优化，钢铁行业提前两年完成"十三五"去产能1.5亿吨目标。智能制造示范应用加快，截至2020年6月，制造业重点领域企业数字化研发设计工具普及率、关键工序数控化率分别为71.5%、51.1%，分别高于2015年14.8个、3.8个百分点。高技术制造业、装备制造业增加值占规模以上工业增加值的比重分别达到14.4%、32.5%，分别比2015年提高2.6个、0.7个百分点，成为带动制造业发展的主要力量。

四是优质企业加快壮大，龙头企业全球竞争力持续增强，在信息通信、轨道交通、新能源汽车等领域涌现出一批创新能力强、具有国际竞争力的领军企业。2020年，《财富》世界500强企业中，我国上榜制造业公司数量达到38家，居世界首位。同年，全球最具价值品牌500强中，我国制造业品牌18个上榜。福布斯发布的2019全球数字经济百强企业榜单中，我国有14家企业上榜。

五是开放水平不断提升，一般制造业有序放开，汽车、船舶、飞机相关领域正逐步取消外资股比限制，高铁、核电、卫星等成体系走出国门。2019年，我国工业产品出口覆盖近200个国家和地区，出口额分别占我国总出口和全球需求金额的71%、21%，在全球产业链供应链中居于关键位置。截至2019年年底，我国与"一带一路"沿线30多个国家签署产能合作协议，建设了超70个境外经贸合作区。

"十三五"期间，我国电信行业大力推动提速降费，不仅建成了全球领先的电信网络，固定宽带和手机流量的平均资费水平下降幅度更是超过了95%。工业和信息化部新闻发言人、信息通信发展司司长闻库说，信息服务"用得上、用得起、用得好"，带动我国数字经济实现了跨越式发展。

网络能力显著增强，网络水平全球领先。"十三五"以来，我国建成了全球规模最大的信息通信网络，4G基站占全球4G基站的一半以上，5G基站不到一年已建成69万多个。网络速率翻倍提升。5年来，光纤用户占比从34%提升至93%。4G用户占比从7.6%提升至81%，远高于全球平均水平。宽带发展联盟最近监测数据显示，我国固定宽带和4G用户端到端平均下载速率比2015年增长了7倍多。

持续推动电信降费，有力促进了网络普及和应用推广。取消手机国内长途漫游费、流量漫游费，推出"流量当月不清零""网速提速不提价"等举措，并针对低收入和老年群体需求，推出了"地板价"资费方案。我国电信用户月均手机流量消费相比2015年提升了38

倍。网上购物、在线教育、移动支付、短视频，丰富多样的应用，已全方位影响着人们的衣食住行。电子商务、互联网+教育、互联网+医疗、互联网+养老等基本服务领域也不断创新，促进了政府公共服务的系统化和高效化。

深化融合应用，数字经济实现跨越式发展。我国数字经济规模从"十三五"初的11万亿元，增长到2019年的35.8万亿元，占GDP比重36.2%，对GDP的贡献率为67.7%。数字经济有力促进了工业化和信息化融合的步伐。智能制造深入推进，一批数字化车间和智能工厂初步建成。全国已建成超过70个有影响力的工业互联网平台，连接工业设备的数量达到4000万套，工业APP超过了25万个。融合应用覆盖30余个国民经济重点行业，智能化制造、网络化协同、个性化定制、服务化延伸、数字化管理等新业态新模式快速成长壮大。

相对于中国30多年的制造业发展史，欧美等发达国家已经经过了超百年的发展历程，其发展经验可以带给我国制造业发展以重要启示。尤其是在信息技术迅速发展的今天，发达国家凭借先进的技术研究能力、工业基础及成熟的消费市场，更易捕捉到未来国际产业发展的先机，通过生产模式、生产设备及技术人才的变革，赢得未来竞争的制高点。作为发展中大国，我国无论是工业基础还是生产装备及技术人才方面等都和美、德等发达国家存在较大差距，我国经济发展和制造业转型升级过程中还会出现很多问题，因此我们更应该密切关注美、德等发达国家的经济发展战略布局及变动方向，并保持持续不断的跟踪、学习机制，通过对其先进生产模式、先进生产设备及先进技术人才培养模式的借鉴和学习，构建动态化、可持续创新发展的"中国制造2025"运行机制。

无论是德国的"工业4.0"战略，还是美国AMP战略，都强调创新是其战略的核心要素。习近平总书记指出："综合国力竞争说到底是创新的竞争。企业持续发展之基、市场制胜之道在于创新。"通过创新驱动，实现发展方式转型，是实现"中国梦"的恒久源泉。结合美国的AMP2.0战略，我国研发创新应该加强政府强有力的引导，政府为学术界和产业界牵线搭桥，促进真正的产学研一体化，增加创新的机遇，缩短由科研成果向技术转换的时间，延长技术的生命周期。

1.1.3　先进制造技术的内涵和特征

1. 先进制造技术的内涵

先进制造技术是为了适应时代要求，提高企业市场竞争力，对制造技术不断优化所形成的。目前对先进制造技术尚没有一个明确的、一致公认的定义。经过近年来对发展先进制造技术方面开展的工作，以及对其特征的分析研究，可以认为：先进制造技术是制造业不断吸收机械、电子、信息、材料、能源和现代管理技术等方面的成果，将其综合应用于产品设计、加工、检测、管理、销售、使用、服务乃至回收的制造全过程，以实现优质、高效、低耗、清洁、灵活生产，提高对动态多变市场的适应能力和竞争力的制造技术的总称。其要点在于：①目标是提高制造企业对市场的适应能力和竞争力；②强调信息技术、现代管理技术与制造技术的有机结合；③信息技术、现代管理技术在整个制造过程中综合应用。

2. 先进制造技术的特征

（1）先进制造技术是一项综合性技术。先进制造技术不是一项具体的技术，而是利用系统工程的思想和方法，将各种与制造相关的技术集合成一个整体，并贯穿市场分析、产品设计、加工制造、生产管理、市场营销、维修服务直至产品报废处理、回收再生的生产全过程。先进制造技术特别强调计算机技术、信息技术和现代管理技术在制造中的综合应用，特别强调人的主体作用，强调人、技术、管理的有机结合。

（2）先进制造技术是一项动态发展技术。先进制造技术没有一个固定的模式，实现规模、实现程度、实现方法以及侧重点要与企业的具体情况相结合，并与企业的周边环境相适应。同时，先进制造技术也不是一成不变的，而是动态发展的，它要不断地吸收和利用各种高新技术成果，并将其渗透到制造系统的各个部分和制造活动的整个过程，使其不断趋于完善。

（3）先进制造技术是面向工业应用的技术。先进制造技术有明显的需求导向特征，不以追求技术高新度为目的，重在全面提高企业的竞争力，促进国家经济持续增长，加强国家综合实力。先进制造技术坚持以顾客为核心，强调系统集成和整体优化，提倡合理竞争与相互信任，这些都是制造企业生存和发展的重要条件。

（4）先进制造技术是面向全球竞争的技术。当前，信息技术的飞速发展，使每一个国家每一个企业都处在全球市场中。为了赢得国际市场竞争，必须提高企业综合效益（包括经济效益、社会效益和环境生态效益）及对市场的快速反应能力，而采用先进制造技术是达到这一目标的重要途径。

（5）先进制造技术是面向 21 世纪的技术。先进制造技术是制造技术发展的新阶段，它保留了传统制造技术中有效要素，吸收并充分利用了一切高新技术，使其产生了质的飞跃。先进制造技术强调环保，突出能源效益，重视产品的回收和再利用，符合可持续发展的战略。

1.2　先进制造技术的体系结构和分类

1.2.1　先进制造技术的体系结构

由于先进制造技术涉及的学科门类繁多，因此在不同的国家、不同的发展阶段，先进制造技术具有不同的内容和技术体系。这里介绍两种具有代表性的先进制造技术体系结构。

1. 美国"三位一体"先进制造技术体系结构

图 1-2 为美国联邦科学、工程和技术协调委员会下属的工业和技术委员会先进制造技术工作组提出的"三位一体"先进制造技术体系结构。强调这三部分只有相互联系、相互促进，才能发挥整体的功能效益。其中，主体技术群是先进制造技术的核心；支撑技术群指支持设计和制造工艺两方面取得进步的基础性技术；制造技术基础设施则是使

先进制造技术适用于具体企业应用环境，充分发挥其功能，取得最佳效益的一系列措施，是先进制造技术生长的机制和土壤。这种体系不是从技术学科内涵的层面来描述先进制造技术，而是着重从宏观的角度描述先进制造技术的组成以及各组成部分在制造过程中的作用。

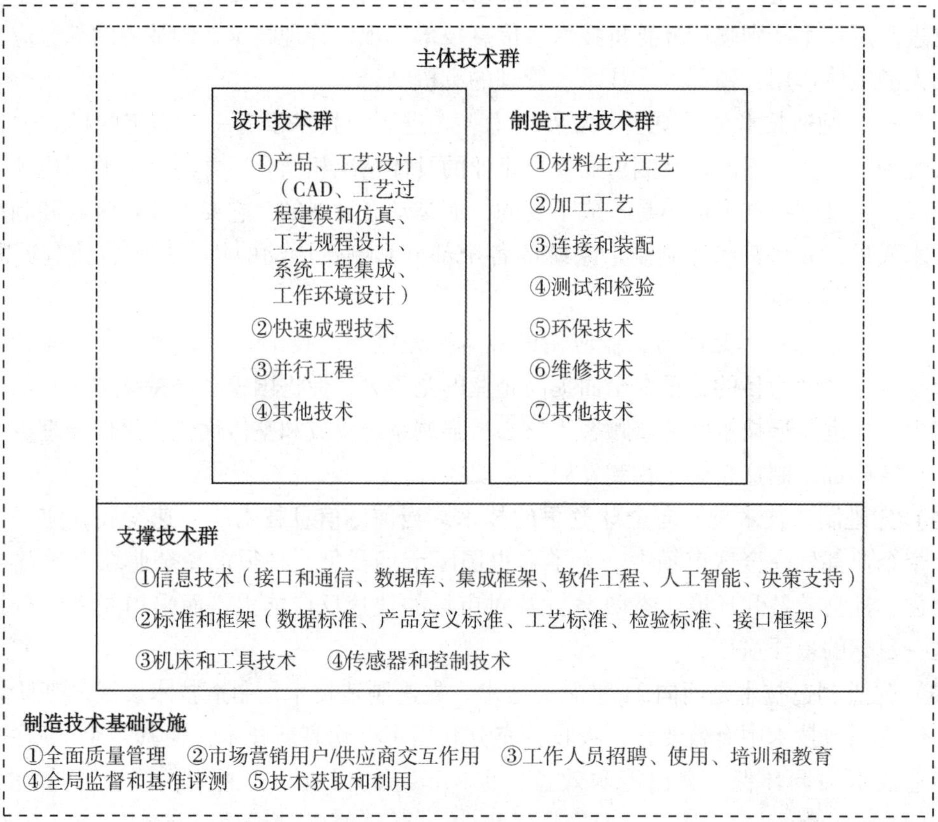

主体技术群

设计技术群
①产品、工艺设计（CAD、工艺过程建模和仿真、工艺规程设计、系统工程集成、工作环境设计）
②快速成型技术
③并行工程
④其他技术

制造工艺技术群
①材料生产工艺
②加工工艺
③连接和装配
④测试和检验
⑤环保技术
⑥维修技术
⑦其他技术

支撑技术群
①信息技术（接口和通信、数据库、集成框架、软件工程、人工智能、决策支持）
②标准和框架（数据标准、产品定义标准、工艺标准、检验标准、接口框架）
③机床和工具技术　④传感器和控制技术

制造技术基础设施
①全面质量管理　②市场营销用户/供应商交互作用　③工作人员招聘、使用、培训和教育
④全局监督和基准评测　⑤技术获取和利用

图1-2　"三位一体"先进制造技术体系结构

（1）主体技术群。主体技术群包括产品的设计技术群和制造工艺技术群。

①设计技术群主要包括：产品、工艺设计（如计算机辅助设计、计算机辅助工程分析、面向加工和装配的设计、模块化设计、工艺过程建模和仿真、计算机辅助工艺过程设计、工作环境设计、符合环保的设计等）；快速成型技术；并行工程和其他技术。

②制造工艺技术群是指用于物质产品生产的过程和设备。先进制造工艺技术群的主要内容包括：材料生产工艺，包括冶炼、轧制、压铸、烧结等；加工工艺，包括切削与磨削加工、特种加工、铸造、锻造、压力加工、模塑成型、材料热处理、表面涂层与改性、精密与超精密加工、光刻/沉积、复合材料工艺等；连接和装配，包括焊接、铆接、粘接、装配、电子封装等；测试和检验；环保技术；维修技术和其他技术。

（2）支撑技术群。支撑技术指支持设计和制造过程取得实效的基础技术。支撑技术群包括：信息技术，包括接口和通信、数据库、集成框架、软件工程、人工智能、专家系统、神经网络、决策支持系统、多媒体技术、虚拟现实技术等；标准和框架，包括数据标准、产品定义标准、工艺标准、检验标准、接口框架等；机床和工具技术；传感器和控制技术等。

（3）制造技术基础设施。这是制造技术在企业的应用环境、措施和机制。主要包括：新型企业组织形式与科学管理；准时信息系统；全面质量管理；市场营销与用户/供应商交互作用；工作人员招聘、使用、培训和教育；全面质量管理；全局监督和基准评测；技术获取和利用等。

2. 我国三层次先进制造技术体系结构

图1-3为国内学者根据美国机械科学研究院提出的先进制造技术体系图，经改进而成的三层次先进制造技术体系结构。

（1）基础技术。基础技术是指优质、高效、低耗、清洁基础制造技术。铸造、锻压、焊接、热处理、表面保护、机械加工等基础工艺至今仍是生产中大量采用、经济实用的技术，这些基础工艺经过优化而形成的优质、高效、低耗、清洁基础制造技术是先进制造技术的核心部分。这些基础技术主要有精密下料、精密塑性成形、精密铸造、精密加工、精密测量、毛坯强韧化、精密热处理、优质高效连接技术、功能性防护涂层及各种与设计有关的基础技术和现代管理技术。

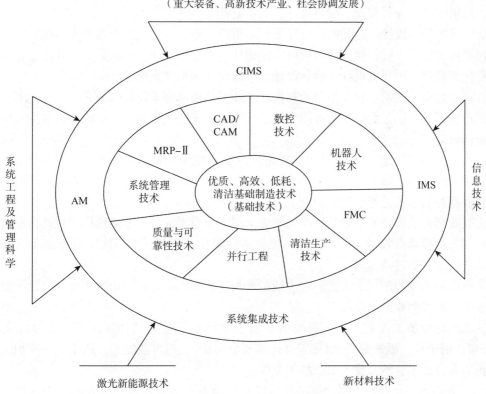

图1-3 三层次先进制造技术体系结构

（2）新型制造单元技术。这是在市场需求及新兴产业的带动下，制造技术与电子、信息、新材料、新能源、环境科学、系统工程、现代管理等高新技术结合而形成的新型制造技术，如制造业自动化单元技术、极限加工技术、质量与可靠性技术、系统管理技术、CAD/CAM、清洁生产技术、新材料成形加工技术、激光与高密度能源加工技术、工艺模拟及工艺设计优化技术等。

（3）系统集成技术。这是应用信息技术和系统管理技术，通过网络与数据库对上述两个层次的技术集成而形成的，如 CIMS、AM、IMS 等。

以上三个层次都是先进制造技术的组成部分，但其中每一个层次都不等于先进制造技术的全部。

1.2.2　先进制造技术的分类

从图 1-2 和图 1-3 可以看出，先进制造技术涉及的技术领域广泛。为了便于学习与掌握先进制造技术的基本体系和主要内容，根据先进制造技术的功能和研究对象，本书将先进制造技术归纳为以下几个大类。

（1）现代设计技术。现代设计技术是根据产品功能要求，应用现代技术和科学知识，制定设计方案并使方案付诸实施的技术，其重要性在于使产品设计建立在科学的基础上，促使产品由低级向高级转化，促进产品功能不断完善，产品质量不断提高。现代设计技术包含如下内容。

①现代设计方法。它包括模块化设计、系统化设计、价值工程、模糊设计、面向对象的设计、反求工程、并行设计、绿色设计、工业设计等。

②产品可信性设计。产品的可信性是产品质量的重要内涵，是产品的可用性、可靠性和维修保障性的综合。可信性设计包括可靠性设计、安全性设计、动态分析与设计、防断裂设计、防疲劳设计、耐环境设计、健壮设计、维修设计和维修保障设计等。

③设计自动化技术。它是指用计算机软硬件工具辅助完成设计任务和过程的技术，包括产品的造型设计、工艺设计、工程图生成、有限元分析、优化设计、模拟仿真虚拟设计、工程数据库等内容。

（2）先进制造工艺。先进制造工艺是先进制造技术的核心和基础，是使各种原材料、半成品成为产品的方法和过程。先进制造工艺包括高效精密成形技术、高精度切削加工工艺、现代特种加工工艺等内容。

①高效精密成形技术。它是生产局部或全部无余量半成品工艺的统称，包括精密洁净铸造成形工艺、精确高效塑性成形工艺、优质高效焊接及切割技术、优质低耗洁净热处理技术、快速成形和制造技术等。

②高效高精度切削加工工艺。它包括精密和超精密加工、高速切削和磨削、复杂型面的数控加工、游离磨粒的高效加工等。

③现代特种加工工艺。它是指那些不属于常规加工范畴的加工工艺，如高能束加工（电子束、离子束、激光束）、电加工（电解和电火花）、超声波加工、高压水射流加工、多种能源的复合加工、纳米技术及微细加工等。

（3）制造自动化技术。制造自动化是用机电设备工具取代或放大人的体力，甚至取代和延伸人的部分智力，自动完成特定的作业，包括物料的存储、运输、加工、装配和检验等各个生产环节的自动化。制造过程自动化技术涉及数控技术、工业机器人技术、柔性制造技术、传感技术、自动检测技术、信号处理和识别技术等内容。其目的在于减轻操作者的劳动强度，提高生产效率，减少在制成品数量，节省能源消耗及降低生产成本。

（4）现代生产管理技术。现代生产管理技术是指制造型企业在从市场开发、产品设计、生产制造、质量控制到销售服务等一系列的生产经营活动中，为了使制造资源（材料、设备、能源、技术、信息以及人力资源）得到总体配置优化和充分利用，使企业的综合效益（质量、成本、交货期）得到提高而采取的各种计划、组织、控制及协调的方法和技术的总称。它是先进制造技术体系中的重要组成部分，包括现代管理信息系统、物流系统管理、工作流管理、产品数据管理、质量保障体系等。

（5）先进制造生产模式。先进制造生产模式是面向企业生产全过程，是将先进的信息技术与生产技术相结合的一种新思想和新哲理，其功能覆盖企业的生产预测、产品设计开发、加工装配、信息与资源管理直至产品营销和售后服务的各项生产活动，是制造业的综合自动化的新模式。它包括计算机集成制造、并行工程、敏捷制造、智能制造、精益生产等先进的生产组织管理模式和控制方法。

1.3　先进制造技术的发展趋势

进入 21 世纪，制造业面临新的挑战和机遇，先进制造技术正处于不断变化和完善之中。随着以信息技术为代表的高新技术的不断发展，为适应市场需求的多变性与多样化，先进制造技术正朝着数字化、集成化、精密化、极端化、柔性化、网络化、全球化、虚拟化、智能化、绿色化及管理技术现代化的方向发展。

1. 数字化

数字化制造是先进制造技术发展的核心，它包含了以设计为中心的数字化制造，以控制为中心的数字化制造和以管理为中心的数字化制造。对制造设备而言，其控制参数为数字信号。对制造企业而言，各种信息均以数字形式通过网络在企业内传递，以便根据市场情况迅速收集信息，并对产品信息、工艺信息与资源信息进行分析、规划与重组，实现对产品设计、加工过程与生产组织过程的仿真，或完成原型制造，从而实现生产过程的快速重组与对市场的快速响应，以满足客户的要求。对全球制造业而言，用户借助网络发布信息，各类企业根据需求，通过网络形成动态联盟，实现优势互补、资源共享，迅速协同设计并制造出相应的产品。这样，在数字化制造环境下，在广泛领域乃至跨地区、跨国界形成一个数字化网；在研究、设计、制造、销售和服务的过程中，彼此交互，围绕产品所赋予的数字信息，成为驱动制造业活动的最活跃的因素。

2. 集成化

集成化体现在三个方面：技术的集成，管理的集成，技术与管理的集成。先进制造技术就是制造技术、信息技术、管理科学与有关科学技术的集成。集成化的发展将使制造企业各部门之间以及制造活动各阶段之间的界限逐渐淡化，并最终向一体化的目标迈进。CAD/CAPP/CAM 系统的出现，使设计、制造不再是截然分开的两个阶段；FMC、FMS 的发展，使加工过程、检测过程、控制过程、物流过程融为一体；而计算机集成制造的核心更是通过信息集成，使一个个自动化孤岛有机地联系在一起，以发挥更大的效益；并行工程则强调产品及其相关过程设计的集成，这实际上是在一个更深层次上的集成。企业间的动态集成通过敏捷制造模式建立动态联盟，从而迅速开发出新产品，达到提升市场竞争力的目的。

加工技术的集成内容更多，如高能束加工、增材制造、生物加工制造等。

3. 精密化

精密化是指对产品、零件的加工精度要求越来越高，加工的极限精度正向纳米级、亚纳米级精度发展。精密加工与超精密加工技术是一个国家制造业水平的重要标志，它不仅为其他高新技术产业提供精密装备，同时它本身也是高新技术的一个重要生长点。因而各工业发达国家均投入巨大资金发展该项技术。目前超精密加工的尺寸误差已达到 0.025 μm，表面粗糙度 Ra 达到 0.005 μm，所用机床定位精度达到 0.01 μm，纳米级加工技术已接近实现。进一步的发展趋势是：向更高精度、更高效率方向发展；向大型化、微型化方向发展；向加工检测一体化方向发展；超精密加工机理与应用的研究向更广泛、更深入的方向发展。

微细加工通常指 1 mm 以下微小尺寸零件的加工，超微细加工通常指 1 μm 以下超微细尺寸零件的加工。目前，微细与超微细加工的精度已达到纳米级（0.1～100 nm）。从下面一组数据可以看到微电子产品对加工精度的依赖程度。电子元件制造误差：一般晶体管为 50 μm，一般磁盘为 5 μm，一般磁头磁鼓为 0.5 μm，集成电路为 0.05 μm，超大型集成电路为 0.005 μm，而合成半导体为 1 nm。在现代超精密机械中，对精度要求极高，如人造卫星的仪表轴承，其圆度、圆柱度、表面粗糙度等均达纳米级。

在达到纳米层次后，绝非几何上的“相似缩小”，而是出现一系列新的现象和规律。量子效应、波动特性、微观涨落等不可忽略，甚至成为主导因素。在这种情况下，必须从机械、电子、材料、物理、化学、生物、医学等多方面进行综合研究，故又称为纳米技术。其主要研究内容包括：纳米级精度和表面形貌测量及表面层物理、化学性能检测，纳米级加工，纳米材料，纳米级传感与控制技术，微型与超微型机械等。

4. 极端化

“极端”指极端条件，或说要求很苛刻，如要求某种装置能在高温、高压、高湿、强磁场、强腐蚀等条件下正常工作，或要求某种材料或构件具有极高硬度、极高弹性等，或要求某种装置或零件在几何尺度上极大、极小，甚至奇形怪状等。例如，原子存储器、芯片加工设备、微型飞机、微型卫星、微型机器人等都是“极小”的代表，而大飞机、航空母舰等属于“极大”产品。显然，这些产品都是科技前沿的产品。其中，不得不提及的就是微机电系统。它可以完成特种动作与实现特种功能，乃至可以沟通微观世界与宏观世界，其深远意义难于估量。

极端制造是在极端条件下，制造极端尺度或极高功能的器件和功能系统。“极端制造”的内涵就是制造上的极端化、精细化。极端制造产品表面上看，是机床尺度的变化，实质上则集中了众多的高新技术。极端制造是机床先进制造技术的发展趋势，它综合体现了机床设计与制造技术的创新能力。极端制造技术涉及现代设计、智能控制、超精密加工等多项高科技，需要发挥多学科优势进行联合攻关。

5. 柔性化

制造柔性化是制造企业对市场需求多样化的快速响应能力，即制造系统能够根据顾客的需求快速生产多样化新产品的能力。制造自动化系统从刚性自动化发展到可编程自动化，再发展到综合自动化，系统的柔性越来越大。模块化技术是提高制造自动化系统柔性的重要策略和方法。硬件和软件的模块化设计，不仅可以有效地降低生产成本，而且可以大大提高自动化系统的柔性。模块化产品设计可以有效改善设计工作的柔性，从而显著缩短新产品研制与开发周期；模块化制造系统可以极大提高制造系统的柔性，并可根据需要迅速实现制造系统的重组。并行工程和大批量定制（Mass Customization，MC）的出现为制造系统柔性化提供了新的发展空间。

6. 网络化、全球化

制造网络化包括以下几个方面：①制造环境内部的网络化，实现制造过程的集成；②整个制造企业的网络化，实现企业中工程设计、制造过程、经营管理的网络化及其之间的集成；③企业与企业间的网络化，实现企业间的资源共享、组合与优化利用；④通过网络，实现异地制造；⑤网络化市场系统，包括网络广告、网络销售、网络服务等。Internet 和 Intranet 的出现，使企业之间的信息传输与信息集成以及异地制造成为可能。

计算机网络的问世和发展为制造全球化奠定了基础。随着经济全球化的出现，全球化制造的研究和应用迅速发展。制造全球化除了产品的跨国生产外，还包括产品设计与开发的国际化、制造产品与市场的分布与协调、市场营销的国际化、制造企业在全球范围的重组与整合、制造技术/信息和知识的全球共享、制造资源的跨国采购与利用等。制造全球化有利于生产要素在全球范围内的快速流动，最大规模地合理配置资源，追求最佳经济效益。

7. 虚拟化

虚拟制造以系统建模技术和计算机仿真技术为基础，集现代制造工艺、计算机图形学、信息技术、并行工程、人工智能、多媒体技术等高新技术为一体，是一项由多学科知识形成的综合系统技术。虚拟制造将现实制造环境及制造过程，通过建立系统模型映射到计算机及相关技术所支持的虚拟环境中，在虚拟环境中模拟现实制造环境及制造过程的一切活动及产品制造全过程，从而对产品设计、制造过程及制造系统进行预测和评价。虚拟制造技术可以缩短产品设计与制造周期，提高产品设计成功率，降低产品开发成本，提高系统快速响应市场变化的能力。虚拟制造技术在制造自动化中将获得越来越多的应用。

8. 智能化

智能化是制造系统在柔性化和集成化基础上进一步的发展与延伸。智能制造技术是指在制造系统和制造过程的各个环节，通过计算机来实现人类专家的制造智能活动（分析、判断、推理、构思、决策等）的各种制造技术的总称。智能制造系统要求在整个制造过程中贯彻智力活动，使系统以柔性的方式集成起来，以在多品种、中小批量生产条件下，实现"完善生产"。智能制造系统的特点是具有极强的适应性和友好性：对于制造过程，要求实现柔性化和模块化；对于人，强调安全性和友好性；对于环境，要做到无污染、省能源、资源回收和再利用；对于社会，则提倡合理的协作与竞争。当前的研究和应用进展集中在基于神经网络的智能检测、故障诊断、设计和优化；基于遗产算法的优化设计；基于框架的专家系统；基于 Agent 技术的智能制造系统等方面。由于在知识的表达与获取、人类学习、进化、自组织与创新机制等方面的研究还有待深入，目前智能制造的应用水平距人们的期望还相差甚远。

9. 绿色化

绿色制造是指在保证产品的功能、质量、成本的前提下，综合考虑环境影响和资源效率的一种现代制造模式。其目标是使产品从设计、制造、包装、运输、使用到报废的整个生命周期内对环境的负面影响最小，资源综合利用率最高。对制造过程而言，绿色制造要求渗透到从原材料投入到产出成品的全过程，包括节约原材料和能源，替代有毒原材料，将一切排放物的数量与毒性削减在离开生产过程之前。对产品而言，绿色制造覆盖构成产品整个生命周期的各个阶段，即从原材料提取到产品的最终处置，包括产品的设计、生产、包装、运输、流通、消费及报废等，减少对人类和环境的不利影响。

当前，环境问题已成为世界各国关注的热点，不少国家的政府部门已推出了以保护环境为主题的"绿色计划"，并已开始列入世界议事日程。绿色制造的实施将带来 21 世纪制造技术的一系列重要变革。

10. 管理技术现代化

全世界都在经历着一个从前福特主义向后福特主义转化的过程，即由大规模批量生产转向大规模定制，由大企业垂直型的管理组织形式转向在生产过程中通过网络与其他企业相互协调的水平型组织形式，由死板封闭的刚性生产转向寻求其他企业创新合作的弹性生产，由寡头垄断型的市场结构向竞争合作型的市场结构转变。

从前的那种"金字塔式"的管理结构过于官僚化，层级多、决策慢，员工没有横向的合作意识，缺少交流和分享。而在这个互联网时代，企业的组织架构应该是扁平精简，决策能够迅速实行，员工之间有更多交流、创新合作。所以，在组织结构上，企业应不遗余力打破内部的壁垒，去除中间级层，推进企业各部门的横向协作，缩短市场反馈链和执行力，加强组织执行力，防止决策信息在决策下达中衰减。

通过利用互联网，工业企业生产分工更加专业和深入，协同制造成为重要的生产组织方式，只有运营总部而没有生产车间的网络企业或虚拟企业开始出现。网络众包平台改变了企业的发包模式，发包和承包企业呈现网络虚拟化，承包企业得到了精准遴选，分包项目管理更加精准。电子商务的发展使得企业丰富了产品销售渠道，拓展了销售市场，降低了营销成本。供应链集成创新应用，使每个企业都演化成信息物理系统的一个端点，不同企业的原材料供应、机器运行、产品生产都由网络化系统统一调度和分派，产业链上下游协作日益网络化、实时化。

本章小结

本章首先介绍了先进制造技术产生的背景，列举了几个主要经济大国的先进制造业发展情况，指出了先进制造技术的内涵和特征，着重分析了先进制造技术的体系结构和先进制造技术的发展趋势。本章重点是先进制造技术的内涵、特征，以及先进制造技术的体系结构。本章难点在于先进制造技术的体系结构。

先进制造技术不是一项具体的技术，而是由多学科高新技术集成的技术群。起推动作用的先进制造技术是制造自动化技术和先进制造工艺技术。要理解先进制造技术的"先进性"，就要善于与传统制造技术在"TQCSE"方面进行分析比较，培养自己综合应用多学科知识对先进制造技术的创意意识和分析处理问题的能力。

思考题与习题 ▶▶ ▶

1-1 简述先进制造技术提出的背景。

1-2 简述世界各经济强国发展先进制造技术的战略。

1-3 先进制造技术有何特征?

1-4 简述先进制造技术的组成。

1-5 简述先进制造技术的发展趋势。

1-6 谈谈你对发展我国先进制造技术的认识。

1-7 怎样使我国由"制造大国"变为"制造强国"?

第 2 章
先进设计技术

🎯 **学习目标** ▶▶ ▶

1. 掌握先进设计技术的内涵，熟悉先进设计技术的体系结构和特征。

2. 了解计算机辅助设计的基本概念，熟悉 CAD 技术的主要研究内容、三维设计技术的主要关键技术，具有掌握简单数字化设计的能力。

3. 熟悉逆向工程的基本概念，掌握逆向工程设计的基本方法、步骤和关键技术，具有逆向工程应用的能力。

4. 了解并行设计和绿色设计的基本概念，掌握并行设计的关键技术，熟悉绿色设计的主要内容，掌握全生命周期设计的内涵和特点，具有绿色设计应用的能力。

2.1 概　述

先进设计技术是先进制造技术的基础。制造系统设计包括产品系统设计、工艺系统设计、组织系统设计、生产系统设计和信息系统设计，产品是企业的生命，设计是产品的灵魂。产品设计是制造型企业生产经营过程中最基本的生产活动，其设计技术与手段直接影响着产品的设计效率、设计质量和设计成本。为满足日益苛刻的市场需求和全球市场竞争的需要，近半个世纪来出现了众多先进设计技术与方法，譬如计算机辅助设计、优化设计、可靠性设计、并行设计、模块化设计、价值工程、反求工程、绿色设计、模糊设计等。这些先进技术的应用极大提升了产品的设计水平，提高了产品设计质量和效率，降低了设计成本。

链接 2-1
制造业设计能力
提升专项行动计划

▷ 2.1.1　先进设计技术的内涵

所谓设计技术，即为在设计过程中解决具体设计问题的各种方法与手段。传统设计技术通常是指人们长期工作经验的沉淀和积累，一般表现为手工的、经验的、静态与被动的各种技术方法。先进设计技术是指融合最新科技成果，适应当今社会需求变化的，新的、高水平的各种设计方法和手段。先进设计技术的"先进"，是指在设计活动中，由于融入新的科技成果，特别是计算机技术和信息技术的成果，从而使产品在性能、质量、效率、成本、环保、交货时间等方面，达到明显高于现有产品，甚至创新的水平。其内涵就是以市场需求为驱动，以知识获取为中心，以先进思想、方法为指导，以先进技术手段为工具，以产品全生命周期为对象的人、机、环境相容的设计理念。

先进设计技术是一门在传统设计技术基础上继承、延伸和发展起来，由多学科、多专业交叉融合，综合性很强的基础技术性科学。若从系统工程角度分析，先进设计技术可认为是由时间维、逻辑维和方法维所构成的集成系统，如图 2-1 所示。

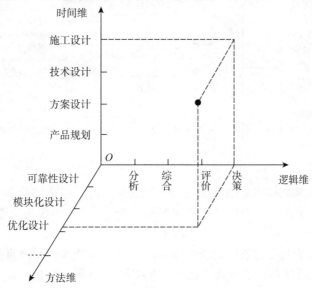

图 2-1　先进设计技术的内涵

（1）时间维。在时间维上，可将设计过程分为产品规划、方案设计、技术设计和施工设计四个设计阶段。产品规划是所有产品设计活动的起点，主要完成需求分析、市场预测、可行性分析、总体参数确定、制订约束条件和设计要求等设计任务；方案设计（或概念设计）是从市场需求出发确定最优的产品功能原理方案，其方案的优劣直接影响到产品的性能质量和运行维护成本；技术设计是将产品的功能原理方案具体化为产品及其零部件的具体结构，是通常产品设计的主体过程，它将决定产品的最终形态和性能；施工设计主要包括零部件工程图和产品总装图绘制、工艺文件编写、设计说明书编制等设计任务。

（2）逻辑维。在逻辑维上，产品设计过程通常是遵循"分析→综合→评价→决策"这一解决问题的逻辑过程。分析的目的是解决设计问题的前提，是明确设计任务的本质要求；综合是在一定条件下对未知系统探求解决方案的创造性过程，一般是采用"抽象""发散""逆向"等思维方法寻求尽可能多的可行方案；评价是一个筛选过程，即采用科学的方法对多种可行方案进行比较和评定，并针对相应方案的弱点或不足进行调整和改进，直至得到比较满意的结果；决策是在对各种设计方案进行综合和评价的基础上，选择综合指标最佳的设计方案。

（3）方法维。方法维指的是设计过程所采用的各种思维方法和不同的设计工具等。传统设计多采用直觉法、类比法等以经验为主的设计方法，其设计周期长、修改反复多，而先进设计则是采用各种先进的设计理论和设计方法及工具，将产品设计过程提升到一个高效、优质和创新的新阶段。

2.1.2　先进设计技术的体系结构

先进设计技术内容广泛，涉及众多相关的学科门类，如图2-2所示。若将先进设计技术体系比作一棵大树，则它由基础技术、主体技术、支撑技术和应用技术四个不同层次的技术集群组成。

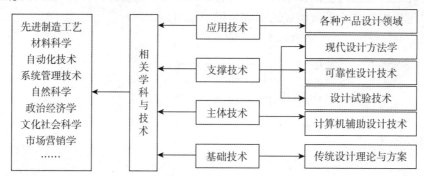

图2-2　先进设计技术的体系结构

（1）基础技术。基础技术是指传统的设计理论与方法，包括运动学、静力学、动力学、材料力学、热力学、电磁学、工程数学等基本原理和方法，它不仅为先进设计技术提供了坚实的理论基础，也是先进设计技术发展的源泉。

（2）主体技术。先进设计技术的诞生和发展与计算机技术的发展息息相关、相辅相成。可以说，没有计算机科学与计算机辅助技术（如CAD、有限元分析、优化设计、仿真模拟、虚拟设计和工程数据库等），就没有先进设计技术。为此，计算机辅助设计技术以其独特的数值计算和信息处理能力，成为先进设计技术群体的主干。

（3）支撑技术。现代设计方法学、可靠性设计技术、设计试验技术为设计过程中信息处理、加工、推理与验证提供了理论和方法的支撑。现代设计方法学包括系统设计、功能设计、模块化设计、价值工程、反求工程、绿色设计、模糊设计、面向对象设计等各种先进设计方法；可靠性设计技术主要指可靠性设计、安全性设计、动态设计、防断裂设计、疲劳设计、耐腐蚀设计、健壮设计、耐环境设计等；设计试验技术包括产品性能试验、可靠性试验、数字仿真试验等。

（4）应用技术。应用技术是解决各类具体产品设计领域的技术和方法，如汽车、飞机、船舶、机床、工程机械、精密机械、模具等专业领域内的产品设计知识和技术。

先进设计技术已扩展到产品的规划、制造、营销和回收等各个方面。因而，所涉及的相关学科和技术除了先进制造技术、材料科学、自动化技术、系统管理等技术之外，还包括政治、经济、法律、人文科学、艺术科学等众多领域。

2.1.3　先进设计技术的特征

产品设计是产品全生命周期中的关键环节，它决定了产品的"先天质量"。设计不合理引起产品技术性和经济性的先天不足，是用生产过程中的质量控制和成本控制措施所难以挽回的。产品的质量事故中有75%是设计失误造成的，设计中的预防是最重要、最有效的预防。因此，产品设计的水平直接关系着企业的前途和命运。

设计工作是一个不断探索、多次循环、逐步深化的求解过程。先进设计技术已扩展到产品的规划、制造、营销和回收等各个方面。先进设计技术的特征有以下几个方面。

（1）数字化。所有信息通过数字化后均可为计算机所用。广泛使用计算机，从计算绘图到制造改进一体化功能日益强大的软件，使设计工作面貌不断更新，能够包容的影响设计的因素日益增多，从而大大提高了设计的准确性和效率，并使修改设计极为方便。

（2）智能化。它是指在已被认识的人的思维规律的基础上，在智能工程理论的指导下，以计算机为主模仿人的智能活动，通过知识的获取、推理和运用，解决极复杂的问题，设计出高度智能化的产品系统。

（3）动态化。它是指在静态分析的基础上考虑生产中实际存在的多种变化量的影响，研究面向产品生命周期全过程的可信性设计，如产品的工作可靠性问题，考虑载荷谱、负载率等随机变量，采用可靠性设计、有限元法、边界元法等，进行动态特性的最优化。

（4）系统性。它是指把产品的整机作为一个系统，同时把产品的设计过程作为一个系统。产品系统设计的方法有两种体系：一是以"功能-原理-结构"框架为模型的横向变异和纵向综合，用计算机构造、评价和决策方案；二是运用创造技法，进行创新思维，形成新的构思和设计。

（5）优化性。它是指重视综合集成，在性能、技术、经济、制造工艺、使用、环境、可持续发展等各种约束条件下和广泛的学科领域之间，通过优化设计、人工神经网络、工程遗传算法和计算机应用技术等，寻求设计方案和参数在各种工作条件下的最优解或满意解。

（6）创新性。它是指突出创新意识，力图抽象的设计构思，扩展发散的设计思维、多种可行的创新方法，广泛深入地评价决策，集体运用创造技法，探索创新工艺试验，不断要求最优方案。

（7）社会性。先进设计技术要综合考虑技术、经济和社会因素，产品开发过程要以面向社会、面向市场为主导思想，要考虑满足人-机-环境等之间的协调关系，强调产品内在质量（物质功能）的实用性与外观质量（精神功能）的艺术性的统一。所涉及的相关学科有：制造工艺技术、材料科学、自动化技术、系统管理、政治、经济、法律、自然科学、人文科学、艺术科学、市场营销学等。

综上所述，先进设计技术是以传统设计理论与方法为基础，以计算机广泛应用为标志，具有信息时代特征的一种设计技术。先进设计技术的广泛应用，极大地提高了产品设计质量，缩短了产品设计周期，降低了产品开发成本，并有效节约了生态资源，有利于创造人类可持续发展的和谐环境。

2.2 计算机辅助设计技术

2.2.1 概述

1. CAD 的发展

CAD 是一种利用计算机支持设计者进行快速、高效、高质量、低成本、方便地完成产品设计任务的现代设计技术。CAD 技术思想起源于 20 世纪 60 年代末，得益于美国麻省理工学院 Sutherland 博士的研究工作。如今，CAD 技术已发展成为以计算机技术和计算机图形学为技术基础，并融合各应用领域中的设计理论与方法的一种高新技术。CAD 技术的发展历程大致如表 2-1 所示。

表 2-1 CAD 技术的发展历程

版本	第一代 CAD 系统	第二代 CAD 系统	第三代 CAD 系统	第四代 CAD 系统
时间	20 世纪 60 年代	20 世纪 70 年代	20 世纪 80 年代中期	20 世纪 90 年代
特点	主要用于二维绘图，其技术特征是利用解析几何的方法定义有关点、线、圆等图素	主要是二维交互绘图系统及三维几何造型系统。在几何造型方面分别采用了三维线框模型、表面模型和实体模型。在实体造型上广泛采用了实体几何构造法（CSG 法）和边界表示法（Brep 法）	其在建模方法上分别出现了特征建模和基于约束的参数化和变量化建模方法，由此出现了各种特征建模系统以及二维或三维的参数化设计系统，并且出现了这两种建模方法互相融合的系统	是一种支持新产品设计的综合性环境支持系统，它能全面支持异地的、数字化的、采用不同设计哲理与方法的产品设计工作

在工业化国家，如美国、日本和欧洲各国，CAD 已广泛应用于设计与制造的各个领域，如飞机、汽车、机械、模具、建筑、集成电路等，已实现了 100% 的计算机绘图。CAD 是实施先进制造的软件平台，是企业应用任何先进制造系统所不可跨越的核心技术。

2. CAD 的过程与原理

（1）传统的产品设计过程。在传统的产品设计过程中，每一个环节都是由设计者以手工方式完成的，如图 2-3 所示。其特点是：①设计者通过类比分析法或经验公式来确定设计方案；②设计工作周期长，效率低（设计者绘制装配图和零部件工作图的时间占设计时间的 70% 左右）；③设计质量受人工计算条件限制。

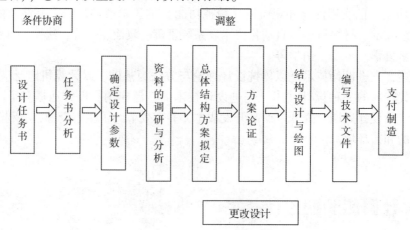

图 2-3 传统的产品设计过程

（2）CAD 技术的内涵。CAD 是一种用计算机硬、软件系统辅助人们对"产品"进行设计的方法与技术，包括分析、计算、绘图、仿真、产品结构和性能的优化以及文档制作等设计活动，它是一门多学科综合应用的新技术。这里的"产品"一词，是指各行业中一切需要设计的对象。

（3）CAD系统的组成。一般来说，一个CAD系统由如下三部分组成。

①CAD硬件：由计算机及其外围设备和网络通信环境组成。计算机分为大、中、小型机，工作站和微机五大类。目前应用较多的是CAD工作站，国内主要是微机。外围设备包括鼠标、键盘、扫描仪等输入设备和显示器，以及打印机、绘图机、拷贝机等输出设备。网络系统包括中继器（增加网线长度）、位桥（同种网相连）、路由器（选择路由）、门关（不同协议相连）、Modem（数-模、模-数转换）和网线（光纤、同轴电缆、双绞线等）。计算机及外围设备以不同的方式连接到网络上，以实现资源共享。网络的连接方式即网络拓扑结构，其主要有星形、总线形、环形、树形以及星形和环形的组合等形式。

②CAD软件：分为支撑软件和应用软件两大类。支撑软件包括：操作系统、程序设计语言及其编辑系统、数据库管理系统、图形支撑系统以及网络通信软件。应用软件系统包括：帮助设计者去完成各种设计任务的设计计算方法库和各种应用程序库。应用软件的性能对CAD的效率影响极大，所以应特别重视它的开发和应用。

③设计者：与CAD系统的软、硬件一起组成的能协同完成设计任务的人机系统。

（4）CAD过程模型。将设计过程中能用CAD技术来实现的活动集合在一起就构成了CAD过程。图2-4为产品CAD过程模型，细实线以上为手工设计进程，细实线以下为CAD方法。目前，设计过程中的每个设计活动都要尽可能采用并行工作方式。

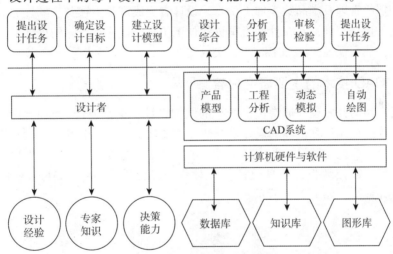

图2-4　产品CAD过程模型

在"分析计算"过程中，设计者经常需要从各种国家标准、工程设计规范等资料中查取有关的设计数据。在传统设计中，这些设计数据常以手册的形式提供；而采用CAD时，这些设计数据必须以程序可调用或计算机可进行检索查询的形式提供。因此，设计数据需要经过适当的加工处理。通常对设计数据处理的方法有以下两种。

①将设计数据转变为程序，即程序化。采取编程的方法对数表及图线进行处理，通常不外乎两种方法：a. 采用数组存储在程序中，用查表、插值的方法检索所需数据；b. 拟合成公式编入程序，由计算获得所需数据。

②利用数据库管理设计数据。将数表中的数据或线图经离散化后的数据，按规定的格式存放在数据库中，由数据库自身进行管理，独立于应用程序，可以被应用程序所共享。

（5）CAD技术的功能。与传统设计相比，现代CAD具有如下功能。

①产品方案设计。设计者接到产品开发任务书或顾客的产品订单后，CAD 技术可以帮助设计者进行产品的结构布局方案决策与优选。

②结构设计与分析。设计者在完成产品方案设计后，CAD 技术可以帮助设计者进行产品或工程的结构及其组成部分的几何模型设计与分析，可以进行手工无法进行的复杂计算及数据的整理与表达，并可以在计算机中便捷地进行产品结构的立体几何外形的设计与修改。设计者能从多角度直观地观察产品结构的外部形态和颜色是否合理与美观。

③产品性能分析与仿真。设计者在完成产品的结构设计和分析后，CAD 技术可以帮助设计者进行产品结构运动进程的仿真观察，对产品的性能进行计算分析，并将计算结果以直观的图形再现在设计者面前，以判断是否满足顾客的要求并提出修改意见。

④产品结构的可装配性检查。设计者在完成产品结构中的零部件设计后，可在计算机里将产品的各部分进行模拟装配，以便观察产品设计的正确性和装配干涉等可装配性的检查，因而可保证产品各组成部分生产出来后的一次装配成功。

⑤自动生成产品的设计文档资料。设计者通过 CAD 技术可以快速生成精确美观的产品设计文档资料，如产品的零部件的工程图样、产品装配图图样。企业可以将所设计的虚拟产品数据通过因特网送给世界各地的合作伙伴，实现快速开发新产品的动态联盟，或与顾客进行电子商务活动。

⑥设计文档的管理及产品数控加工仿真。设计者完成产品上述各步的任务后，可以生成产品的数控加工指令文件，并在计算机里进行加工仿真，以检查产品的可加工性以及加工刀具轨迹的生成，从而保证实际加工时的一次成功率。

2.2.2　CAD 技术的主要研究内容

一个创新产品的开发设计通常包括产品的结构设计、工艺设计、加工编程、装配设计、工装夹具设计等。早先计算机辅助设计系统往往仅能从事计算机辅助绘图以及相关计算等设计作业，而现今计算机辅助设计系统除了可从事产品建模之外，还可完成工程分析、工程图绘制、工艺设计、数控编程、仿真模拟等设计任务，已成为 CAD/CAE/CAPP/CAM/CAFD 一体化集成设计系统，如图 2-5 所示。

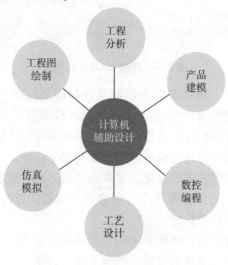

图 2-5　计算机辅助设计系统作用

（1）产品建模。所谓产品建模就是对产品结构形状、尺寸大小、装配关系等属性进行描述，按照一定的数据结构进行组织和存储，在计算机内部建立产品三维数字化模型的过程。产品数字化模型的建立是现代产品设计与制造的必要前提，是计算机辅助设计的核心内容和产品信息的源头。建立产品设计模型不仅可使产品设计过程直观、方便，同时也为产品后续的设计和制造过程，如物性计算、工程分析、工程图绘制、工艺规程设计、数控加工编程、性能仿真、生产管理等提供同一的产品信息，保证了产品数据的一致性和完整性。

（2）工程分析。工程分析是产品设计过程中的一个重要环节，它按照产品未来工作状态和设计要求对所设计产品的结构、性能及安全可靠性进行分析，根据分析结果评价设计方案的可行性和设计质量的优劣，及早发现设计中的缺陷，证实所设计产品的功能可用性和性能可靠性。设计者可使用计算机辅助设计系统内嵌的工程分析软件模块，也可选用独立的工程分析软件系统，对所建立的产品数据模型进行有限元分析、优化设计、多体动力学分析等，以分析计算产品设计模型的应力/应变场、热力场、运动学、动力学等性能指标，优化产品结构参数和性能指标。

（3）工程图绘制。就目前而言，企业产品的生产过程大多还需要以工程图样和工艺文档作为产品信息媒介在生产过程中使用和传递。因而，计算机辅助设计系统可以方便地将所建立的产品三维数据模型转换为二维工程图，生成符合国家标准的工程图样，并可根据产品模型中零部件组成及其装配关系自动生成产品结构 BOM 表，以供企业生产管理使用。

（4）工艺设计。工艺设计是连接产品设计与加工制造的桥梁，计算机辅助设计系统中的工艺规程设计模块可从产品数据模型中提取产品的几何信息及工艺信息，根据成组工艺或工艺创成原理以及企业工艺数据库进行产品的工艺规程设计，生成产品加工工艺路线，完成产品的毛坯设计、工序设计以及工时定额计算等工艺设计任务，并输出所生成的产品工艺文档。

（5）数控编程。计算机辅助设计系统中的数控编程模块可依据产品数据模型及加工工艺文档，进行产品数控加工时的走刀路线设计、刀具路径计算、后置处理等数控编程设计环节，最终生成满足数控加工设备要求的数控机床控制指令。

（6）仿真模拟。仿真模拟是借助计算机辅助设计系统的三维可视化交互环境，对产品的制造过程以及未来运行状态进行仿真试验。在产品投入实际加工生产之前，应用仿真软件模块或系统建立虚拟加工制造环境，按照已制定的工艺规程和数控机床控制指令对所设计产品进行虚拟加工，以检查工艺规程的合理性以及数控机床控制指令的正确性，检查产品制造过程中可能存在的几何干涉和物理碰撞现象，分析产品的可制造性，预测产品的工作性能，尽早发现和暴露产品设计阶段所存在的问题和不足，避免实际加工现场调试所造成的人力和物力消耗，降低制造成本，缩短产品研制周期。

随着 CAD 技术不断研究、开发与广泛应用，人们对 CAD 技术提出越来越高的要求。现代 CAD 技术包括在复杂的大系统环境下，支持产品自动化设计的设计理论和方法、设计环境、设计工具各相关技术。因此，现代 CAD 技术能使设计工作实现集成化、网络化、虚拟化和智能化，达到提高产品设计质量、降低产品成本和缩短设计周期的目的。

2.2.3 三维设计技术

参数化设计、特征建模设计是目前 CAD 中的关键技术。

1. 参数化设计

参数化设计（Parametric Design）又称尺寸驱动（Dimension Driven），是 CAD 在实际应用中提出来的，它使 CAD 系统不仅具有交互式绘图功能，还具有自动绘图的功能。目前，它是 CAD 技术应用领域内的一个重要的且待进一步研究的课题。利用参数化设计手段开发的专用产品设计系统，可使设计人员从大量繁重而琐碎的绘图工作中解脱出来，从而大大提高设计速度，并减少信息的存储量。

由于上述应用背景，国内外对参数化设计做了大量的研究，目前参数化技术大致可分为三种方法：①基于几何约束的数学方法；②基于几何原理的人工智能方法；③基于特征模型的造型方法。其中，数学方法又分为初等方法（Primary Approach）和代数方法（Algebraic Approach）。

参数化设计中的参数驱动机制是基于对图形数据的操作。通过参数驱动机制，可以对图形的几何数据进行参数化修改，但是在修改的同时，还要满足图形的约束条件，需要约束间关联性的驱动手段来约束联动，约束联动是通过约束间的关系实现的驱动方法。对一个图形，可能的约束十分复杂，而且数量很大。而实际由用户控制的，即能够独立变化的参数一般只有几个，称为主参数或主约束；其他约束可由图形结构特征确定或与主约束有确定关系，称为次约束。对主约束是不能简化的，对次约束的简化可以有图形特征联动和相关参数联动两种方式。

图形特征联动就是保证在图形拓扑关系不变的情况下，对次约束的驱动，即保证连续、相切、垂直、平行等关系不变。反映到参数驱动过程就是要根据各种几何相关性准则去判识与被动点有上述拓扑关系的实体及其几何数据，在保证原关系不变的前提下，求出新的几何数据。这些几何数据称为从动点。这样，从动点的约束就与驱动参数有了联系。依靠这一联系，从动点得到了驱动点的驱动，驱动机制则扩大了作用范围。

相关参数联动就是建立次约束与主约束在数值上和逻辑上的关系。在参数驱动过程中，始终要保持这种关系不变。相关参数的联动方法使某些不能用拓扑关系判断的从动点与驱动点建立了联系。使用这种方式时，常引入驱动树，以建立主动点、从动点等之间的约束关系的树形表示，便于直观地判断图形的驱动与约束情况。

在图 2-6 中，主要的图形特征关联有线段 AB 与 BC 垂直，线段 DC 与 BC 垂直，线段 AB、CD 分别与半圆弧 AD 相切，圆 O 与半圆弧同心等；参数关联存在于圆 O 与线段 BC 之间，关系为圆 O 直径为 BC 长的 1/2。有了这些关联后，如果改变线段 BC 尺寸，半圆弧的半径及圆的直径将同时改变，但几何关系不会改变。

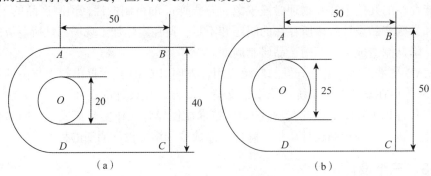

图 2-6　参数化设计示例

2. 特征建模技术

特征建模技术是 CAD 技术发展中的一个新里程碑，它是在 CAD 技术的发展和应用达到一定水平，要求进一步提高生产组织的集成化、自动化程度的历史进程中孕育成长起来的。

客观事物都是由事物本身的特性体及其相互关系构成。一般地讲，特征是客观事物特点的征象或标志。目前，人们对于 CAD 中特征的定义尚没有达到完全统一。在研究特征技术的过程中，国内外学者从不同的侧面、不同的角度，根据需要给特征赋予了不同的含义。在机械行业中，特征源于使用在各种设计、分析和加工活动中的推理过程，并且经常紧密地联系到特定的应用领域，因而产生了不同的定义。当人们提到特征时，通常是指形状特征。形状特征的一种定义是面向加工的，例如，工件特征定义：在工件的表面、边或角上形成的特定的几何构型。另一种涉及工艺过程的形状特征定义：工件上一个有一定特性的几何形状，其对于一种机械加工过程是特定的，或者用于装夹和测量目的。此外，还有用于装配的功能特征，如配合特征；用于加工的加工精度特征等。

在图 2-7 中，包含六个基本几何特征，其中基本特征 A 和基本特征 B 构成了模型的主体，在这两个特征基础上建立其他特征。

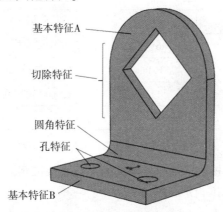

图 2-7　特征建模技术示例

2.2.4　数字化设计举例

数字化设计是一种将设计意图融入计算机辅助设计模型的强大工具，通过参数、关系和参照元素的方法将设计意图融入图形模型，可以直观地创建和修改零件模型。在零件参数化建模过程中，就需要根据零件功用及设计要求，将模型中影响结构特征的信息变量化，并赋予初值，使之成为可以任意调整的参数，由 CAE 软件对其进行分析求解，最终得到所需零件的数字化模型。

链接 2-2
智能工厂小知识：
数字化设计

1. RV 减速器结构图

图 2-8 为 RV 减速器传动简图。

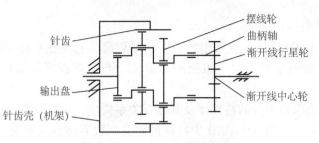

图 2-8　RV 减速器传动简图

2. RV 减速器的主要几何参数

RV 减速器的主要零部件有摆线轮、中心轮、行星轮、曲柄轴、输出盘、针齿壳等，其主要几何参数如表 2-2 所示。

表 2-2　RV 主减速器主要几何参数

主要参数	数值	主要参数	数值
摆线轮齿数 z_c	31	短幅系数 K_1	0.8
针齿齿数 z_p	32	等距修正量 Δr_{rp}	−0.053 3
中心论齿数 Z_1	26	移距修正量 Δr_p	0.083 2
行星轮齿数 Z_2	65	摆线轮宽度 b_c/mm	19
针轮节圆半径 r_p/mm	161	行星齿轮模数 m/mm	2
针齿半径 r_{rp}/mm	11	行星齿轮宽度 b/mm	20
偏心距 a/mm	4		

3. 摆线轮数字化设计

摆线轮是 RV 减速器的核心零件，外摆线的形状直接决定着 RV 速器的性能，摆线轮与标准针齿啮合时的齿形为标准齿形，其方程如下：

$$\begin{cases} x_t = \left[r_p - r_{rp}\phi(K_1,\ \varphi) \right]\cos(1 - i^H)\varphi - \left[a - K_1 r_{rp}\phi(K_1,\ \varphi) \right]\cos i^H\varphi \\ y_t = \left[r_p - r_{rp}\phi(K_1,\ \varphi) \right]\sin(1 - i^H)\varphi - \left[a - K_1 r_{rp}\phi(K_1,\ \varphi) \right]\sin i^H\varphi \end{cases} \tag{2-1}$$

式中，i^H 为摆线轮和针轮的相对传动比，即 $i^H = z_p/z_c$；φ 为啮合相位角，$\phi(K_1,\ \varphi) = (1 + K_1^2 - \cos\varphi)^{-\frac{1}{2}}$。

实际使用过程中，为方便拆卸和润滑，摆线轮与针齿啮合时需有间隙，因此需对标准短幅外摆线的参数方程即式（2-1）进行修形，修形后的摆线轮齿形方程如下：

$$\begin{cases} x_t = \left[r_p + \Delta r_p - (r_{rp} + \Delta r_{rp})\phi(K_1',\ \varphi) \right]\cos(1 - i^H)\varphi - \\ \qquad \dfrac{a}{r_{rp} + \Delta r_{rp}}\left[r_{rp} + \Delta r_{rp} - z_p(r_{rp} + \Delta r_{rp})\phi(K_1',\ \varphi) \right]\cos(i^H\varphi + \delta) \\ y_t = \left[r_p + \Delta r_p - (r_{rp} + \Delta r_{rp})\phi(K_1',\ \varphi) \right]\sin(1 - i^H)\varphi - \\ \qquad \dfrac{a}{r_{rp} + \Delta r_{rp}}\left[r_{rp} + \Delta r_{rp} - z_p(r_{rp} + \Delta r_{rp})\phi(K_1',\ \varphi) \right]\sin(i^H\varphi + \delta) \end{cases} \tag{2-2}$$

式中，K_1' 为有移距修形时齿形的短幅系数，$K_1' = \left[az_p/(r_p + \Delta r_p) \right]$。

在 UG 软件中，通过"工具"→"表达式"命令，根据 RV 减速器的主要几何参数及经过修形的摆线轮齿形方程建立如下表达式：

$z_c = 31$，

$z_p = 32$，

$r_p = 161$，

$r_{rp} = 11$，

$a = 4$，

$b_c = 19$，

$i = z_p/z_c$，

$a_1 = 360tz_c$，

$f = 1/\mathrm{sqrt}(1 + k_1 - 2k_1\cos a_1)$，

$x_t = (r_p - r_{rp}f)\cos[(1 - i)a_1] - (a - k_1 r_{rp}f)\cos(ia_1)$，

$y_t = (r_p - r_{rp}f)\sin[(1 - i)a_1] - (a - k_1 r_{rp}f)\sin(ia_1)$，

$z_t = 0$。

通过插入"曲线"→"规律曲线"命令，绘制摆线轮外轮廓曲线，如图2-9所示；再经"拉伸"等命令建设摆线轮精确参数化模型，如图2-10所示。采用同样的方法，应用UG软件的数字化设计功能，完成其他零件的精确建模。

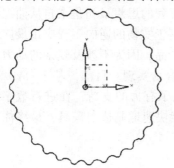 

图2-9　摆线轮齿廓曲线　　　　　　　　图2-10　摆线轮模型

4. RV 减速器可视化装配

RV减速器零件完成数字化建模后，即可进行可视化装配。图2-11为RV减速器装配模型图，图2-12为RV减速器内部主要零部件的爆炸图。

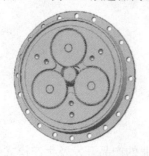 

图2-11　RV减速器装配模型图　　　　图2-12　RV减速器内部主要零部件的爆炸图

2.3 逆向工程

2.3.1 概述

为适应现代先进制造技术的发展，需要将实物样件或手工模型转化为 CAD 数据，以便利用快速成型系统、计算机辅助制造系统、产品数据管理等先进技术对其进行处理和管理，并进行进一步修改和再设计优化。此时，就需要一个一体化的解决方案：样品→数据→产品。逆向工程（Reverse Engineering，RE）技术就专门为制造业提供了一个全新、高效的重构手段，实现从实际物体到几何模型的直接转换。采用逆向工程技术可以快速完成各类产品的异形曲面数字建模，加快新产品的问世步伐，提高产品的外观新颖性、复杂性及制造精度，并大大降低产品研制开发的成本。作为产品设计制造的一种手段，在 20 世纪 90 年代初，逆向工程技术开始受到各国工业界和学术界的高度重视，特别是随着现代计算机技术及测量技术的发展，利用 CAD/CAM 技术、先进制造技术来实现产品实物的逆向工程技术，已成为 CAD/CAM 领域的一个研究热点，并成为逆向工程技术应用的主要内容。

逆向工程又称反求工程或反求设计。逆向工程的思想最初是来自从油泥模型到产品实物的设计过程。除此之外，目前基于实物的逆向工程应用最广的还是进行产品复制和仿制，尤其是外观设计产品，因为不涉及复杂的动力学分析、材料、加工热处理等技术难题，相对容易实现。目前，基于 CAD/CAM 系统的数字扫描技术为实物逆向工程提供了有力的支持，在进行数字化扫描、完成实物的 3D 重建后，通过加工就能快速地制造出模具，最终注塑得到所需的产品。具体流程如图 2-13 所示。

链接 2-3
发动机逆向工程
究竟有多不容易？

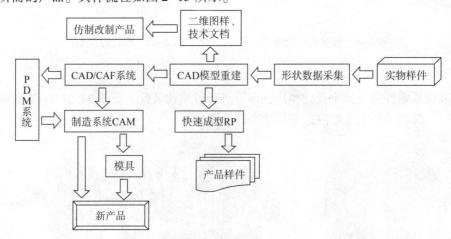

图 2-13　逆向工程流程

这个过程已成为许多家用电器、玩具、摩托车等产品企业的产品开发及生产模式，但这只是对产品的简单复制和仿制，只是简单的照抄和照搬，从严格意义上来说，这不等于逆向工程。真正的逆向工程，是在现代产品造型理念的指导下，以现代设计理论、方法、测量技术为基础，运用专业人员的工程设计经验、知识和创新思维，对已有的实物通过解剖深化的重新设计和再创造。

逆向工程又是相对于传统正向工程（Convention Engineering，CE）而言的。传统设计是通过工程师创造性的劳动，将一个未知的设计理念变成人类需求的产品的过程。工程师首先根据市场需求，提出技术目标和技术要求，进行功能设计，确定原理方案，进而确定产品结构，再经过一系列的设计活动之后，得到新产品。由此可见，传统设计是一个"功能→原理→结构"的工作过程。而反求设计是对已知事物的有关信息充分消化和吸收，在此基础上加以创新改型，通过数字化及数据处理后重构实物的三维原型。反求设计是"实物原型+原理、功能→三维重构"的工作过程。

2.3.2　逆向工程设计的基本方法

逆向工程遵循逆向思维逻辑，可采用多种不同的数据采集设备以获取反求样本的结构信息，借助于专用的数据处理软件和三维建模软件系统对所采集的样本数据进行处理和模型重构，在计算机上复现原产品样本的三维结构数据模型，通过对样本模型的分析和改进，快速设计生产加工出更新的新产品。

根据反求样本信息来源的不同，有以下几种类别。

（1）实物反求。信息源为产品样本的实物模型。

（2）软件反求。信息源为产品样本的工程图样、数控程序和技术文件等。

（3）影像反求。信息源包括产品样本图片、照片或影像资料等。

逆向工程不同于传统的产品仿制，它所处理的对象往往比较复杂，常常包含一些复杂曲面型面，精度要求较高，采用常规仿制方法难以实现，必须在反求分析基础上，借助于先进的数据采集设备和CAD/CAE/CAM/CAT技术手段实施。

逆向工程采用的设备和软件主要包括以下几个。

（1）测量机与测量探头。

测量机及测量探头是进行实物数字化的关键设备。测量机有三坐标测量机、多轴专用机、多轴关节式机械臂等；测量探头分接触式（触发探头、扫描探头）和非接触式（激光位移探头、激光干涉探头、线结构光及CD扫描探头、面结构光及CCD扫描探头）两种。

（2）数据处理。

由坐标测量机得到的外形点数据在进行CAD模型重建以前必须进行格式转换、噪声滤除、平滑、对齐、归并、测头半径补偿和插值补点等数据处理。

（3）模型重建软件（CAD/CAM）。

模型重建软件包括三类：①用于正向设计的CAD/CAE/CAM软件如SolidWorks、GRADE等，但数据处理和逆向造型功能有限；②集成有逆向功能模块的正向CAD/CAE/CAM软件，如集成有SCAN-TOOLS模块的Pro/Engineer，集成有点云处理和曲线、曲面拟合、快速造型功能的UG和STRIM100等；③专用的逆向工程软件，如Imageware、Paraform、Geomagic、Surfacer等。除此之外，有较高要求的还包括产品数据管理等软件。支撑软件的硬件平台有个人计算机和工作站。计算机辅助工程分析包括机构运动分析、结构仿真、流场及温度场分析等。

（4）CAE软件。

目前较流行的CAE软件有Ansys、Nastran、Moldflow、ADMAS等。

（5）CNC 加工设备。

各种 CNC 加工设备用于原型和模具制作。

（6）快速成型机。

快速成型机用于生产模型样件，其制造工艺原理有立体印刷成型、层合实体制造、选择激光烧结、熔融沉积造型、三维喷涂黏结、焊接成型和数码累积造型等。

（7）产品制造设备。

产品制造设备包括各种注塑成型机、冲压设备、钣金成型机等。

2.3.3　逆向工程设计的基本步骤

逆向工程设计的基本步骤通常可分为反求分析、再设计和加工制造三个阶段，如图 2-14 所示。

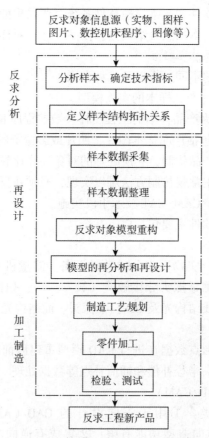

图 2-14　逆向工程设计的基本步骤

（1）反求分析。在反求工程实施过程中，首先需要对原产品的功能原理、结构形状、材料性能、加工工艺等进行全面分析，明确原产品的主要功能及其关联技术，对原产品结构特点及其不足进行评估。反求分析工作对反求工程实施至关重要，通过对反求对象相关信息的分析，可以确定反求样本的技术指标以及其结构形体几何元素间的拓扑关系。

（2）再设计。在反求分析基础上，对反求对象进行再设计，包括反求对象的数据采集、模型重构、改进创新等设计任务。

①样本数据采集。根据反求样本的结构特点，制订反求样本数据采集规划，选择合适的采集设备对反求样本进行数据采集。

②样本数据整理。对所采集的样本数据进行整理，剔除数据中的坏点，修正明显不合理的测量数据。

③样本模型重构。利用三维建模软件系统对所采集的样本数据进行几何结构模型重构。

④模型再设计。根据反求对象的功能特征，对样本结构模型进行再设计，根据产品实际功能要求进行模型结构的改进和创新。

（3）加工制造。按照改进更新的产品结构模型制造完成反求工程的新产品。

逆向工程最终目的是通过对反求样本的分析、改进和创新，获得改进和提高的新产品。为此，逆向工程实施过程应注意以下几点。

①充分分析反求对象的工作环境及性能要求，保证反求产品的精度和功能特征。

②根据反求样本结构特点，采用合适的数据采集工具和制造工艺，有效控制逆向工程技术成本。

③从实际要求出发，综合考虑反求样本参数的取舍和再设计过程，尽可能提高逆向工程的设计效率。

2.3.4　逆向工程设计的关键技术

逆向工程关键技术包括数据采集与处理（即数字化技术）和曲面构造（即建模技术），辅以其他技术手段构成逆向工程技术体系，其支撑技术体系的原理框图如图2-15所示。

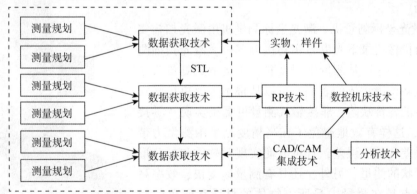

图2-15　逆向工程支撑技术体系的原理框图

1. 数据采集方法

目前，数字化方法主要分为接触式测量和非接触式测量两类。接触式测量是通过传感测量仪器与样件的接触来记录样件表面的坐标位置，接触式测量的精度一般较高，可以在测量时根据需要进行规划，从而做到有的放矢，避免采集大量冗余数据，但测量效率很低。非接触式测量方法主要是基于光学、声学、磁学等领域中的基本原理，将测得的物理模拟量通过适当的算法转化为样件表面的坐标点。非接触式测量技术测量效率高，所测数据能包含被测物体足够的细节信息，但是由于非接触式测量技术本身的限制，在测量时会出现一些不可测区域（如型腔、小的凹形区域等），可能会造成测量数据的不完整。同时，此种测量方式所产生的数据过于庞大，会增大数据处理和曲面重建的负担。

在逆向工程技术中，CAD 模型数字化是关键的第一步。只有获取正确的测量数据，才能进行误差分析和曲面比较，实现 CAD 曲面建模。

近年来，国内也开展了基于其他数字化方法的逆向工程的研究，如清华大学激光快速成型中心进行的照片反求、CT 反求；西安交通大学研创的激光扫描法、层析法等。其中，激光扫描法采用空间对应法测量原理，用激光束对物体表面进行扫描，由 CCD 摄像机采集被测表面的光轨迹曲线，然后通过计算机处理，最终得到物体表面的三维几何数据，根据这些数据可以进行快速成型和数控机床加工。

测量常用的数字化设备有三维坐标测量机、激光测量仪、工业 CT 和逐层切削照相测量、数控机床加工测量装置、专用数字化仪器等。

1）三维坐标测量法

逆向工程在实际应用中，对三维表面的测量仍以坐标测量机为主，根据测量原理的不同，坐标测量机可分为机械接触式坐标测量机、激光坐标测量机、光学坐标测量机。

（1）机械接触式坐标测量机。机械接触式坐标机通过监测测头与实物的接触情况获取坐标数据。坐标测量机最早大多是采用固定刚性测头。它的优点是测量原理及过程简单、方便；对被测物体的材质和颜色无特殊要求。但它的缺点也不少，主要为测头与工件之间的接触主要靠测量人员的手感来把握，由此带来的系统误差较难克服；测量速度慢，测量数据密度低；必须对测量结果进行测头损伤及测头半径三维补偿，才能得到真实的实物表面数据，并且不能对软质材料或超薄形物体进行测量。另外，测头半径三维补偿问题依然存在。

机械接触式坐标测量机的最大优点是成本低，所以目前应用较为广泛。

（2）激光坐标测量机。激光坐标测量机由激光扫描实物，同时由摄像机录下光束与实物接触部位。激光扫描测量是非接触式测量。从测量学观点看，非接触式测量头在测量时不接触待测物体的表面，可以从根本上解决接触式测量所产生的各种缺陷；非接触式测量可真正实现"零接触力测量"，这样有效地避免了在高精度测量中测量力带来的系统误差和随机误差，且可方便实现对软质和超薄形物体表面形状的测量。另外，还具有测量速度快、效率高等特点。缺点是在测量中受所测物体的材质和颜色的影响。当光束投射到物体表面上时，由于被测表面散射光含有正、反射成分，且被测表面倾斜引起接收光功率的质心偏移，测量精度随入射角（光束与被测点法线的夹角）的增加而降低，有时甚至使测量失效，造成一定的测量误差。激光坐标测量机如图 2-16 所示。

图 2-16 激光坐标测量机

（3）光学坐标测量机。随着计算机技术和光电技术的发展，基于光学原理，以计算机图像处理为主要手段的三维复杂曲面非接触式快速测量技术得到飞速发展。光学坐标测量机由光源照射实物，利用干涉条纹技术计算实物坐标数据。主要有如下几种方法：①投影光栅法，采用普通白光将正弦光栅或矩形光栅投影到被测物体表面，根据 CCD 摄取变形光栅图像。投影光栅法的优点是测量范围大，可对整幅图像的数据进行处理；由于不需要逐点扫描，因而测量速度快，成本低，易于实现。这种方法测量的不足之处在于对表面变化剧烈的物体进行测量时，在陡峭处往往会发生相位突变，从而使测量准确度大大降低。②立体视觉法，利用立体视觉原理测量物体，从两个或两个以上的视点观察同一物体，把二维图像的分析推广到三维景物。这种方法的优点是测量原理清晰；设备简单，操作灵活；对应用场合要求较宽松，硬件成本低；测量时不受物体表面反射特性的影响。但这种方法中，关于摄像机的定位、对应点的立体匹配和图像拼接较难解决。目前，立体匹配已成为立体视觉研究的焦点问题。③由灰度恢复形状法，该方法具有测量过程不受光源限制、现场操作简便、测量范围广等优点，因而受到人们的关注。但该方法的测量精度难保证，目前尚在研究探讨阶段。

当被测物体有内轮廓曲面，尤其是内轮廓曲面内有肋板、凸块、凹块时，三维坐标测量机与激光测量仪的测量方法就显得无能为力。为了能精确地测得物体内表面的数据，可采用工业 CT 法和层析法。

2）工业 CT 法

工业 CT 法（Industrial Computer Tomography，ICT）也称计算机断层扫描法，是目前测量三维内轮廓的最先进方法之一，属于非接触测量。它利用一定波长、强度的射线从不同方向照射被测物体，根据光电转换器件所采集射线的强弱，用图像处理技术，测得被测物体表面的形状。

该方法的优点是可对被测物体内部的结构和形状进行无损测量，对内部结构有透视能力。缺点是空间分辨率较低，物体外缘有时模糊不清，数据获取所需时间较长，重建图像的工作量很大，目前现场应用还很少。

3）层析法

层析法也称逐层切削扫描法，或 CGI（Capture Geometry Inside）。将被测量的物体在工作台上装夹好，通过数控系统控制铣刀的进给速度，一层层地切削出被测物体的截面，再用 CCD 摄像获得每一个截面的轮廓图像，通过一系列的图像处理技术，得到每一层的数据。这种测量方法，可以精确获得被测物体的内、外曲面的轮廓数据。

层析法比工业 CT 法的测量精度更高，成本更低，测量更方便。但这种测量方法是一种破坏性的测量，并且一般用于钢性物体的测量，这些都限制了它的应用。

综上所述，非接触测量可以从根本上解决接触式测量所产生的种种缺陷，测量速度快，已成为自由曲面测量的一个发展方向。但非接触式测量的测量准确度受被测表面反射特性的影响很大，国内外对非接触式测量的研究大都集中在非接触式测量方法和激光位移传感器的研制与革新上，以期进一步提高测量准确度、可靠性和测量范围。

4）CNC 坐标测量机

目前，用于工业测量的典型数字化设备因使用成本过高，在实际使用中受到限制。而 CNC 和三坐标测量机使用同样的坐标系统，在信息转换方向上正好互逆，而在动作执行上是相似的，可以借助加工中心高精度的行走机构，通过使用机床测头并编制相应的测量软件，实现零件的在机测量，使得加工中心在某种程度上又兼备了测量中心的功能。另外，机床测头具有价格低、可靠性高、自身精度高等特点，非常适合国内企业的要求。

2. 数据的处理

为使测量数据具备合理性，需对测量数据进行噪声点去除、测头半径补偿、数据分块等；为使测量数据具备完整性，需对测量数据进行数据多视拼合、补测数据融入等。

对物体表面测量数据的处理方法一般可以分为两大类，一类是基于边界分割法，一类是基于区域分割法。其中，基于边界分割法首先估计出测量点的法向矢量或曲率，然后根据将法向矢量或曲率的突变处判定为边界的位置，并经边界跟踪等处理方法形成封闭的边界，将各边界所围区域作为最终的结果。由于在分割过程中只用到边界局部数据以及存在微分运算，因此这种方法易受到测量噪声的影响，特别是对于缓变型面的曲面该方法并不适用。

对测量数据进行处理主要是通过逆向工程应用软件来实现。逆向工程应用软件能控制测量过程，产生原型曲面的测量"点云"，以合适的数据格式传输至 CAD/CAM 系统中；或在生成及接收的测量数据基础上，通过编辑和处理直接生成复杂的三维曲线或曲面原型，选择合适的数据格式后，再转入 CAD/CAM 系统中，经过反复修改完成最终的产品造型。

从 20 世纪 80 年代开始，国外对逆向工程软件展开了一系列的研究开发。近年国内的几所著名大学如清华大学、浙江大学、南京航空航天大学在这方面也相继开展研究，并前后推出一系列的逆向工程应用软件。这些种类繁多的逆向工程应用软件，按其使用功能可划分为以下三大类。

（1）对测量"点云"尚不能直接处理成曲线、曲面，需转换为合适的数据格式文件后，传入其他的 CAD/CAM 系统中，通过 CAD/CAM 软件将测量"点云"处理成原型曲面。例如，三坐标测量机的专用逆向工程软件 PC-DMIS，虽具有可对工件几何特征量进行直接测量、能够完成几何关系的计算、构造和形位公差的评价与分析、互动式超级报告等功能，但仍不能直接生成测量零件的原型曲面。

（2）对测量"点云"经后置处理后直接生成曲面，生成的曲面可采取无缝连接的方式或有冗余数据的过渡方式集成到 CAD/CAM 系统作后续处理。此类逆向工程应用软件中，比较有代表性的有 DELCAM 公司的 CopyCAD，作为系列集成软件中的专业模块，其数据模型及数据库管理均与系统的其他专业模块保持一致。当测量中产生的数字模型直接嵌入 CAD/CAM 模块中时，会自动延续成为同一数据模型，便捷生成复杂曲面和产品零件原型。此类逆向工程软件中还有一种属于外挂的第三方软件，如 ImageWare、ICEMSurf 等分别作为 UG 及 Pro/E 系列产品中独立完成逆向工程的点云数据读入与处理功能的模块，也能将测量的"点云"直接处理成质量很高的原型曲面，但模型在 CAD/CAM 系统中延续时会产生冗余数据。

（3）完全独立的逆向工程软件，如 Geomagic 等一些专业处理三维测量数据的应用软件，一般具有多元化的功能，即除了处理几何曲面造型以外，还可以处理以 CT、MRI 数据为代表的断层界面数据造型，从而使软件在医疗成像领域具有相当的竞争力。

2.3.5　应用案例

对鼠标样本进行反求，如图 2-17 所示，其反求过程为：①数据采集，首先采用数据采集设备对鼠标样本型面进行数据采集，得到样本型面的点云数据；②数据处理，包括对点云数据进行去噪、缺陷修补、坐标校正等；③重建曲面型面三角化模型，包括型面构建、型面光顺等；④构建三维实体模型，包括鼠标曲面型面及其他表面；⑤实物模型制造，将三维实体模型转换为 STL 格式文件，提供给快速原型机加工，得到鼠标的实物模型，以供模具开发或其他应用。

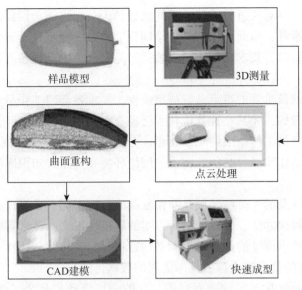

图 2-17　反求工程应用举例

2.4　全生命周期设计

2.4.1　全生命周期设计的内涵与特点

全生命周期设计技术是现代设计技术的重要组成部分。设计产品，不仅是设计产品的功能和结构，而且要设计产品的全生命周期，也就是要考虑产品的规划、设计、制造、经销、使用、维修、保养直到回收再用处置的全过程。全生命周期设计意味着在设计阶段就要考虑到产品生命历程的所有环节，以求产品全生命周期设计的综合优化。可以说，全生命周期设计旨在从时间、质量、成本和服务方面提高企业的竞争力。

链接 2-4
让汽车在全生命
周期"绿"起来

全生命周期设计依赖于各学科、各部门的设计人员相互合作、相互信任和信息共享，通过有效的信息交流，及早考虑产品的生命周期中的所有因素，尽快发现并解决问题，最终达到工作的协调一致。全生命周期设计是一个系统集成的过程，它以并行的方式设计产品及其相关过程，力求使设计人员从一开始就自觉地考虑产品整个生命周期从概念形成到产品完全报废处理的所有因素，包括质量、成本、进度计划和用户的需求等。

全生命周期设计并不是设计和生产的简单交叉，它要求在进行产品设计的某一个阶段时要同时进行其后的过程设计，也就是说，必须让设计的全部阶段都在生产前完成。

全生命周期设计的最终目的是实现最优。以往的产品设计通常包括可加工性设计、可靠性设计和可维护性设计，而全生命周期设计并不只是从技术角度考虑这个问题，还包括产品美观性、可装配性、耐用性甚至产品报废后的处理等方面。全生命周期设计对设计人员的要求是相当高的，要求他们不但能够熟练地设计与本人相关的领域，而且需要他们相互之间能够建立一种良好的协作关系，且彼此能够弄清楚对方的设计。

由于是对同一种产品对象进行设计，不同的设计人员很可能会设计出不同的模型，这样往往会造成不必要的紊乱，因此为了解决这个问题，统一的模型是必不可少的。同时，为了进行这一模型的统一讲解，要求工作人员在表达产品制造、生产设备和管理等方面必须拥有统一的知识表达模式。

全生命周期设计的最重要的特点是它的集成性，要求各部门工作员分工协作，所以注定他们的工作地点是分散的，尤其在计算机技术已经充分利用到传统工业设计中来的时候，每个工作人员都拥有自己的工作站或终端。所以，分布式环境是全生命周期设计的重要特点。要想使工作能快速、协作完成，必须有完善的网络环境和分布式知识库保证工作人员彼此之间的信息传递。

全生命周期设计涉及的人员和领域是非常复杂的，对于同一个设计课题，很可能会在不同的环境下得到不同解决办法，因此，设计方案的随机性很大，经常需要对已经形成的设计界面进行删减。这就要求设计的计算机界面必须有很强的开放性。这样，可以很顺利地实现CAD/CAPP/CAE 系统的集成和大型数据库之间的数据传递。

全生命周期设计始终是面向制造而言的，它的一切活动都是为了使制造出的产品能够"一次成功"，而避免不必要的返工。在设计过程中，不仅要考虑产品功能、造型复杂程度等基本的设计特性，而且要考虑产品设计的可制造性。

全生命周期设计会产生大量的数据和信息，它们都将存储到数据库中，产品数据管理可以保证数据的一致性和共享性。保证最有效地利用企业的各种资源，及早发现错误，缩短产品开发时间。

全生命周期设计改变了制造业的企业结构和工作方式，不仅可以对企业的生产周期、质量和成本进行有效的控制，而且可以形成生产、供销、用户服务一条龙，并以此来增加市场机制下的企业竞争活力。其特点主要有以下几点。

（1）缩短产品投放市场的时间。全生命周期设计本身就是一个优化的过程，所以无疑会缩短设计周期，减少再设计工作量。另外，在设计阶段，由于与生产有关的方法和计划都已确定，因此，制造准备工作完全可以同步进行，缩短产品生产的时间。

（2）提高质量。质量不仅是产品的度量标准，而且是设计、制造、经营、服务等系统的度量标准。全生命周期设计要求同时考虑产品的各项性能和与产品有关的各工艺过程的质量，以达到优化生产、减少产品缺陷和废品率及便于制造维修的目的。

（3）降低成本。全生命周期设计不同于传统的"反复做直到满意"的思想，而是强调"一次就达到目的"。它强调的并不是单纯降低产品生产周期中某一部分的消耗，而是要降低产品在整个生命周期中的消耗。全生命周期设计虽然会提高产品设计阶段的成本比例，但是同后续生产、维修过程中大大减少的成本相比，其设计成本同样会有所减小。当前全生命周期设计采用的是计算机仿真技术，动态模拟产品及其生产过程，省去了以往的"设计—样品"的反复阶段，减少了无形的消耗。

（4）增强市场竞争力。因为全生命周期设计在生产前就已经注意制造问题，所以产品的易制造性提高，生产成本较低，质量较好，并能迅速推出新产品投放市场，竞争能力强。

目前，全生命周期设计应用已经相当广泛，不仅用于军事，也被民用生产采用。就行业而言，全生命周期设计已应用于电子、计算机、飞机和机械等行业；就产品而言，已经从简单零件应用发展为复杂系统的应用；就生产批量而言，已从单件和小批量生产的产品发展为大批生产的产品，而且有些产品已经具有极高的可靠性。

全生命周期设计的基本内容就是面向制造的设计，实现设计的最优化，所借助的手段是并行设计，而要顺利完成设计任务的关键技术是数据管理。

2.4.2　并行设计

1. 概述

并行设计（Concurrent Design）是一种对产品及其相关过程（包括制造过程和支持过程）进行并行和集成设计的系统化工作模式，其思想是在产品开发的初始阶段，即规划和设计阶段，就以并行的方式综合考虑其生命周期中所有后续阶段，包括工艺规划、制造、试验、检验、经销、运输、使用、维修、保养直至回收处置等环节，降低产品成本，提高产品质量。

设计过程中各活动之间的基本联系和相互作用方式可归纳为串行依赖、并行独立和交互耦合三种。并行设计过程的基本特征是集成性，反映了产品生命周期各环节间的耦合作用。

并行设计是现代机械设计与制造科学的研究热点。与传统的串行设计方法相比，它强调在产品开发的初始阶段就全面考虑产品生命周期的后续活动对产品综合性能的影响因素，建立产品生命周期中各阶段间性能的继承和约束关系及产品各方面属性之间的关系，以追求产品在生命周期全过程中其综合性能最优。它借助于由各阶段专家组成的多功能设计小组，使设计过程更加协调，使产品性能更加完善，因此能更好地满足用户对产品全生命周期质量和性能的综合要求，并减少产品开发过程中的返工，进而大大缩短产品开发周期。

并行设计能取得成功的根本原因在于它采用了协调全过程的技术，协调性决定着并行设计的有效性。随着并行设计技术的发展和完善，它的协调能力也越来越强。在并行设计过程中，如何建立各任务之间的耦合关系模型直接决定着多功能小组的协调性，因此这一问题将是今后并行设计发展的关键之一。

并行设计希望产品开发的各项活动尽可能在时间上平行地进行，这就要求较高的管理水平与之相适应；并行设计要求多功能小组更加接近和了解用户，更加灵活和注重实际以开发出能更加满足用户要求的产品；并行设计当然还要提高产品质量，而这又与设计和生产的发展水平相互促进和相互制约。

在产品开发中，对产品及其相关过程进行一体化的并行设计具有复杂性、综合性和系统性的特点。组织并行设计进程实际上有以下两种模式。

（1）产品设计与相关过程设计实现并行，这种独立的并行，即简化了产品生命周期各环节间内在联系的并行，是以影响产品质量为代价的。

（2）以联系方式对产品设计及其相关过程设计进行并行组织，这种并行有利于提高产品质量，但可能增加设计时间，并行设计以耦合策略进行联系，以缩短设计周期为目标。为此，必须深入研究各活动之间的相关性，以确定对设计进程具有决定作用的联系，在设计进程中以早期局部的代价来避免整个进程的反复。

虽然在并行设计规划的研究中，已经取得不少研究成果。但同时必须看到，目前在对耦合任务集的研究中，尤其是在关键任务的确定方面，人们往往只考虑到设计任务之间联系的强弱及加工信息迭代反馈程度的强弱，而忽略了用于实施这些设计任务的各种资源（包括技术人员、技术手段和技术设备等）对产品实际研制周期的影响。为了更好地建立适用于并行设计的模型，有必要建立资源优化配置的模型。

评价决策也是并行设计技术的一个重要方面。并行设计中群体活动的独立性和地位的等同性使并行活动之间不断反复与迭代，在一定程度上加长了产品开发的周期。因而，对多领域集成的群体工作方式，特别是在以赢得设计时间为主要目标时，并行设计实施策略应优先考虑如何加速整个进程和确定并规划最优次序的问题。在评价决策中，并行设计的集成度即有机性和共存性是一个重要的指标。

并行工程是生产发展到一定阶段的产物。它要求具有较高的管理、设计和生产制造水平等。在并行设计中，最重要的问题是如何处理各个任务间的耦合及协调并行设计群体的活动方式，因此，有效地建立并行设计的模型和优先顺序是并行设计技术发展的突破点。

由于科学技术的高速发展及市场竞争的日益激烈，现代制造业中只有以最低的成本生产出质量最好的产品，并以最快的速度响应市场的需求，才能生存和发展。现代制造业面对的是一个结构复杂、多品种、小批量的生产环境。并行设计为顺应这一环境提供了新方法，同时并行设计在 CAD/CAPP/CAM 集成中也得到了很好的应用。美国房屋分析机构（TDA）的调查结果表明，采用并行设计的效益是非常明显的：①设计质量的改进使早期生产中工程变更的次数减少 50% 以上；②产品设计及有关过程的并行展开使产品的开发周期缩短 40%~60%；③多功能小组一体化进行产品及有关过程设计使制造成本降低 30%~40%；④产品及有关过程的优化使产品的报废及返工率减少 75%。

2. 并行设计的关键技术

1）并行环境下的信息抽象与建模技术

设计就是建立产品模型的过程。由于并行设计下产品模型的建立涉及产品生命周期各个阶段相关的信息，其数据复杂程度很高，如产品信息、制造工艺信息和资源信息的获取和表达，以前产品或工艺数据的快速检索，有关产品的可制造性、可维护性、安全性等方面的信息获取，小组成员对于公共数据库中的信息共享等，因此必须建立一个能够表达和处理有关产品生产周期各阶段所有信息的统一的产品模型。国际标准化组织（ISO）提出的"产品数据交换标准" STEP（Standard for Exchange of Product Data）在于建立一个使产品生命周期各阶段的信息能够进行互换的、便于计算机表示的产品模型，以保证产品信息在各个环节的转换过程中保持完整性和一致性。STEP 从多种角度对产品的综合属性做出了定义，这种定义遍及了产品的全部生命周期，还包括产品的每个组成部分。STEP 中的产品数据能够对产品在整个生命周期内进行完整一致的描述，提供了产品数据在并行设计环境下共享的基础。

源于日本的质量功能配置 QFD（Quality Function Deployment）方法，强调各个生产环节中职能部门人员之间的信息交流和作业协同，它的目标就是要保证客户的需求能够有机地布置到企业各个职能部门的作业目标上，也就是说，将客户的需求分别转移到产品规划、结构和零件设计、工艺规划及作业规划四个阶段，如图 2-18 所示。

（1）产品规划。将客户需求信息转换为产品的功能特征和质量要求，并收集有关产品的客户和技术人员的评价信息。

（2）结构和零件设计。将产品规划中的产品功能要求转换为产品的结构和组成零件的设计信息。

（3）工艺规划。根据零件设计信息制定相应的生产工艺规程。

（4）作业规划。根据工艺规程制定产品的作业计划以及相关的质量控制和检查措施。

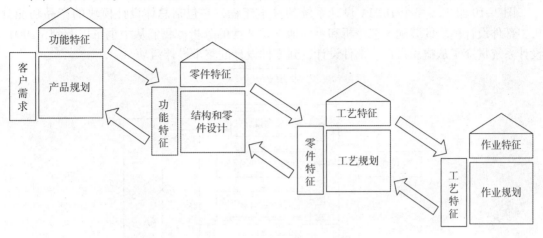

图2-18　QFD方法的四个阶段

总之，QFD将产品的需求、功能、质量和成本有机地结合起来，把客户对产品的需求信息转换到产品开发的各个阶段，从而将客户与设计、生产紧密地联系起来。

2）计算机辅助设计评价和决策——DFMA与RPM

面向制造的设计DFM（Design For Manufacturing）以及面向装配的设计DFA（Design For Assembly）通常被合在一起，称为DFMA。通过DFMA，设计人员在新产品的设计阶段，可以充分考虑所设计产品的零部件的加工工艺性和装配工艺性，从而使新产品在制造与装配过程中由于设计不当而产生的工程更改数量减少到最小程度。

在DFMA设计理论的研究中，人们提出了两条适用于所有设计的公理：①在设计中必须保持产品及零部件功能的独立性；②在设计中必须使产品及零部件的信息量为最少。

其中，第一条公理是指在一个零件上既不希望出现重复的或相同的功能，也不希望一个零件只有一种功能。这就要求在设计过程中，产品的零部件必须具有多种功能，而且这些功能必须相互独立、互不重复，通过这一点达到构成产品零件的数量为最少。这是由于产品中每多出一个零件，就会在产品投产前多出一系列的生产准备工作和生产中以及投产后的计划管理和维护工作。也就是说，多一个零件便必须多编制一份工艺规程、准备相应的工艺装备和毛坯，同时还必须在该零件的质量控制、生产控制以及库存管理上耗费相当多的人力、财力、物力与时间，从而影响最终产品的成本和交货期。因此，在满足产品功能要求的前提下，构成产品的零部件数必须越少越好。

为满足第二条公理，每个零件的结构还必须做到最简单。只有零件的结构最简单，零件所包含的信息量才能达到最少，同时零件才能易于制造。

在应用DFMA时，人们必须从上述公理出发，结合生产实践，以全局最优为目标，在具体的实施过程中加以丰富和具体化，如使构成产品的零件数量最少，使单个零件的功能尽量多，使装配方向最少，发展模块化的设计，使设计标准化，选择易于装配的紧固件，在装配中尽量减少调整，使设计的零件易于定位等，同时对这些原则的应用也应具体问题具体分析。

面向制造与装配的设计实施上是一个不断优化的过程，在设计的各个阶段都要进行分析和判断，并建立起各阶段的评价指标，从而选择一个最优的设计。基于知识的计算机专家系统是实现 DFMA 设计的良好的辅助工具。

图 2-19 给出了一个 DFMA 设计系统的基本流程，它包括总体设计模块的产品功能分析、部件设计模块的装配工艺分析和零件加工工艺性的分析。我们从中也可以看到，DFMA 设计系统贯穿了从概念设计、部件设计，到零件设计的整个设计活动。

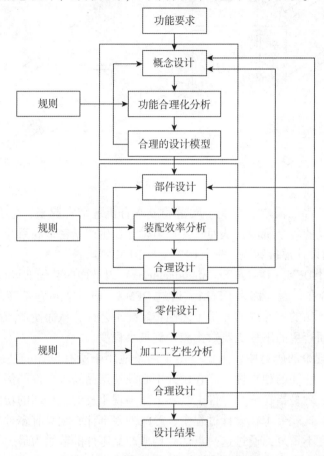

图 2-19　DFMA 设计系统的基本流程

在产品的概念设计阶段（或总体设计阶段），主要从产品的功能要求出发进行设计。为了将高度抽象的产品功能输入计算机内，必须采用一种能确切描述和表达产品功能的计算机语言——"功能描述语言"，实现对产品功能的定义和描述；同时将产品的功能要求映射成相应的设计概念，如产品的几何结构、零部件的装配关系等；然后将产品的功能要求 DFMA 的有关规则对产品的结构信息进行分析，指出结构上不合理的地方，并给出改进的建议。在产品的部件设计阶段，主要是对所设计的部件结构进行可装配性分析，使零部件便于装配、数量最少等。在产品的零件设计阶段，主要目的在于使零件的结构简单、便于加工和检验。

快速原型制造技术 RPM（Rapid Prototype Manufacturing）是对产品的开发与设计进行快速评价和测试的又一种思路，尽管它被人们归为制造技术，但由于它与产品的快速设计与开发有着紧密的联系，因此值得一提。设计人员在对一些结构复杂的零件或者关键零件进行设计时，往往不易把握，需要非常慎重，这时他们最需要的就是能够马上看到自己所设计的零件实体，以便对零件的结构、尺寸直至其静力学、动力学特性进行真实环境下的校核与考验，帮助他们避免重大设计误差，确定产品的外观形状等。所有这一切，单纯依靠目前的计算机辅助工程分析 CAE（Computer Aided Engineering）技术或前面提到的计算机辅助设计与评价系统 DFMA，是无法全部做到的。因此，RPM 这项 20 世纪 80 年代末起源于美国的新技术的特点就在于无须模具或任何加工，仅凭计算机辅助设计中的产品三维实体造型的分层数据，就可以用最快的速度得到与设计数据完全一致的产品实体，从而将设计人员的设计思想物化为具有一定结构和功能的产品原型，给新产品的开发与设计带来极大的便利。

3）支持并行设计的分布式计算机环境

并行的设计环境要求一个在计算机支持下的协同工作环境，CSCW（Computer Supported Cooperative Work）是实现这一环境的核心技术。CSCW 是 1984 年由美国麻省理工学院的 Iren Grief 等提出的新术语，它是指分布在异地的某群体中的人们在计算机的帮助下，在一个虚拟的共享环境中相互磋商，快速高效地完成一个共同的任务。CSCW 使实时交互的协同设计成为可能，不同部门的工作人员之间，可以按照并行工程的方法实现资源共享，进行协同工作，合作参与技术方案的分析、选择、评价、发送与接受等，从而大大提高设计效率，避免不必要的重复工作，使设计能够迅速地投入生产。目前，较成功的协同设计的例子是远距离的医疗诊断系统。大规模地应用于制造企业的分布式协同设计系统正在开发中，如美国斯坦福大学的 PACT 项目。

2.4.3 绿色设计

绿色设计是 20 世纪末出现的一个国际设计新潮流，是强调充分利用地球有限资源、保护地球环境的一种现代设计方法，现已得到人们的广泛关注和认同。

2020 年 9 月，中国明确提出力争于 2030 年前实现"碳达峰"和于 2060 年前实现"碳中和"的"双碳"目标。而双碳目标的具体实现有赖于各行各业共同发力。作为设计领域的研究，"绿色设计"早已受到普遍关注。如联想在碳中和方面的核心切入点是产品制造和供应链，以绿色材料和技术创新为驱动；美的助力碳中和选择"智慧楼宇"作为切入点，智能家电来加持；格力围绕碳中和的目标在"打造绿色制冷技术，建设智能家居系统"中进行研发实践；双碳目标下，TCL 在终端产品上则更加努力将环保理念融入产品开发的全生命周期……

1. 绿色设计定义

绿色设计是由绿色产品所延伸的一种设计技术，也称为生态设计、环境设计。绿色设计是指在产品设计过程中，考虑产品功能、质量、成本以及开发周期等因素的同时考虑该产品对资源和环境的影响，通过设计优化使产品及其制造过程对环境的总体负面影响减至最小，使产品的各项指标符合绿色环保的要求。也就是说，在产品的设计阶段就要将环境因素以及预防污染的措施纳入产品设计之中，将产品的环境性能作为设计的目标和出发点，力求产品对环境的影响为最小。

为此，可将绿色设计的核心内容归纳为"3R-1D（Reduce、Recycle、Reuse、Degradable）"，即为低消耗、可回收、再利用、可降解的产品设计，不但要求减少资源和能源的消耗，降低有害物质的排放，而且要求产品便于分类回收，能够再生、循环或重复利用。

2. 绿色设计与传统设计方法比较

与传统产品设计方法比较，绿色设计在设计目的、设计依据和设计思想等方面均有较大

区别，如表 2-3 所示。

表 2-3 绿色设计与传统设计方法的比较

设计方法	传统设计	绿色设计
设计目的	满足市场需求，获取最大经济利益	满足市场和环境保护需求，保证可持续发展
设计依据	产品功能、质量和成本	优先考虑产品环境属性的同时，保证产品功能、质量和成本
设计思想	较少考虑资源合理应用、环境影响以及产品回收利用	必须考虑能源消耗、资源合理应用、生态环境保护等问题，尽可能设计出低耗能、零排放、可拆卸、易回收的绿色产品

　　传统产品设计方法往往是以企业发展战略、获取企业自身最大经济利益为出发点，以产品功能、产品质量和产品成本为主要设计依据，很少考虑资源合理应用、环境保护以及产品回收利用等因素。而绿色设计则是在优先考虑产品环境属性的同时，保证产品功能、质量和成本等基本要求，在产品设计过程必须考虑能源消耗、资源合理应用、生态环境保护等问题，尽可能设计出低耗能、零排放、可拆卸、易回收的绿色产品。

　　为此，绿色设计将产品全生命周期的设计、制造、使用和回收等各环节作为一个有机整体，在保证产品基本功能要求同时，充分考虑资源和能源的合理利用，考虑环境保护以及劳动者保护等问题，不仅要求满足消费者需要，更要实现"预防为主、治理为辅"的环境保护策略，从根本上实现环境和劳动者保护以及资源、能源的优化利用，如图 2-20 所示。

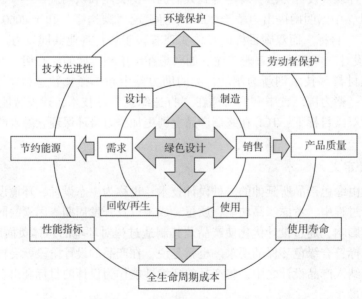

图 2-20 绿色设计的目标要求

3. 绿色设计主要内容

　　绿色设计从产品材料的选择、加工流程的确定、加工包装、运输销售等全生命周期考虑资源的消耗和对环境的影响，以寻找和采用尽可能合理优化的结构和方案，使资源消耗和对环境负面影响降到最低。为此，绿色设计的主要内容包括以下几点。

（1）绿色产品描述与建模。全面准确地描述绿色产品，建立绿色产品评价模型，这是绿色设计的关键所在。例如，家电产品现已建立了环境、资源、能源、经济属性和技术性能等指标的评价体系。

（2）绿色设计材料选择。绿色设计要求设计人员改变传统的选材程序和步骤，材料选用不仅要考虑产品的使用性能和要求，更需考虑环境的约束准则，了解所选择的材料对环境的影响，尽可能选用无毒、无污染、易回收、可重用、易降解材料。

（3）可拆卸性设计。传统设计多考虑产品的可装配性，很少考虑产品的可拆卸性。绿色设计要求将可拆卸性作为产品结构设计的一项评价准则，使产品在使用报废后其零部件能够高效、不加破坏地拆卸，有利于零部件的重新利用和材料的循环再生。产品结构千差万别，不同产品的可拆卸性设计不尽相同，总体说，可拆卸性设计原则包括：①简化产品结构，减少产品零件数目，以减少拆卸工作量；②避免有相互影响的材料组合，以免在材料间相互污损；③结构上易于拆卸，易于分离；④实现零部件标准化、系列化和模块化，减少产品结构的多样性。

（4）可回收性设计。产品设计时应充分考虑产品各零部件回收再生的可能性以及回收处理方法和回收费用等问题。可回收性设计原则包括：①避免使用有害于环境及人体健康的材料；②减少产品所使用的材料种类；③避免使用与循环利用过程不兼容的材料；④使用便于重用的材料和零部件。

进行可回收性设计时，采用便于回收利用的产品结构，应对可回收材料进行标记，说明回收处理的工艺方法，并对产品可回收的经济性进行分析与评价。

（5）绿色产品成本分析。与传统成本分析不同，绿色产品成本分析应考虑污染物的处理成本、产品拆卸成本、重复利用成本、环境成本等，以实现经济效益与环境质量双赢的目的。

（6）绿色设计数据库建立。绿色设计数据库是一个庞大复杂的数据库，该数据库对产品设计过程起到举足轻重的作用，包括产品全生命周期与环境、经济有关的一切数据，如材料成分、各种材料对环境的影响、材料自然降解周期、人工降解时间及费用，以及制造、装配、销售、使用过程中所产生的附加物数量及其对环境的影响，环境评估准则所需的各种评判标准等。

4. 绿色设计基本准则

与传统设计相比，绿色设计应遵循如下的设计准则。

（1）资源最佳利用准则。从可持续发展理念考虑资源的选用，尽可能选用可再生资源，在产品整个生命周期最大限度地利用资源。

（2）能量消耗最少准则。尽可能选用太阳能、风能等可再生清洁能源，力求在产品整个生命周期能源消耗最少，减少能源的浪费。

（3）"零污染"准则。彻底摒弃"先污染、后治理"传统环境治理理念，实施"预防为主、治理为辅"的环境保护策略，产品设计时必须充分考虑如何消除污染源，尽可能地做到"零污染"。

（4）"零损害"准则。确保产品在生命周期内对生产者以及使用者具有良好的保护功能，产品设计时不但要从产品的制造、使用、质量和可靠性等方面保护劳动者，而且还要从人机工程学和美学角度避免对人体身心健康造成危害，力求将损害降低到最低程度。

（5）技术先进准则。设计者应了解相关领域最新技术发展，采用最先进技术提高产品的绿色化程度。

（6）生态经济效益最佳准则。绿色设计不仅要考虑产品所创造的经济效益，更需从可持续发展理念出发考虑产品在全生命周期对生态环境和社会所造成的影响。

人类社会的发展，特别是工业化进程的推进和城市规模的扩大，所造成的环境污染、生态破坏、资源枯竭已经严重危及人类的生存和社会可持续发展。绿色设计顺应历史的发展趋势，强调资源的有效利用，减少废弃物的排放，追求产品全生命周期对环境污染的最小化、对生态环境的无害化。绿色设计必将成为人类实现可持续发展的有效方法和手段。

2.4.4 应用案例

中国家电行业的传奇——海尔公司于 2010 年在柏林国际电子消费品展销会上推出了一款人力洗衣机，如图 2-21 所示。这款洗衣机可将配套的动感自行车健身器材在使用时所产生的能源，用于驱动洗衣机清洗衣物。20 min 的运动可以支持洗衣机用冷水清洗一次常量衣物，是一款从侧面督促人们运动、保持健康和绿色二者兼得生活状态的实用家电。

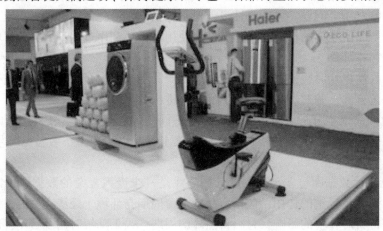

图 2-21　人力洗衣机

本章小结

先进设计技术是先进制造技术的基础，是一门多学科、多专业交叉融合的综合性技术，是包含有基础技术、主体技术、支撑技术及不同领域应用技术的技术集群。

CAD 技术思想起源于 20 世纪 60 年代末，得益于美国麻省理工学院 Sutherland 博士的研究工作。60 多年来，CAD 技术已发展成为以计算机技术和计算机图形学为技术基础，并融合各应用领域的设计理论与方法的一种高新技术。现代 CAD 技术能使设计工作实现集成化、网络化、虚拟化和智能化，达到提高产品设计质量、降低产品成本和缩短设计周期的目的。

逆向工程是相对于传统正向工程而言的，是对已有产品进行分析、重构和再创造的产品开发技术，其关键在于反求对象分析和模型的重构。

全生命周期设计是现代设计技术的重要组成部分，旨在从时间、质量、成本和服务方面提高企业的竞争力。全生命周期设计的基本内容就是面向制造的设计，实现设计的最优化，所借助的手段是并行设计，而要顺利完成设计任务的关键技术是数据管理。

绿色设计是将环境性能作为产品的设计目标，力求使产品对环境的影响为最小，其核心是减少资源消耗，减少有害物质排放，方便回收、再生循环利用。

本章的重点在于先进设计技术、计算机辅助设计技术、逆向工程和全生命周期设计相关概念，难点是计算机辅助设计技术、逆向工程、并行设计和绿色设计的应用。学好本章内容需要多参考相关资料，对相关知识和技术的应用有更深入的掌握。

思考题与习题 ▶▶ ▶

2-1　简述先进设计技术的内涵与特征。

2-2　简述先进设计技术的体系结构。

2-3　简述 CAD 技术的主要研究内容。

2-4　什么是参数化技术？

2-5　什么是特征建模设计？

2-6　逆向工程设计的基本方法有哪些？分析逆向工程设计的基本步骤。

2-7　简述逆向工程设计的关键技术。

2-8　简述全生命周期设计的内涵与特点。

2-9　什么是并行设计？简述并行设计的关键技术。

2-10　什么是绿色设计？简述绿色设计的主要内容。

2-11　试举例说明绿色设计的基本准则。

第 3 章
先进制造工艺

🎯 **学习目标** ▶▶ ▶

1. 了解先进制造工艺的发展，熟知先进制造工艺的内容。
2. 明晰各种先进制造工艺的特征。
3. 掌握各种先进制造工艺的关键技术。
4. 秉持绿色制造理念，掌握实施绿色制造的关键技术，永葆绿水青山。

3.1 概 述

3.1.1 先进制造工艺的发展

先进制造工艺技术是指研究与物料处理过程和物料直接相关的各项技术，要求实现优质、高效、低耗、清洁和灵活。先进制造工艺的发展表现在以下几个方面。

（1）加工精度不断提高。随着制造工艺技术的进步与发展，机械加工精度得到不断提高。18 世纪，用于加工第一台蒸汽机气缸的镗床的加工精度仅为 1 mm；20 世纪初，由于能够测量 0.001 mm 的千分尺和光学比较仪的问世，使加工精度向 μm 级过渡；近 20 年间，机械加工精度又提高了 1~2 个数量级，达到 10 nm 的精度水平。现在测量超大规模集成电路所用的电子探针，其测量精度已达 0.25 nm。

（2）切削速度迅速提高。随着刀具材料的发展，在近一个世纪的时间内，切削速度提高了 100 多倍。由图 3-1 看出，20 世纪以前，以碳素工具钢为主的刀具材料的切削速度在 10 m/min 左右；20 世纪初高速钢刀具问世，其切削速度提高到 30~40 m/min；到了 20 世纪 30 年代后，随着硬质合金刀具的使用，其切削速度很快提高到每分钟数百米。接着又相继出现了陶瓷刀具、金刚石刀具和立方氮化硼刀具，切削速度可达每分钟上千米。

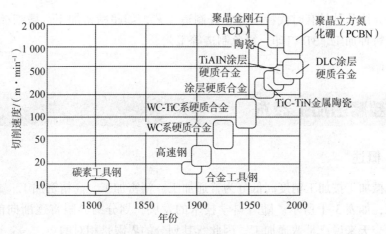

图3-1 切削速度随刀具材料变更而提高

（3）新型工程材料的应用推动了制造工艺的进一步发展。超硬材料、超塑性材料、复合材料、工程陶瓷等新型材料的出现，一方面要求进一步改善刀具材料的切削性能和改进机械加工设备，使之能够胜任新材料的切削加工；另一方面迫使人们寻求新型的制造工艺，以便更有效地适应新型工程材料的加工，因而出现了一系列特种加工方法。

（4）近净成形技术不断发展。随着人们对人类生存资源的节省和保护意识的提高，要求零件毛坯成形精度向少、无余量方向发展，使成形的毛坯接近或达到零件的最终形状和尺寸，因而出现诸如精密铸造成形、精密塑性成形、精密连接等近净成形技术。

（5）表面工程技术日益受到重视。表面工程技术是通过运用物理、化学或机械工艺过程来改变零件表面的形态、化学成分和组织结构，以获取与基体材料不同性能要求的一种技术。它在节约原材料、提高新产品性能、延长产品使用寿命、装饰环境、美化生活等方面发挥了越来越突出的作用。

3.1.2 先进制造工艺的内容

基于处理物料的特征，先进制造工艺包含以下四个方面的内容。

（1）精密、超精密加工技术。它是指对工件表面材料进行去除，使工件的尺寸、表面性能达到产品要求所采取的技术措施。当前，纳米加工技术代表了制造技术的最高精度水平，超精密加工的材料已由金属拓展到了非金属。根据加工的尺寸精度和表面粗糙度，精密加工可大致分为三个不同的档次，即精密加工、超精密加工和纳米加工。

（2）精密成形制造技术。它是指工件成形后只需少量加工或无须加工就可用作零件的成形技术，是多种高新技术与传统的毛坯成形技术融为一体的综合技术，正在从近净成形工艺向净成形工艺的方向发展。

（3）特种加工技术。它是指利用电、磁、声、光、化学等能量或其组合施加在工件的被加工部位上，从而达到材料去除、变形、改变性能等目的的非传统加工技术。

（4）表面工程技术。它是指采用物理、化学、金属学、高分子化学、电学、光学和机械学等技术及其组合，提高产品表面耐磨、耐蚀、耐热、耐辐射、抗疲劳等性能的各项技术。它主要包括热处理、表面改性、制膜和涂层等技术。

本书主要介绍几种具有时代特征的先进制造工艺，如超精密加工、微细/纳米加工、高速加工、现代特种加工、3D 打印、绿色制造等工艺。

3.2　超精密加工技术

3.2.1　概述

通常，机械加工按加工精度高低分为普通加工、精密加工、高精密加工、超精密加工和极超精密加工，如表 3-1 所示。随着科学技术的发展，划分的界限将逐渐向前推移，过去的精密加工对今天来说已是普通加工，因此，其划分的界限是相对的。

表 3-1　加工精度的划分

级别	普通加工	精密加工	高精密加工	超精密加工	极超精密加工
加工误差/μm	100 ~ 10	10 ~ 3	3 ~ 0.1	0.1 ~ 0.005	≤0.005

超精密加工技术是适应现代高技术需要而发展起来的先进制造技术，它综合应用了机械技术发展的新成果以及现代电子、传感技术、光学和计算机等高新技术，是高科技领域中的基础技术，在国防科学技术现代化和国民经济建设中发挥着至关重要的作用，同时作为现代高科技的基础技术和重要组成部分，它推动着半导体技术、光电技术、材料科学等多门技术的发展进步。超精密加工技术是高科技尖端产品开发中不可或缺的关键技术，是一个国家制造业水平的重要标志，也是装备现代化不可缺少的关键技术之一。根据加工方法的机理和特点，超精密加工可以分为超精密切削、超精密磨削、超精密研磨、超精密特种加工和复合加工，如图 3-2 所示。

1. 超精密切削

超精密切削的特点是借助锋利的金刚石刀具对工件进行车削和铣削。金刚石刀具与有色金属亲和力小，其硬度、耐磨性以及导热性都非常优越，且能刃磨得非常锋利，刃口圆弧半径可小于 0.01 μm，可加工出 $Ra<0.01$ μm 的表面粗糙度。

链接 3-1
超精密加工

2. 超精密磨削

超精密磨削是在一般精密磨削基础上发展起来的。超精密磨削不仅要提供镜面级的表面粗糙度，还要保证获得精确的几何形状和尺寸。所以，对于超精密磨削系统，不仅要考虑各种工艺因素，还必须具有高精度、高刚度以及高阻尼特征的基础部件，消除各种动态误差的影响，并采取高精度检测手段和补偿手段。

目前适用于超精密磨削的材料主要是玻璃、陶瓷等硬脆材料，采用超精密磨削可加工出 3 ~ 5 nm 的光滑表面。要实现纳米级磨削加工，机床必须具有高精度和高刚度。此外，砂轮的修整技术也至关重要。

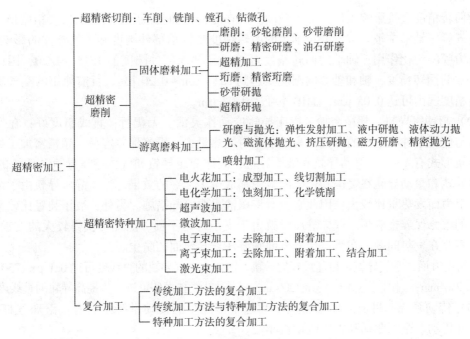

超精密加工

超精密切削：车削、铣削、镗孔、钻微孔

超精密磨削
- 固体磨料加工
  - 磨削：砂轮磨削、砂带磨削
  - 研磨：精密研磨、油石研磨
  - 超精加工
  - 珩磨：精密珩磨
  - 砂带研抛
  - 超精研抛
- 游离磨料加工
  - 研磨与抛光：弹性发射加工、液中研抛、液体动力抛光、磁流体抛光、挤压研抛、磁力研磨、精密抛光
  - 喷射加工

超精密特种加工
- 电火花加工：成型加工、线切割加工
- 电化学加工：蚀刻加工、化学铣削
- 超声波加工
- 微波加工
- 电子束加工：去除加工、附着加工
- 离子束加工：去除加工、附着加工、结合加工
- 激光束加工

复合加工
- 传统加工方法的复合加工
- 传统加工方法与特种加工方法的复合加工
- 特种加工方法的复合加工

图 3-2　超精密加工方法

3. 超精密研磨

超精密研磨包括机械研磨、化学机械研磨、浮动研磨、弹性发射加工以及磁力研磨等加工方法。超精密研磨主要用于加工高表面质量与高平面度的集成电路芯片和光学平面及蓝宝石窗口等。

4. 超精密特种加工

超精密特种加工是指一些利用机械、热、声、光、电、磁、原子、化学等能源的物理的、化学的非传统加工方法实现的超精密加工。超精密特种加工的范围很广，如电子束加工、离子束加工、激光束加工等能量束加工方法。

5. 复合加工

复合加工是指采用几种不同能量形式、几种不同的工艺方法，互相取长补短、复合作用的加工技术，如电解研磨、超声电解加工、超声电解研磨、超声电火花、超声切削加工等，比单一加工方法更有效，适用范围更广。

3.2.2　超精密加工关键技术

1. 超精密加工机床技术

1）超精密加工机床的设计理论与方法

超精密加工机床设计包括：机床结构、传动链、尺寸链、力流链等的设计；高精度要求下的刚度、强度、阻尼设计；超常情况下精度的传递和稳定性，精度裕度设计；自律校正、进化与修正技术等。

2）超精密加工机床基础部件技术

（1）精密主轴。超精密加工机床的主轴在加工过程中直接支持工件或刀具的运动，故主轴的回转精度直接影响工件的加工精度。现在超精密加工机床中使用的回转精度最高的主轴是空气静压轴承主轴。空气静压轴承的回转精度受轴承部件圆度和供气条件的影响很大，由于压力膜的匀化作用，轴承的回转精度可以达到轴承部件圆度的 1/15～1/20，因此要得到 10 nm 的回转精度，轴和轴套的圆度要达到 0.15 μm～0.20 μm。目前使用的空气轴承主轴回转精度国内可达 0.05 μm，而国外可达 0.03 μm。

（2）超精密导轨。超精密加工机床导轨应动作灵活、无爬行；直线精度好；在使用中应具有与使用条件相适应的刚性；高速运动时发热量少；维修保养容易。超精密加工机床常用的导轨形式有 V-V 型滑动导轨和滚动导轨、液体静压导轨和气体静压导轨。传统的 V-V 型滑动导轨和滚动导轨在美国和德国的应用都取得了良好的效果。液体静压导轨由于油的黏性剪切阻力而发热量比较大，因此必须对液压油采取冷却措施。另外，液压装置比较大，而且油路的维修保养也麻烦。气体静压导轨由于支承都是平面，因此可获得较大的支承刚度，它几乎不存在发热问题，在维修保养方面则要注意导轨面的防尘。

在精度方面，空气导轨是目前最好的导轨。国际上空气导轨的直线度可达 0.1 μm/250 mm～0.2 μm/250 mm，国内可达到 0.1 μm/200 mm，通过补偿技术还可进一步提高导轨的直线度。

（3）传动系统。目前用于精密加工和超精密加工的传动系统主要有：滚珠丝杠传动、静压丝杠传动、摩擦驱动和直线电动机驱动。

精密滚珠丝杠是超精密加工机床常采用的驱动方法，超精密加工机床一般采用 C_0 级滚珠丝杠，利用闭环控制最高可达 0.01 μm 的定位精度。利用滚珠丝杠的微小弹性变形原理，可实现纳米分辨率的进给。但丝杠的安装误差、丝杆本身的弯曲、滚珠的跳动及制造上的误差、螺母的预紧程度等都会给导轨运动精度带来影响。

静压丝杠的丝杠和螺母不直接接触，有一层高压膜相隔，因此没有摩擦引起的爬行和反向间隙，可以长期保持其精度，进给分辨率可更高。介质膜（油、空气）有匀化作用，可以提高进给精度，在较长行程上，可以达到纳米级的定位分辨率，但它的刚度比较小；液体静压丝杠装置较大，且必须有油泵、蓄压器、液体循环装置、冷却装置和过滤装置等众多辅助装置，另外还存在环境污染问题。

摩擦驱动是通过摩擦把伺服电动机的回转运动直接转换成直线运动，实现无间隙传动，由于结构比较简单，因而弹性变形因素大为减少，是一种非常适合超精密加工的传动系统。英国 Rank Tailor Hobson 公司开发的 Nanoform600 超精密镜面加工机床的进给机构采用了这种装置，在 300 mm 的行程上可获得 1.255 nm 分辨率、±0.1 μm 的定位精度。

直线电动机是一种将电能直接转变成直线机械运动的动力装置。直线电动机适用于高速和高精度的场合，通常高速滚珠丝杠可在 40 m/min 的速度和 0.5g 加速度情况下工作，而直线电动机加速度可达 5g，其速度和刚度都分别大于滚珠丝杠的 30 倍和 7 倍。目前直线电动机传动定位精密度可达到 0.04 μm，分辨率为 0.01 μm，速度可达 200 m/s。

链接 3-2
直线电动机

（4）微进给装置。高精度微进给装置对实现超薄切削、高精度尺寸加工和实现在线误差补偿有着十分重要的作用。在超精密加工中，常用的微进给装置有弹性变形式、热变形式、流体膜变形式、磁致伸缩式、压电陶瓷式等多种结构形式。其中，压电陶瓷材料具有较好的微位移特性和可控性。以压电陶瓷为驱动器的基于弹性铰链支承的微位移机构在目前是用得最多的。

2. 超精密加工刀具技术

天然金刚石刀具是目前最主要的超精密切削工具，由于它的刃口形状直接反映到被加工材料的表面上，因此金刚石刀具刃磨技术是超精密切削中的一个重要问题，刃磨技术包括晶面的选择、刃口刃磨工艺以及刃磨后刃口半径的测量等三个方面。

链接3-3
金刚石刀具

（1）晶面的选择。由于天然金刚石晶体各向异性，各晶面表现的物理力学性能不同，其制造难易程度和使用寿命都不同。经过准确定向制作的金刚石刀具，它的寿命、磨削性能、修研情况以及切削性能等都有不同程度的提高。

（2）刃口刃磨工艺。刃口钝圆半径是一个关键参数，若极薄切削厚度欲达 10 nm，则刃口钝圆半径应为 2 nm。现在由于研磨技术的进步，国外报道研磨质量最好的金刚石刀具的刃口圆弧半径可以小到数纳米，我国现在研磨的金刚石刀具刃口圆弧半径只能达到 0.1 ~ 0.3 μm。

（3）刃口半径的测量。理论和实验研究表明，刃口半径越小，切削厚度就越小，表面加工质量就越高。传统的刃口半径测量方式有印膜法、光学法、切削分析法及电子显微镜测量法。随着扫描隧道显微技术的发展及原子力显微镜（Atomic Force Microscope，AFM）在各个领域的应用，美国学者提出用 AFM 来测量刃口半径的设想。虽然直接应用 AFM 来测量刃口半径还存在一些问题，但这是目前金刚石刀具刃口半径测量的一个发展方向。

3. 超精密测量技术

目前，在超精密加工领域，尺寸测量主要有两种技术：一是激光干涉技术，二是光栅技术。激光干涉仪分辨率高，最高可达 0.3 nm，一般为 1.25 nm；测量范围大，可达几十米；测量精度高，双频激光干涉仪常用于超精密机床中的位置测量和位置控制测量反馈元件。由于激光波长受温度、湿度、压力的影响比较大，因此这种测量方法对环境要求很高。

近年来超精密加工领域越来越多地选用光栅作为测量工具。从分辨率上看，光栅系统分辨率可达 0.1 nm，测量范围为 100 mm，精度为 ±0.1 μm。而且，光栅对环境的要求相对较低，可以满足超精密加工的使用要求，是很有前途的超精密测量工具。

4. 超精密加工原理

超精密加工的精度要求越来越高，机床相对工件的精度裕度已很小。此时，仅靠改进原来的技术很难提高加工精度，因此应该从工作原理着手寻求解决办法。

近年来出现的新加工方法，如高能束加工，虽然其加工效率有很大提高，但仍不能满足加工要求。因此，将来的纳米级精度加工，可以考虑采用超精密加工机床的机械去除加工和 STM 原理的能量束去除加工的复合方式。

5. 超精密加工环境控制技术

超精密加工要求在一定的环境下工作，才能达到在精度和表面质量上的要求。超精密加工的工作环境是保证加工质量的必要条件，环境因素主要有温度、湿度、污染和振动等。

超精密加工实验室要求恒温，目前已达 (20±0.5)℃，而切削部件在恒温液的喷淋下最高可达 (20±0.05)℃。美国 LLNL 实验室的油喷淋温控系统可将温度变化控制在 0.005 ℃范围内。精密和超精密加工设备必须安放在带防振沟和隔振器的防振地基上，并可使用

空气弹簧（垫）来隔离低频振动。高精密车床还采用对旋转部件进行动平衡来减小振动。超精密加工还必须有净化的环境，其最高要求为 1 m³ 空气内大于 0.01 μm 的尘埃数目小于 10 个。

3.2.3　金刚石超精密车削

金刚石超精密车削是为适应计算机用的磁盘、录像机中的磁鼓、各种精密光学反射镜、射电望远镜主镜面、照相机塑料镜片、树脂隐形眼镜镜片等精密零件的加工而发展起来的一种精密加工方法。它主要用于加工铝、铜等非铁系金属及其合金，以及光学玻璃、大理石和碳素纤维等非金属材料。

链接3-4　　　　　　　链接3-5　　　　　　　链接3-6
金刚石车削（粗加工）　金刚石车削（半精加工）　金刚石车削（精加工）

1. 金刚石超精密车削机理与特点

金刚石超精密车削属于微量切削，其加工机理与普通切削有较大的差别。超精密车削要达到 0.1 μm 的加工精度和 Ra 0.01 μm 的表面粗糙度，刀具必须具有切除亚微米级以下金属层厚度的能力。这时的切削深度可能小于晶粒的大小，切削在晶粒内进行，要求切削力大于原子、分子间的结合力，刀刃上所承受的剪应力可高达 13 000 MPa。刀尖处应力极大，切削温度极高，一般刀具难以承受。由于金刚石刀具具有极高的硬度和高温强度，耐磨性和导热性能好，加之金刚石本身质地细密，能磨出极其锋利的刃口，因此可以加工出粗糙度很小的表面。通常，金刚石超精密车削采用很高的切削速度，故产生的切削热少，工件变形小，因而可获得很高的加工精度。

2. 金刚石超精密车削的关键技术

（1）金刚石刀具及其刃磨。超精密车削刀具应具备的主要条件如表 3-2 所示。

目前采用的金刚石刀具材料均为天然金刚石和人造单晶金刚石。单晶金刚石刀具可分为直线刃、圆弧刃和多棱刃。要做到能在最后一次走刀中切除微量表面层，最主要的问题是刀具的锋利程度。一般以刃口圆弧半径 r_n 的大小表示刀刃的锋利程度，r_n 越小，刀具越锋利，切除微小余量就越顺利。最小的刃口圆弧半径取决于刀具材料晶体的微观结构和刀具的刃磨情况。天然单晶金刚石虽然价格昂贵，但由于质地细密，被公认为是最理想、不能替代的超精密切削的刀具材料。金刚石刀具通常是在铸铁研磨盘上进行研磨，研磨时应使金刚石的晶向与主切削刃平行，并使刃口圆弧半径尽可能小。据报道，国外研磨质量最好的金刚石刀具，刃口圆弧半径可以小到几纳米的水平，而国内使用的金刚石刀具，其刃圆弧口半径为 0.2~0.5 μm，特殊精心研磨可达到 0.1 μm。

表 3-2　超精密车削刀具应具备的主要条件

分类	主要要求
刀具切削部分的几何形状	①刃口能磨得极其锋利,刃口圆弧半径 r_n 值极小,能实现超薄切削厚度; ②具有不产生走刀痕迹、强度高、切削力非常小的刀具切削部分几何形状; ③刀刃无缺陷,切削时刃形将复印在加工表面上,能得到超光滑的镜面
物理及化学性能	①与工件材料的抗黏结性好,化学亲和力小,摩擦系数低,能得到极好的加工表面完整性; ②极高的硬度、耐磨性和弹性模量,以保证刀具具有很长的寿命和很高的尺寸耐用度

（2）加工设备。金刚石车床是金刚石车削工艺的关键设备。它应具有高精度、高刚度和高稳定性,还要求抗振性好、热变性小、控制性能好,并具有可靠的微量进给机构和误差补偿装置。如我国某公司生产的超精密加工设备单点金刚石车床,如图 3-3 所示,可加工工件表面粗糙度 $Ra<10$ nm,可加工工件直径为 5~350 mm,可加工各种高精度平面、球面、非球面及离轴元件和自由曲面元件。

图 3-3　超精密单点金刚石车床

该机床具有以下特征。

①采用超精密空气静压主轴,无摩擦损耗,回转精度高,具有 C 轴功能。

②天然花岗岩基座,保证机床稳定性。

③PMAC 控制卡。

④主轴采用内装式电动机+高精度编码器。

⑤主轴轴端安装有动平衡盘和真空吸盘。

⑥超精密液体静压导轨,具有较好的刚性和阻尼性。

⑦X/Z 轴均采用直线电动机驱动,全闭环控制。

3.2.4　超精密磨削加工

超精密磨削技术是在一般精密磨削基础上发展起来的一种亚微米级加工技术。它的加工

精度达到或高于 0.1 μm，表面粗糙度 $Ra<0.025$ μm，并正在向纳米级加工方向发展。镜面磨削一般是指加工表面粗糙度达到 $Ra\ 0.01\sim2$ μm、表面光泽如镜的磨削方法，在加工精度的含义上不够明确，比较强调表面粗糙度，它也属于超精密磨削加工范畴。

1. 超硬磨料微粉砂轮超精密磨削技术

金刚石砂轮磨削脆硬材料是一种有效的超精密加工方法，它的磨削能力强，耐磨性好，使用寿命长，磨削力小，磨削温度低，表面无烧伤、无裂纹和组织变化，加工表面质量好，且磨削效率高，应用广泛，但在几何形状精度和表面粗糙度上很难满足超精密加工的更高要求，因此出现了金刚石微粉砂轮超精密磨削加工方法。

（1）金刚石微粉砂轮超精密磨削机理。金刚石微粉砂轮超精密磨削时，主要是微切削作用，在切削过程中有切屑形成、耕犁、滑擦等现象产生，这是由于磨粒具有很大的负前角和切削刃钝圆半径；由于是微粉磨粒，因此具有微刃性；同时，由于砂轮经过精细修整，磨粒在砂轮表面上具有很好的等高性，因此其切削机理比较复杂。

（2）超硬磨料砂轮的修整。超硬磨料砂轮的修整一般分为整形和修锐两个过程。整形可使砂轮达到一定的尺寸和几何形状，通常在砂轮产品出厂时进行。但在砂轮使用时由于在磨床主轴上有安装误差，则必须进行整形。另外，要进行成形磨削时也需要进行整形。修锐主要是使金刚石磨粒突出而形成切削刃和容屑空间，以便于磨削。因为金刚石非常硬，其他材料很难加工它，因此修锐主要是去除金刚石磨粒周围的结合剂，使其裸露，如果去除得太多，则金刚石磨粒可能脱落，若去除太少则可能不能形成切削刃和足够的容屑空间，通常以露出 1/3 为宜。现介绍两种超硬磨料砂轮的修整方法。

①电解修整法（Electrolytic In-process Dressing，ELID）。如图 3-4 所示，砂轮接正极，在其与负极之间通以电解液，通电时，电流由支架经电刷传入砂轮，从而产生电解作用，通过电化学腐蚀去除砂轮上的金属结合剂而达到修锐效果。这种方法可在线修锐，装置简单，修锐质量好，已得到广泛应用，但只能修锐金属结合剂的金刚石砂轮，且需要专配的防腐蚀电解液以免锈蚀机床。

②电火花修整法。如图 3-5 所示，电源提供直流电，砂轮接正极，修整器接负极，形成正极性加工。由于砂轮是旋转的，故要通过电刷将电源接到砂轮轴上再传至砂轮。这种修整方法既可整形，又可修锐，可用于在线修整，工作液可直接用磨床的磨削液，方法简单，应用广泛，但只适用于金属结合剂砂轮，是一种很有前途的金刚石微粉砂轮修整方法。

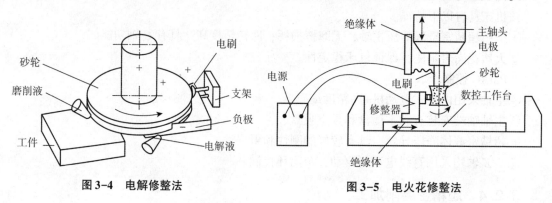

图 3-4　电解修整法　　　　　　图 3-5　电火花修整法

2. 超精密砂带磨削技术

超精密砂带磨削是一种高效高精度的加工方法，它可以补充和部分代替砂轮磨削，是一种具有宽广应用前景和潜力的精密和超精密加工方法。

（1）砂带磨削机理。砂带磨削时，砂带经接触轮与工件被加工表面接触，由于接触轮的外缘材料一般是一定硬度的橡胶或塑料，是弹性体，同时砂带的基底材料也有一定的弹性，因此在砂带磨削时，弹性变形区的面积较大，使磨粒承受的载荷大大减小，载荷值也较均匀，且有减振作用。砂带磨削时，除有砂轮磨削的滑擦、耕犁和切削作用外，还有磨粒的挤压使加工表面产生的塑性变形、磨粒的压力使加工表面产生加工硬化和断裂以及因摩擦升温引起的加工表面热塑性流动等。因此，从加工机理来看，砂带磨削兼有磨削、研磨和抛光的综合作用，是一种复合加工。

与砂轮磨削相比，砂带磨削时材料的塑性变形和摩擦力减小，力和热的作用降低，工件温度降低。砂带粒度均匀、等高性好，磨粒尖刃向上，有方向性，且切削刃间隔长，切屑不易塞，有较好的切削性，加工表面能得到很高的表面质量，但难以提高工件的几何精度。

（2）超精密砂带磨削方式。砂带磨削方式一般可以分为闭式和开式两大类。闭式砂带磨削采用无接头或有接头的环形砂带，通过接触轮和张紧轮撑紧，由电动机通过接触轮带动砂带高速旋转，砂带头架作纵向及横向进给，从而对工件进行磨削，如图 3-6 所示。这种磨削方式效率高，但噪声大，易发热，可用于粗、半精和精加工。开式砂带磨削采用成卷的砂带，由电动机经减速机构通过卷带轮带动砂带作极缓慢的移动，砂带绕过接触轮并以一定的工作压力与工件被加工表面接触，工件高速回转，砂带头架或工作台作纵向与横向进给，从而对工件进行磨削，如图 3-7 所示。这种磨削方式磨削质量高且稳定，磨削效果好，但效率不如闭式砂带磨削，多用于精密和超精密磨削中。

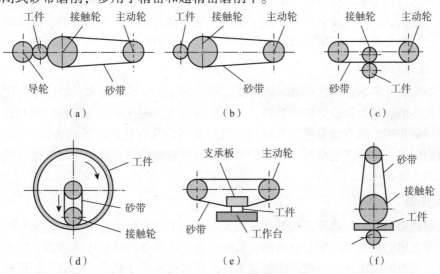

图3-6　闭式砂带磨削示意图

（a）砂带无心外圆磨削（导轮式）；（b）砂带定心外圆磨削（接触轮式）；（c）砂带定心外圆磨削（接触轮式）；
（d）砂带内圆磨削（回转式）；（e）砂带平面磨削（支承板式）；（f）砂带平面磨削（支承轮式）

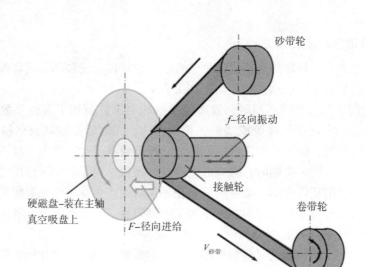

砂带轮

f-径向振动

接触轮

卷带轮

硬磁盘-装在主轴
真空吸盘上

F-径向进给

$V_{砂带}$

图 3-7　开式砂带磨削示意图

（3）超精密砂带磨削特点和应用范围。超精密砂带磨削具有高精度和高表面质量、高效、价廉等特点，有弹性磨削、冷态磨削、高效磨削等美称，具有广阔的应用范围。砂带磨削头架可安装在一般的普通机床上进行磨削加工，有很强的适应性。

3.2.5　超精密研磨与抛光

研磨与抛光都是利用研磨剂使工件与研具之间通过相对复杂的轨迹而获得高质量、高精度的加工方法。近年来，在传统研磨抛光技术的基础上，出现了许多新型的精密和超精密游离磨料加工方法，如弹性发射加工、液中研抛、液体动力抛光、磁力研磨、滚动研磨、喷射加工等，它们取研磨的高精度、抛光的高效率和低表面粗糙度，形成了研抛加工的新方法。

1. 研磨加工机理

研磨加工，通常是在刚性研具（如铸铁、锡、铝等软金属或硬木、塑料等）里注入一至十几微米大小的氧化铝和碳化硅等磨料，在一定压力下，通过研具与工件的相对运动，借助磨粒的微切削作用，除去微量的工件材料，以达到高的几何精度和低的表面粗糙度。总之，研磨表面的形成，是在产生切屑、研具的磨损和磨粒破碎等综合因素作用下进行的，研磨加工模型如图 3-8 所示。

2. 抛光加工机理

抛光和研磨一样，是将研磨剂擦抹在抛光器上对工件进行抛光加工。抛光与研磨的不同之处在于抛光用的抛光器一般是软质的，其塑性流动作用和微切削作用较弱，加工效果主要是降低加工表面的粗糙度，一般不能提高工件形状精度和尺寸精度；研磨用的研具一般是硬质的。抛光加工模型如图 3-9 所示。抛光使用的磨粒是直径在 1 μm 以下的微细磨粒，微小的磨粒被抛光器弹性夹持研磨工件，以磨粒的微小塑性切削生成切屑为主体，磨粒和抛光器与工件的流动摩擦使工件表面的凹凸变平，同时加工液对工件有化学性溶析作用，而工件和磨粒之间受局部高温作用有直接的化学反应，有助于抛光的进行。由于磨粒对工件的作用力很小，因此即使抛光，脆性材料也不会发生裂纹。

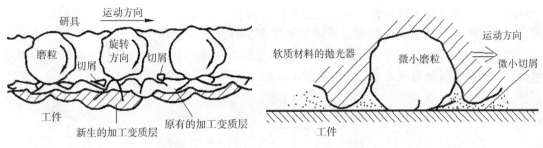

图 3-8 研磨加工模型　　　　　图 3-9 抛光加工模型

3. 化学机械抛光

化学机械抛光（Chemical Mechanical Polishing，CMP）是化学作用和机械磨削作用综合的加工技术。所谓化学作用是利用酸、碱和盐等化学溶液与金属或某些非金属工件表面发生化学反应，通过腐蚀或溶解而改变工件尺寸和形状，或者在工件表面产生化学反应膜；机械磨削作用是磨粒和抛光垫对工件表面的研磨和摩擦作用。图 3-10 为硅晶片的化学机械抛光设备示意图。化学机械抛光设备的基本组成部分是一个转动着的圆盘和一个圆晶片夹持装置。整个系统是由一个旋转的晶片夹持器、抛光垫、抛光盘、抛光浆料供给装置和抛光垫修整装置等几部分组成。化学机械抛光技术所采用的消耗品有抛光浆料、抛垫，采用的辅助设备包括化学机械抛光后清洗设备、浆料输送系统、废物处理和抛光终点检测及测量设备等。

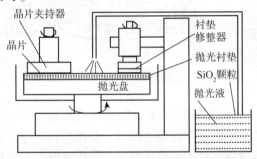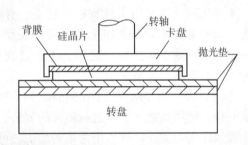

图 3-10 硅晶片的化学机械抛光设备示意图

化学机械抛光时，旋转的工件硅晶片以一定的压力压在旋转的抛光垫上，而由亚微米或纳米磨粒和化学溶液组成的抛光液在工件与抛光垫之间流动，并产生化学反应，工件表面形成的化学反应物由磨粒的机械作用去除，即在化学成膜和机械去膜的交替过程中实现超精密表面加工。在化学机械抛光中，由于选用比工件软或者与工件硬度相当的磨粒，在化学反应和机械作用的共同作用下从工件表面去除极薄的一层材料，因而可以获得高精度、低表面粗糙度、无加工缺陷的工件表面。

4. 利用新原理的超精密研磨抛光

非接触抛光是一种研磨抛光新技术，是指在抛光中工件与抛光盘互不接触，依靠抛光剂冲击工件表面，以获得加工表面完美结晶性和精确形状的抛光方法，其去除量仅为几个到几十个原子级。非接触抛光主要用于功能晶体材料抛光和光学零件的抛光。

（1）弹性发射加工（Elastic Emission Machining，EEM）。所谓弹性发射加工，是指加工时研具与工件互不接触，通过微粒子冲击工件表面，对物质的原子结合产生弹性破坏，以原子级的加工单位去除工件材料，从而获得无损伤的加工表面。图 3-11 为弹性发射加工原理图。这种方法是在高速旋转的聚氨酯球与被加工工件之间，以尽可能小的入射角（近似水平）加上含有微细磨料的工作液，并对聚氨酯球加有一定的压力，通过高速旋转的聚氨酯球所产生的高速气流及离心力，使磨料冲击或擦过工件的表面而进行加工。

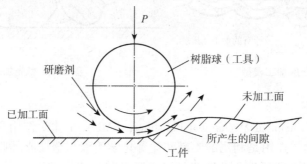

图 3-11   弹性发射加工原理图

（2）动压浮动抛光（Hydrodynamic-type Polishing）。它是利用滑动轴承的动压效应原理，将抛光盘做成容易产生动压效应的形状，当工件与抛光盘之间进行相对运动时，由于动压效应将被加工工件浮起，通过在二者间隙中运动的工作液中磨料的冲击和擦划作用，对工件进行加工。动压浮动抛光装置如图 3-12 所示。

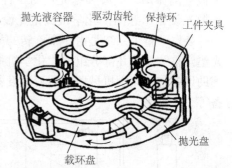

动压浮动抛光加工具有以下特点：有极高的平面度、最光滑的表面和无加工变质层的表面；加工面无污染；生产效率高；操作简单，生产管理容易；是一种极好的非接触超精密抛光方法。

图 3-12   动压浮动抛光装置

（3）液上漂浮抛光（Hydroplane Polishing）。它是用流体的压力使工件与抛光盘之间形成间隙，使用腐蚀剂液体进行抛光的方法。工件与抛光盘不接触，而且不使用磨料，是以化学腐蚀作用为主、机械作用为辅的加工，可以看成是不使用磨料的新型化学机械抛光。如果在腐蚀液中混有磨料，则变成了非接触机械化学抛光。液上漂浮抛光装置如图 3-13 所示。

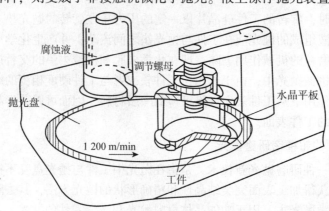

图 3-13   液上漂浮抛光装置

（4）水合抛光。水合抛光法是一种利用在工件界面上发生水合化学反应的研磨方法，其主要特点是不使用磨粒和加工液，加工装置与当前使用的研磨盘或抛光机相似，只是在水蒸气环境中进行加工。要极力避免使用能与工件产生固相反应的材料作研具。

水合抛光的机理是，在抛光过程中，两个物体产生相对摩擦，在接触区产生高温高压，故工件表面上原子或分子呈活性化。利用水蒸气分子或过热的水作用其界面，使之在界面上形成水合化反应层，然后，借助过热水蒸气或在一个大气压的水蒸气环境条件下利用外来的摩擦力，从工件表面上将这层水合化反应层分离、去除，从而实现镜面加工。水合抛光装置如图 3-14 所示。

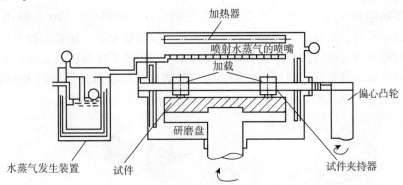

图 3-14　水合抛光装置

3.2.6　超精密加工技术的应用

航空航天技术作为高新技术领域的前沿，对超精密加工技术的需求和依赖更为突出。新型航天系统和武器的更新换代大多是与超精密加工技术的突破分不开的。航天产品对超精密加工的需求以及产品的特点主要体现在以下几个方面。

1. 精确制导

对洲际导弹命中精度起决定性作用的惯性器件、导引部件以及伺服机构的制造都离不开超精密加工技术。第二次海湾战争与第一次海湾战争、科索沃战争以及阿富汗战争相比，使用精确制导炸弹的比例已经从 6.8%、34%、66% 上升到接近 100%，制导方式也由惯性制导向激光制导、数字景像匹配末端制导以及全球卫星定位系统制导方式发展，其中应用最广的激光制导中所用的许多激光元件，如激光反射镜、激光陀螺腔体、非球面透镜等都要求非常高的精度和表面质量，这些元件将直接影响到制导精度。激光反射镜的高精度高反射率的平面、数字镜像匹配末端制导需用的红外探测及接受、红外成像等要求的高表面质量平面，只能通过超精密研磨才能批量生产，而非球面反射镜和透镜可利用 CNC 超精密车削、磨削及抛光制成。侦查用的间谍卫星，必须装备先进的光学望远系统、高分辨率电视摄像系统、高灵敏度红外成像系统等，其中高精度非球面透镜、高分辨率电视中的光栅、红外成像的碲镉汞半导体元件等都必须用超精密加工技术才能制造出来。

2. 超精密偶件加工和超精密异形零件加工

超精密偶件的典型代表就是惯性器件和伺服机构。人造卫星仪器的轴承是真空无润滑轴承，其孔和轴的表面粗糙度达到 1 nm，圆度和圆柱度均为纳米级。动压马达孔、轴、轴向与锥平面副复合偶合，伺服阀为方孔偶件；超精密异形零件，如高速多瓣防滑轴承的内滚道、激光陀螺微晶玻璃腔体、惯性制导平台的框架、台体、基座、六面体等的加工精度在 0.5 μm 以内。这些零部件精度的获得都要靠超精密加工技术。

3. 航空发动机的超精密加工

航空发动机的制造是一个国家制造业的典型代表，零件结构复杂，薄壁、材料难加工，尺寸精度等方面有更高的要求，更能充分体现一个国家制造业的水平。其关键零件包括：机匣类、盘鼓轴类、叶片类、燃油控制系统中的壳体类、轴套类、异形体类等。这些零件的取得都依赖于超精密加工技术。

我国正在研制新一代发动机，如无人机使用的活塞发动机和运-20 运输机（图 3-15）使用的涡扇发动机等，对维护国家安全和保持武器出口增长而言，超精密加工是一项至关重要的技能。超精密加工及检测技术为发动机附件的发展提供了可靠保证，从而使现代发动机和飞机的总体性能不断提高。我国的改进型轰-6K 轰炸机装备的是俄罗斯 D-30KP2 涡扇发动机，但我国正在研制新型涡扇-18 大功率涡扇发动机，准备取而代之。

图 3-15　运-20 运输机外形图

3.3　微细/纳米加工技术

3.3.1　概述

1. 微型机械的提出

人们对许多工业产品的功能集成化和外形小型化的需求，特别是航空航天事业的发展，对许多设备提出了微型化的要求，故零部件的尺寸日趋微小化。日本最先提出了微型机械的概念，接着美国提出了微型机电系统（MEMS）的概念，欧洲也提出了微型系统的概念。从广义上说，微型机电系统是指集微型机构、微型传感器、微型执行器、信号处理系统、电子控制电路，以及外围接口、通信电路和电源等于一体的微型机电一体化产品。微型机械按尺寸特征可以分为 1～10 mm 的微小机械，1 μm～1 mm 的微机械，1 nm～1 μm 的纳米机械。制造微型机械的关键技术是微细加工。微型机械的发展大体经历了以下几个发展时期：①1959 年，著名量子物理学家、诺贝尔物理学奖获得者理查德·费曼（Richard Feynman）预言，人类可以用小的机器制作更小的机器，最后将发展到根据人类自己的意愿逐个地排列原子，制造产品；②1960—1962 年，世界第一个硅微型压力传感器问世；③1975—1985 年是微型机械的酝酿期，这一阶段主要是用制作大规模集成电路的 IC 技术制作微型传感器；④1986—1989 年是微型机械的产生期，主要是用 IC 技术制作微型机械的零部件。美国是对微机械研制并试制成功最早的国家之一，1988 年开始了 MEMS 的主要项目研究；⑤20 世纪 90 年代以后是微型机械的发展期，这一阶段各种超微加工技术相继用于微型机械的制作；⑥1991 年，日本启动了一项为期 10 年耗资 250 亿日元的"微型机械研究计划"；⑦1994 年，《美国国防部国防技术计划》将微型机电系统列为关键技术项目。

2. 微型机电系统的特点

与常规机械/系统相比，微型机电系统具有以下特点。

（1）微型化。微型机电系统技术已经达到微米乃至亚微米量级。因此，微型机电系统器件具有体积小、质量轻、能耗低、精度高、可靠性高、谐振频率高和响应时间短的特点。当器件的结构尺寸缩小到微米/纳米量级时会出现力的尺度效应。

（2）集成化。硅、氧化硅和氮化硅等材料具有良好的机械性能和电气性能，与集成电路加工工艺完全兼容，易于实现机械与电路的集成。适用于大批量、低成本制造。

（3）多样化。由于系统由功能不同的单元组合而成，因此多样性是形成微小型系统的关键。微型机电系统不仅仅局限于机械，还涉及电子、材料、制造、信息与自动控制、物理、化学和生物等多种学科，并汇集了当今科学技术发展的许多尖端成果。

3. 微细/纳米加工技术的概念与特点

微细加工是指加工尺度为微米级范围的加工方式。微细加工起源于半导体制造工艺，加工方式十分丰富，包含了微细机械加工、各种现代特种加工、高能束加工等方式。

纳米技术（Nnao Technology，NT）是在纳米尺度范围（0.1～100 nm）内对原子、分子等进行操纵和加工的技术。它是一门多学科交叉的学科，是在现代物理学、化学和先进工程技术相结合的基础上诞生的，是一门与高技术紧密结合的新型科学技术。纳米级加工包括机械加工、化学腐蚀、能量束加工、扫描隧道加工等多种方法。

微细加工与一般尺度加工有许多不同，主要体现在以下几个方面。

（1）精度表示方法不同。在一般尺度加工中，加工精度是用其加工误差与加工尺寸的比值（即相对精度）来表示的。而在微细加工时，由于加工尺寸很小，精度就必须用尺寸的绝对值来表示，即用去除（或添加）的一块材料（如切屑）的大小来表示，从而引入加工单位的概念，即一次能够去除（或添加）的一块材料的大小。当微细加工 0.01 mm 尺寸零件时，必须采用微米加工单位进行加工；当微细加工微米尺寸零件时，必须采用亚微米加工单位来进行加工；现今的超微细加工已采用纳米加工单位。

（2）加工机理存在很大的差异。由于在微细加工中加工单位急剧减小，此时必须考虑晶粒在加工中的作用。

例如，欲把软钢材料毛坯切削成一根直径为 0.1 mm、精度为 0.01 mm 的轴类零件。对于给定的要求，在实际加工中，车刀至多只允许能产生 0.01 mm 切屑的吃刀深度；而且在对上述零件进行最后精车时，吃刀深度要更小。由于软钢是由很多晶粒组成的，晶粒的大小一般为十几微米，这样，直径为 0.1 mm 就意味着在整个直径上所排列的晶粒只有 20 个左右。如果吃刀深度小于晶粒直径，那么，切削就不得不在晶粒内进行，这时就要把晶粒作为一个个的不连续体来进行切削。相比之下，如果是加工较大尺度的零件，由于吃刀深度可以大于晶粒尺寸，切削不必在晶粒中进行，就可以把被加工体看成是连续体。这就导致加工尺度在亚毫米、加工单位在数微米的加工方法与常规加工方法的微观机理的不同。另外，还可以从切削时刀具所受的阻力的大小来分析微细切削加工和常规切削加工的明显差别。实验表明，当吃刀深度在 0.1 mm 以上进行普通车削时，单位面积上的切削阻力为 196~294 N/mm²；当吃刀深度在 0.05 mm 左右进行微细铣削加工时，单位面积上的切削阻力约为 980 N/mm²；当吃刀深度在 1 μm 以下进行精密磨削时，单位面积上的切削阻力将高达 12 740 N/mm²，接近于软钢的理论剪切强度 $G/2\pi \approx 13\ 720$ N/mm²（G 为剪切弹性模量 $\approx 8.3 \times 10^3$ kg/mm²）。因此，当切削单位从数微米缩小到 1 μm 以下时，刀具的尖端要承受很大的应力作用，使得单位面积上会产生很大的热量，导致刀具的尖端局部区域上升到极高的温度。这就是越采用微小的加工单位进行切削，就越要求采用耐热性好、耐磨性强、高温硬度和高温强度都高的刀具的原因。

（3）加工特征明显不同。一般加工以尺寸、形状、位置精度为特征；微细加工则由于其加工对象的微小型化，目前多以分离或结合原子、分子为特征。

例如，超导隧道结的绝缘层只有 10 nm 左右的厚度。要制备这种超薄层的材料，只能用分子束外延等方法在基底（或衬底、基片等）上通过一个原子层一个原子层（或分子层）地以原子或分子线度（Å级）为加工单位逐渐淀积，才能获得纳米加工尺度的超薄层。再如，利用离子束溅射刻蚀的微细加工方法，可以把材料一个原子层一个原子层（或分子层）地剥离下来，实现去除加工。这里，加工单位也是原子或分子线度量级，也可以进行纳米尺度的加工。因此，要进行 1 nm 的精度和微细度的加工，就需要用比它小一个数量级的尺寸作为加工单位，即要用 0.1 nm 的加工单位进行加工。这就明确告诉我们必须把原子、分子作为加工单位。扫描隧道显微镜和原子力显微镜的出现，实现了以单个原子作为加工单位的加工。

3.3.2 微细加工技术

微细加工技术是由微电子技术、传统机械加工技术和特种加工技术衍生而成的。按其衍生源的不同，微细加工可分为微细蚀刻加工、微细切削加工和微细特种加工等。下面介绍几种有代表性的微细加工方法。

1. 微细切削加工

这种方法适合所有金属、塑料和工程陶瓷材料的加工，主要采用车削、铣削、钻削等切削方式，刀具一般为金刚石刀（刃口半径为 100 nm）。这种工艺的主要困难在于微型刀具的制造、安装以及加工基准的转换定位。

目前，日本 FANUC 公司已开发出能进行车、铣、磨和电火花加工的多功能微型超精密加工机床，其主要技术指标为：可实现 5 轴控制，数控系统最小设定单位为 1 nm；采用编码器半闭环及激光全息式直线移动的全闭环控制；编码器与电动机直联，具有每周 6 400 万个脉冲的分辨率，每个脉冲相当于坐标轴移动 0.2 nm；编码器反馈单位为 1/3 nm，跟踪误差在 ±3 nm 以内；采用高精度螺距误差补偿技术，误差补偿值由分辨率为 0.3 nm 的激光干涉仪测出；推力轴承和径向轴承均采用气体静压支承结构，伺服电动机转子和定子用空气冷却，发热引起的温升控制在 0.1 ℃ 以下。

2. 微细特种加工

（1）微细电火花加工。电火花加工是利用工件和工具电极之间的脉冲性火花放电，产生瞬间高温使工件材料局部熔化或气化，从而达到蚀除材料的目的。微小工具电极的制作是关键技术之一。利用微小圆轴电极，在厚度为 0.2 mm 的不锈钢片上可加工出半径为 40 μm 的微孔，如图 3-16 所示。

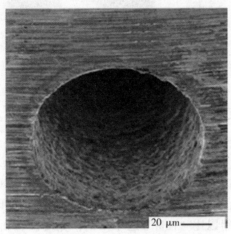

图 3-16　微细电火花加工出的微孔

当机床系统定位控制分辨率为 0.1 μm 时，最小可实现孔径为 5 μm 的微细加工，表面粗糙度可达 0.1 μm，这种方法的缺点是电极的定位安装较为困难。为此，常将切削刀具或电极在加工机床中制作，以避免装夹误差。

（2）复合加工。它是指电火花与激光复合精密微细加工。针对市场上急需的精密电子零件模具与高压喷嘴等使用的超高硬度材料的超微硬质合金及聚晶金刚石烧结体的加工要求，特别是大深径比的深孔加工要求，开发出一种高效率的微细加工系统。首先利用激光在工件上预加工出贯穿的通孔，为电火花加工提供良好的排屑条件，然后再进行电火花精加工。

3. 光刻加工

光刻加工是利用光致抗蚀剂（感光胶）的光化学反应特点，在紫外线照射下，将照相制版上的图形精确地印制在有光致抗蚀剂的工件表面，再利用光致抗蚀剂的耐腐蚀特性，对工件表面进行腐蚀，从而获得极为复杂的精细图形。

目前，光刻加工中主要采用的曝光技术有电子束曝光技术、离子束曝光技术、X 射线曝光技术和紫外准分子曝光技术，其中离子束曝光技术具有最高的分辨率；电子束曝光技术代表了最成熟的亚微米级曝光技术；紫外准分子激光曝光技术则具有最高的经济性，是近年来发展速度极快且实用性较强的曝光技术，在大批量生产中占据主导地位。

典型的光刻工艺过程为：①氧化，使硅晶片表面形成一层 SiO_2 氧化层；②涂胶，在 SiO_2 氧化层表面涂布一层光致抗蚀剂，即光刻胶，厚度在 1~5 μm；③曝光，在光刻胶层面上加掩模，然后用紫外线等方法曝光；④显影，曝光部分通过显影而被溶解除去；⑤腐蚀，将加工对象浸入氢氟酸腐蚀液中，使未被光刻胶覆盖的 SiO_2 部分被腐蚀掉；⑥去胶，腐蚀结束后，光致抗蚀剂就完成了它的作用，此时要设法将这层无用的胶膜去除；⑦扩散，即向需要杂质的部分扩散杂质，以完成整个光刻加工过程。图 3-17 为半导体光刻加工过程示意图。

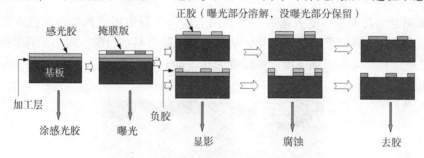

图 3-17　半导体光刻加工过程示意图

3.3.3　纳米加工技术

世界上最小的字有多大？它是用什么工具写出来的？1985 年，美国斯坦福大学（Stanford University）的学生与电子工程教授合作用电子束光刻技术成功地把狄更斯的《双城记》缩小到只能借助于显微镜阅读的程度。到了 1990 年，这项字体最小的纪录被 IBM 公司的研究人员所打破。他们用 35 个氙原子拼出了比《双城记》的字还小 10 倍的字母"IBM"。斯坦福大学并不示弱，于 2009 年以比"IBM"还小 4 倍，宽度仅有 0.3 nm 的"S"和"U"回敬了 IBM 公司。0.3 nm 为 0.3 m 的十亿分之一，还不到原子的尺寸。这实质上是在纳米技术层面的较量。

纳米技术作为一个新兴的横断技术领域，覆盖范围很广，如纳米电子、纳米材料、纳米机械、纳米加工、纳米测量等。纳米加工技术的发展面临两大途径：①将传统的超精加工技术，如机械加工、电化学加工、离子束蚀刻、激光加工等向极限精度逼近，使其达到纳米的加工能力；②开拓新效应的加工方法，如用扫描隧道显微镜对表面的纳米加工，可操纵试件表面的单个原子，实现单个原子和分子的搬迁、去除、增添和原子排列重组，并对表面进行刻蚀等。例如，美国 IBM 公司将 35 个氙原子排出"IBM"字样；中国科学院化学研究所用原子摆出我国的地图；日本用原子拼成了"Peace"一词。

纳米器件之所以得到广泛的关注，是因为它们具有独特的性能、前所未有的功能和多种形式的能量相互作用时所呈现的奇特现象，进而带来材料的高能量效率、内置式的智能和性能改善等。但纳米器件的制造方法相当复杂，制作成本很高。目前，器件的纳米制造方法有以下两类。

（1）自上而下法（减材法），如电子束光刻加工、离子束光刻加工等。由于传统的自上而下（减材）法的微电子工艺受经典物理学理论的限制，因此依靠这一工艺来减小电子器件尺寸将变得越来越困难。而且这些技术大多只能用于制作形状简单的二维图形，不适用于大批量的纳米制造。

（2）自下而上法（增材法）。该方法是从单个分子甚至原子开始，一个原子一个原子地进行物质的组装和制备。如扫描探针显微镜显微加工、自装配、直接装配、纳米印刷、模板制造等都属于自下而上的纳米加工方法。这个过程没有原材料的去除和浪费。

传统微纳器件的加工是以金属或者无机物的体相材料为原料，通过光刻蚀、化学刻蚀或两种方法结合使用的自上而下的方式进行加工，在刻蚀加工前必须先制作"模具"。长期以来推动电子领域发展的以曝光技术为代表的自上而下方式的加工技术即将面临发展极限。如果使用蛋白质和 DNA（脱氧核糖核酸）等纳米生物材料，将有可能形成运用材料自身具有的"自组装"和相同图案"复制与生长"等特性的自下而上方式的元件。图 3-18 为采用自下而上方法加工出的纳米碳管和量子栅栏。

图 3-18　自下而上方法加工出的纳米碳管和量子栅栏

纳米加工技术主要有以下几种。

1. X 射线刻蚀电铸模技术

X 射线刻蚀电铸模（Lithographic Galvanoformung Abformung，LIGA）加工工艺是由德国科学家开发的集光刻、电铸和模铸于一体的复合微细加工新技术，是最有应用前景的三维立体微细加工技术，尤其对微机电系统的发展有很大的促进作用。

用 LIGA 工艺加工出的微器件侧壁陡峭、表面光滑，可以大批量复制生产、成本低，因此广泛应用于微传感器、微电动机、微执行器、微机械零件、集成光学和微光学元件、真空电子元件、微型医疗器械、流体技术微元件、纳米技术元件等的制作。现在已将牺牲层技术融入 LIGA 工艺中，使获得的微型器件中有一部分可以脱离母体而移动或转动；还有学者研究控制光刻时的照射深度，即使用部分透光的掩模，使曝光时同一块光刻胶在不同处曝光深度不同，从而使获得的光刻模型可以有不同的高度，用这种方法可以得到真正的三维立体微型器件。LIGA 技术原理图如图 3-19 所示。

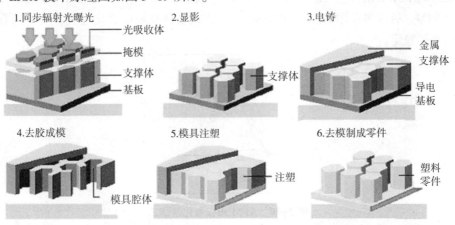

图 3-19　LIGA 技术原理图

这种技术具有以下特点：

（1）X射线具有良好的平行性、显影分辨力和穿透性能，克服了光刻法制造的零件厚度过薄的不足（最大深度为40 μm）；

（2）原材料的多元性，几何图形的任意性、高深宽比、高精度；

（3）X射线同步辐射源比较昂贵。

2. 扫描隧道显微加工技术

扫描隧道显微镜（Scanning Tunneling Microscope，STM）是一种空间分辨率可以达到原子量级的微观探测工具。通过扫描隧道显微镜的探针来操纵试件表面的单个原子，实现单个原子和分子的搬迁、去除、增添和原子排列重组，实现极限的精加工。目前，原子级加工技术正在研究对大分子中的原子搬迁、增加、去除和排列重组。

利用STM进行单原子操纵的基本原理是：当针尖与表面原子之间距离极小时（<1 nm），会形成隧道效应，即针尖顶部原子和材料表面原子的电子云相互重叠，有的电子云双方共享，从而产生一种与化学键相似的力。同时，表面上其他原子对针尖对准的表面原子也有一定的结合力，在双方的作用下探针可以带动该表面原子跟随针尖移动而又不脱离试件表面，实现原子的搬迁。当探针针尖对准试件表面某原子时，在针尖和样品之间加上电偏压或脉冲电压，可使该表面原子成为离子而被电场蒸发，从而实现去除原子形成空位；在有脉冲电压存在的条件下，也可以从针尖上发射原子，实现增添原子填补空位。

3. AFM机械刻蚀加工

原子力显微镜（Atomic Force Microscope，AFM）在接触模式下，通过增加针尖与试件表面之间的作用力会在接触区域产生局部结构变化，即通过针尖与试件表面的机械刻蚀的方法进行纳米加工。

4. AFM阳极氧化法加工

该工艺为通过扫描探针显微镜（Scanning Probe Microscope，SPM）针尖与样品之间发生的化学反应来形成纳米尺度氧化结构的一种加工方法。针尖为阴极，样品表面为阳极，吸附在样品表面的水分子充当电解液，提供氧化反应所需的OH^-离子，如图3-20所示。该工艺早期采用STM，后来多采用AFM，主要是由于AFM法自身采用氧化过程，简单易行，刻蚀处的结构性能稳定。

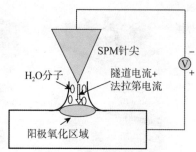

图3-20　AFM阳极氧化法加工

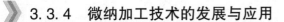

3.3.4 微纳加工技术的发展与应用

微纳器件及系统因其微型化、批量化、成本低的鲜明特点，对现代生产、生活产生巨大的促进作用，为相关传统产业升级实现跨越式发展提供了机遇，并催生了一批新兴产业，成为全世界增长最快的产业之一。微纳器件在汽车、石化、通信等行业得到广泛应用，目前向环境与安全、医疗与健康等领域迅速扩展，并在新能源装备、半导体照明工程、柔性电子、光电子等信息器件方面具有重要的应用前景。

1. 微纳加工技术的发展

低成本、规模化、集成化以及非硅加工是微加工的重要发展趋势。目前从规模集成向功能集成方向发展，集成加工技术正由二维向准三维过渡，三维集成加工技术将使系统的体积和质量减少 1~2 个数量级，提高互连效率及带宽效率，提高制造效率和可靠性。针对汽车、能源、信息等产业以及医疗与健康、环境与安全等领域对高性能微纳器件与系统的需求以及集成化、高性能等特点，重点研究微结构与 IC、硅与非硅混合集成加工及三维集成等集成加工，MEMS 非硅加工，生物相容加工，大规模加工及系统集成制造等微加工技术。

针对纳米压印技术、纳米生长技术、特种 LIGA 技术、纳米自组装技术等纳米加工技术，研究纳米结构成形过程中的动态尺度效应、纳米结构制造的多场诱导、纳米仿生加工等基础理论和关键技术，形成实用化纳米加工方法。

随着微加工技术的不断完善和纳米加工技术与纳米材料科学与技术的发展，发挥微加工、纳米加工和纳米材料的各自特点，出现了纳米加工与微加工结合的"自上而下"的微纳复合加工和纳米材料与微加工结合的"自下而上"的微纳复合加工等方法，这是微纳制造领域的重要发展方向。

2. 微纳加工技术的应用前景

目前我国已成为全球第三大汽车制造国，在中高档，尤其是豪华汽车上使用很多传感器，其中陀螺仪、加速度计、压力传感器、空气流量计等 MEMS 传感器约占 20%。我国也是世界上最大的手机、玩具等消费类电子产品的生产国和消费国，微麦克风、射频滤波器、压力计和加速度计等 MEMS 器件已开始大量应用，具有巨大的市场。

柔性电子可实现在任意形貌、柔性衬底上的大规模集成，改变传统集成电路的制造方法。制造技术直接关系到柔性电子产业的发展，目前待解决的技术问题包括有机、无机电路与有机基板的连接和技术，精微制动技术，跨尺度互联技术，需要全新的制造原理和制造工艺。21 世纪光电子信息技术的发展将遵从新的"摩尔定律"，即光纤通信的传输带宽平均每 9~12 个月增加一倍。据预测，未来 10~15 年内光通信网络的商用传输速率将达到 40 Tb/s。基于阵列波导光栅的集成光电子技术已成为支撑和引领下一代光通信技术发展的方向。

基于微纳制造技术的高性能、低成本、微小型医疗仪器具有广泛的应用和明确的产业化前景。我国约有盲人 500 万、听力语言残疾人 2 700 余万，基于微纳制造技术研究开发视觉假体和人工耳蜗，是使失明和失聪人员重见光明、回到有声世界的有效途径。

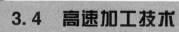

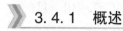

3.4 高速加工技术

3.4.1 概述

高速加工技术是指采用超硬材料刀具和磨具，利用高速、高精度、高自动化和高柔性的制造设备，以提高切削速度来达到提高材料切除率、加工质量的先进加工技术。高速加工的定义较多，主要有以下几种。

（1）1978 年，国际生产工程协会（CIRP）提出线速度为 500～7 000 m/min 的切削为高速切削。

（2）对于铣削加工，依据刀具夹持装置达到平衡要求时的转速定义高速切削。如 ISO1940 标准规定，主轴转速高于 8 000 r/min 的切削为高速切削。

（3）从主轴设计的角度，以主轴轴承孔直径 D 与主轴最大转速 N 的乘积 DN 值定义高速切削，如 DN 值达（5～2 000）×10^5 mm·r/min 的切削。

（4）德国 Darmstadt 工业大学生产工程与机床研究所提出以高于 5～10 倍普通切削速度的切削定义为高速切削。

高速加工技术是金属切削领域的一种渐进式创新。随着刀具材料的性能不断提高，当刀具材料的性能价格比达到工业实用值时，新的刀具材料就会得到广泛应用，而相应的机床、加工工艺以及检测技术等也必然同步发展。新一轮的高性能刀具材料问世，再度催生新型的切削技术。因此，高速加工是一个相对的概念，不能简单地用某一具体的切削速度值来定义。目前，不同加工工艺、不同工件材料的高速/超高速切削速度范围如表 3-3 所示。

表 3-3　不同加工工艺、不同工件材料的高速/超高速切削速度范围

加工方法	切削速度范围/(m·min^{-1})	工件材料	切削速度范围/(m·min^{-1})
车	700～7 000	铝合金	2 000～7 500
铣	300～6 000	铜合金	900～5 000
钻	200～1 100	钢	600～3 000
拉	30～75	铸铁	800～3 000
铰	20～500	耐热合金	>500
锯	50～500	钛合金	150～1 000
磨	5 000～10 000	纤维增强塑料	2 000～9 000

3.4.2 超高速加工机理

1. 萨洛蒙曲线

1931 年，德国切削物理学家萨洛蒙（Carl Salomon）博士曾根据一些实验曲线，即后来人们常说的"萨洛蒙曲线"（图 3-21），提出了超高速切削的理论。

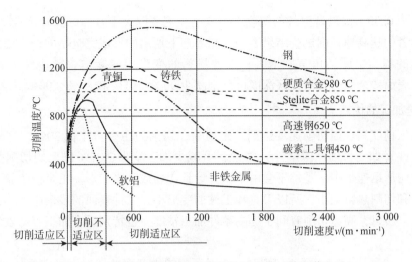

图3-21 切削速度与切削温度的关系曲线（萨洛蒙曲线）

2. 超高速切削的概念

超高速切削的概念可用图3-22表示。萨洛蒙认为，在常规切削速度范围内（图3-22中A区），切削温度随切削速度的增大而急剧升高，但当切削速度增大到某一数值后，切削温度反而会随切削速度的增大而降低。速度的这一临界值与工件材料种类有关，对每一种材料，存在一个速度范围，在这范围内，由于切削温度高于任何刀具的熔点，从而切削加工不能进行，这个速度范围（图3-22中B区）在美国被称为"死谷"（Dead valley）。如果切削速度超过这个"死谷"，在超高速区域内进行切削，则有可能用现有的刀具进行高速切削，从而大大减少切削工时，成倍提高机床的生产率。

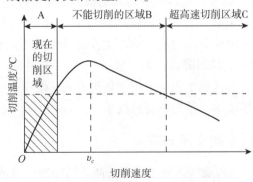

图3-22 超高速切削概念示意图

3.4.3 高速加工技术的特点和优势

1. 高速切削试验结果

一些切削物理学家的切削试验表明，随切削速度提高，塑性材料的切屑形态将从带状或片状向碎屑状演变，单位切削力初期呈上升趋势，而后急剧下降。超高速条件下刀具磨损比普通速度下减少95%，且几乎不受切削速度的影响，金属切除效率可提高50～1 000倍。

美国空军和海军的超高速铣削试验研究表明，超高速铣削的铣削力可减少70%，成功实现了厚度为 0.33 mm 的薄壁件的铣削，刀具磨损主要取决于刀具材料的导热性。

日本学者的超高速切削试验结果表明，超高速下切屑的形成完全是剪切作用的结果。随着切削速度的提高，剪切角急剧增大，工件材料的变质层厚度与普通速度下相比降低了50%，加工表面残余应力及塑性区深度可分别减少 90% ~ 95% 和 85% ~ 90%。

2. 高速加工的优点

（1）加工精度高。当切削速度达到一定值后，切削力至少可降低 30%，这对于加工刚性较差的零件（如细长轴、薄壁件）来说，可减少加工变形；95% 以上的切削热来不及传给工件而被切屑迅速带走，零件不会由于温升导致弯翘或膨胀变形。正是由于超高速切削加工的切削力和切削热影响小，所以刀具和工件的变形小，工件表面的残余应力小，保证了尺寸的精确性，所以，高速切削有利于提高零件加工精度，也特别适合加工容易发生热变形的零件。

（2）加工表面质量好。高速切削时，在保证相同生产率的情况下可选择较小的进给量，有利于降低表面粗糙度。超高速旋转刀具切削加工时的激振频率高，已远远超出"机床–工件–刀具"系统的固有频率范围，不会造成工艺系统振动，使加工过程平稳，有利于提高加工精度和表面质量。

（3）加工效率高。超高速切削加工比常规切削加工的切削速度高 5 ~ 10 倍，进给速度随切削速度的提高也可相应提高 5 ~ 10 倍，这样，单位时间材料切除率可提高 3 ~ 6 倍，因而零件加工时间至少可缩减到原来的 1/3。

（4）可加工各种难加工材料。对于钛合金、镍基合金等难加工材料，为防止刀具磨损，在普通加工时只能采用很低的切削速度。而采用高速切削，其切削速度可提高到 100 ~ 1 000 m/min，不但提高加工效率，还可减少刀具磨损，提高零件的表面加工质量。

（5）加工成本降低。采用高速切削，单位功率材料切除率可提高 40% 以上，可有效地提高能源和设备的利用率；由于高速切削的切削力小，切削温度低，有利于延长刀具寿命，通常刀具寿命可提高约 70%，从而降低了加工成本。

（6）可实现绿色制造。高速加工通常采用干切削方式，使用压缩空气进行冷却，无需切削液及其设备，从而降低了成本，是绿色制造技术。

3.4.4 高速加工技术的发展与应用

从德国 Salomon 博士提出高速切削概念以来，高速切削加工技术的发展经历了高速切削的理论探索、应用探索、初步应用、较成熟的应用四个发展阶段。特别是 20 世纪 80 年代以来，各工业国家相继投入大量的人力和财力进行高速加工及其相关技术方面的研究开发，在大功率高速主轴单元、高加减速进给系统、超硬耐磨长寿命刀具材料、切屑处理和冷却系统、安全装置以及高性能 CNC 控制系统和测试技术等方面均取得了重大的突破，为高速切削加工技术的推广和应用提供了基本条件。

目前的高速切削机床均采用了高速的电主轴部件；进给系统多采用大导程多线滚珠丝杠或直线电动机，直线电动机最大加速度可达 $2g$ ~ $10g$；CNC 控制系统则采用 32 位或 64 位多CPU 系统，以满足高速切削加工对系统快速数据处理的要求；采用强力高压的冷却系统，以解决极热切屑冷却问题；采用温控循环水来冷却主轴电动机、主轴轴承和直线电动机，有的甚至冷却主轴箱、床身等大构件；采用更完备的安全保障措施来保证机床操作者以及周围现场人员的安全。

近年来，各工业化国家都在大力发展和应用高速加工技术，并且率先在飞机和汽车制造业获得成功应用。生产实践表明，在高速加工铝合金和铸铁零件方面，材料切除率可高达 $100\sim150\ cm^3/$（$min\cdot kW$），比普通加工提高功效 3 倍以上。用来制造发动机零件的特种合金，属于典型的难加工材料，传统加工方法的效率特别低，如果采用高速加工，加工效率可以提高 10 倍以上，还能延长刀具寿命，改善零件表面的加工质量。同样，对于貌似容易加工的纤维增强塑料，采用常规方法加工显得很难，刀具磨损相当严重，但若采用高速加工，却易如反掌，刀具磨损已不是问题。目前，高速切削主要应用于航空航天工业、汽车工业、工磨具制造、难加工材料和超精密微细加工等领域。

3.4.5 高速切削加工的关键技术

随着近几年高速切削技术的迅速发展，各项关键技术也正在不断地跃上新水平，包括高速切削加工机床技术、高速切削刀具技术、高速切削工艺技术等。

1. 高速切削加工机床

高速切削加工机床是实现高速加工的前提和基本条件。这类机床一般都是数控机床和精密机床。与普通机床的最大区别在于高速切削机床要具有很高的主轴转速和加速度，且进给速度和加速度也很高，输出功率很大。如高速切削机床的转速一般都大于 10 000 r/min，有的高达 100 000～150 000 r/min；主轴电动机功率为 15～80 kW；进给速度约为常规机床的10 倍，一般在 60～100 m/min；无论是主轴还是移动工作台，速度的提升或降低往往要求在瞬间完成，因此主轴从启动到达到最高转速，或从最高转速降低到零要在 1～2 s 内完成，工作台的加、减速度由常规机床的 $0.1g\sim0.2g$ 提高到 $1g\sim8g$。这就要求高速切削机床要具有很好的静、动态特性，数控系统以及机床的其他功能部件的性能也得随之提高。高速切削机床的关键技术包括高速主轴系统、超高速切削进给系统、超高速轴承技术、高性能 CNC 控制系统、先进的机床床身结构等。

1）高速主轴系统

高速主轴单元是高速加工机床最关键的部件。目前高速主轴的转速范围为 10 000～25 000 r/min。为适应这种切削加工，高速主轴应具有先进的主轴结构、优良的主轴轴承、良好的润滑和散热等新技术。

（1）电主轴。在超高速运转的条件下，传统的齿轮变速和带传动方式已不能适应要求，代之以宽调速交流变频电动机来实现数控机床主轴的变速，从而使机床主传动的机械结构大为简化，形成一种新型的功能部件——主轴单元。在超高速数控机床中，几乎无一例外地采用电主轴（Electro-spindle），其结构如图 3-23 所示。由于电主轴取消了从主电动机到机床主轴之间的一切中间传动环节，主传动链的长度缩短为零，故把这种新型的驱动与传动方式称为"零传动"。

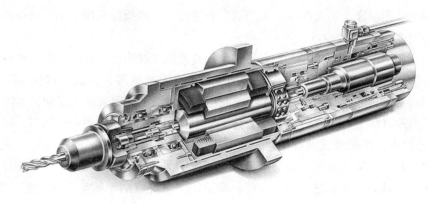

图 3-23　电主轴结构

电动机主轴振动小，由于直接传动，减少了高精密齿轮等关键零件，消除了齿轮的传动误差。同时，集成式主轴也简化了机床设计中的一些关键性的工作，如简化了机床外形设计，容易实现高速加工中快速换刀时的主轴定位等。这种电动机主轴和以前用于内圆磨床的内装式电动机主轴有很大的区别，主要表现在：①有很大的驱动功率和转矩；②有较宽的调速范围；③有一系列监控主轴振动、轴承和电动机温升等运行参数的传感器、测试控制和报警系统，以确保主轴超高速运转的可靠性与安全性。

（2）静压轴承高速主轴。目前，在高速主轴系统中广泛采用液体静压轴承和空气静压轴承。液体静压轴承高速主轴的最大特点是运动精度很高，回转误差一般在 $0.2\ \mu m$ 以下，不但可以提高刀具的使用寿命，而且可以达到很高的加工精度和低的表面粗糙度。

采用空气静压轴承可以进一步提高主轴的转速和回转精度，其最高转速可达 $100\ 000\ r/min$，转速特征值可达 $2.7\times10^6\ mm/min$，回转误差在 $50\ nm$ 以下。静压轴承为非接触式，具有磨损小、寿命长、旋转精度高、阻尼特性好的特点，另外其结构紧凑，动、静态刚度较高。但静压轴承价格较高，使用维护较为复杂。气体静压轴承刚度差、承载能力低，主要用于高精度、高转速、轻载荷的场合；液体静压轴承刚度高、承载能力强，但结构复杂、使用条件苛刻、消耗功率大、温升较高。

（3）磁浮轴承高速主轴。磁浮轴承的工作原理如图 3-24 所示。电磁铁绕组通过电流而对转子产生吸力，与转子重力平衡，转子处于悬浮的平衡位置。转子受到扰动后，偏离其平衡位置。传感器检测出转子的位移，并将位移信号送至控制器。控制器将位移信号转换成控制信号，经功率放大器变换为控制电流，改变吸力方向，使转子重新回到平衡位置。位移传感器通常为非接触式，其数量一般为 $5\sim7$ 个。磁浮轴承高速主轴结构如图 3-25 所示。

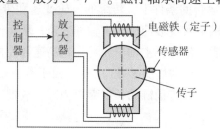

图 3-24　磁浮轴承工作原理

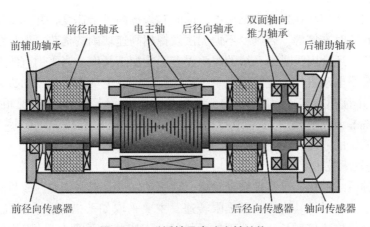

图3-25　磁浮轴承高速主轴结构

　　磁浮主轴的优点是高精度、高转速和高刚度，缺点是机械结构复杂，而且需要一整套的传感器系统和控制电路，所以磁浮主轴的造价较高。另外，主轴部件内除了驱动电动机外，还有轴向和径向轴承的线圈，每个线圈都是一个附加的热源，因此，磁浮主轴必须有很好的冷却系统。

　　最近发展起来的自检测磁浮主轴系统可以较好地解决磁浮轴承控制系统复杂的问题。其工作原理是利用电磁铁线圈的自感应来检测转子位移。转子发生位移时，电磁铁线圈的自感应系数也要发生变化，即电磁铁线圈的自感应系数是转子位移 x 的函数，相应的电磁铁线圈的端电压（或电流）也是 x 的函数。将电磁铁线圈的端电压（或电流）检测出来并作为系统闭环控制的反馈信号，通过控制器调节转子位移，使其工作在平衡位置上。其控制原理如图3-26所示。

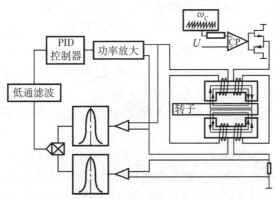

图3-26　自检测磁悬浮主轴系统控制原理

　　2）超高速切削进给系统

　　超高速切削进给系统是超高速加工机床的重要组成部分，是评价超高速机床性能的重要指标之一，是维持超高速切削中刀具正常工作的必要条件。

　　普通机床的进给系统采用的滚珠丝杠副加旋转伺服电动机的结构，由于丝杠扭转刚度低，高速运行时易产生扭振，限制了运动速度和加速度的提高。而且进给系统机械传动链较长，各环节普遍存在误差，传动副之间有间隙，这些误差相叠加会形成较大的综合传动误差和非线性误差，影响加工精度。机械传动还存在链结构复杂、机械噪声大、传动效率低、磨损快等问题。超高速切削在提高主轴速度的同时必须提高进给速度，并且要求进给运动能在瞬时达到高速和瞬时准停等，否则，不但无法发挥超高速切削的优势，而且会使刀具处于恶劣的工作条件下，还会因为进给系统的跟踪误差影响加工精度。当采用直线电动机进给驱动系统时，使用直线电动机作为进给伺服系统的执行元件，电动机直接驱动机床工作台，传动链长度为零，并且不受离心力的影响，结构简单、质量轻，容易实现很高的进给速度（80 ~ 180 m/min）和加速度（$2g$ ~ $10g$）；动态性能好、运动精度高（0.1 ~ 0.01 μm）、运动行程不影响系统的刚度，无机械磨损。

3）超高速轴承技术

超高速主轴系统的核心是高速精密轴承。因滚动轴承有很多优点，故目前国外多数超高速磨床采用的是滚动轴承。为提高其极限转速，主要采取如下措施：①提高制造精度等级，但这样会使轴承价格成倍增长；②合理选择材料，陶瓷球轴承具有质量轻、热膨胀系数小、硬度高、耐高温、超高温时尺寸稳定、耐腐蚀、弹性模量比钢高、非磁性等优点；③改进轴承结构，德国 FAG 轴承公司开发了 HS70 和 HS719 系列的新型高速主轴轴承，它将球直径缩小至原来的 70%，增加了球数，从而提高了轴承结构的刚性。

日本东北大学庄司克雄研究室开发的 CNC 超高速平面磨床，使用陶瓷球轴承，主轴转速为 30 000 r/min。日本东芝机械公司在 ASV40 加工中心上，采用了改进的气浮轴承，在大功率下实现 30 000 r/min 主轴转速。日本 Koyseikok 公司、德国 Kapp 公司曾经成功地在其高速磨床上使用了磁力轴承。磁力轴承的传动功耗小，轴承维护成本低，不需复杂的密封，但轴承本身成本太高，控制系统复杂。德国 GMN 公司的磁悬浮轴承主轴单元的转速最高达 100 000 r/min 以上。此外，液体动静压混合轴承也已逐渐应用于高效磨床。

4）高性能 CNC 控制系统

围绕着高速和高精度，高速加工数控系统须满足以下条件。

（1）数字主轴控制系统和数字伺服轴驱动系统应该具有高速响应特性；采用气浮、液压或磁悬浮轴承时，要求主轴支撑系统能根据不同的加工材料、不同的刀具材料以及加工过程中的动态变化自动调整相关参数；工件加工的精度检测装置应选用具有高跟踪特性和分辨率的检测元件（双频激光干涉仪）。

（2）进给驱动的控制系统应具有很高的控制精度和动态响应特性，以满足高进给速度和高进给加速度。

（3）为适应高速切削，要求单个程序段处理时间短；为保证高速下的加工精度，要有前馈和大量的超前程序段处理功能；要求快速行程刀具路径，刀具路径尽可能圆滑，走样条曲线而不是逐点跟踪，少转折点、无尖转点；程序算法应保证高精度；遇到干扰能迅速调整，保持合理的进给速度，避免刀具振动。

此外，如何选择新型高速刀具、切削参数以及优化切削参数，刀具切削运动轨迹的优化，曲线轮廓拐点、拐角处进给速度和加速度的控制，如何解决高速加工时 CAD/CAM 高速通信时的可靠性等都是数控机床程序需要解决的问题。

5）先进的机床床身结构

为了适应高速加工的要求，机床床身，包括工作台都要具有高的静刚度、动刚度、抗震性、精度保持性，以及优良的抗热变形的能力。图 3-27 为第 1 代高速铣龙门结构铸铁床身，图 3-28 为第 2 代高速铣 O 形结构人造大理石床身。大质量的人造大理石床身具有极高的热稳定性，保证了极好的零件加工精度、良好的吸振性能（通常是铸铁的6倍）。

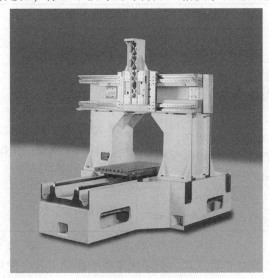

图3-27　第1代高速铣龙门结构铸铁床身

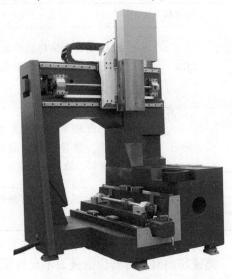

图3-28　第2代高速铣O形结构人造大理石床身

2. 高速切削刀具

高速切削时，金属切除率很高，被加工材料的高应变率使得切屑形成过程以及刀具-切屑间发生的各种现象都和传统切削不一样，刀具的耐热性和耐磨损成为主要矛盾。同时，由于主轴转速很高，高速转动的刀具产生很大的离心力，不仅会影响加工精度，还有可能致使刀体破裂而引起事故。因此，高速切削对切削刀具材料、刀具几何参数、刀体结构乃至刀具的安装等提出了很高的要求。

1）对刀具材料的要求

（1）高强度与高韧性。以承受较大的切削力、冲击和振动，避免崩刃和折断。

（2）极高的硬度和高耐磨性。以保证足够长的刀具使用寿命。

（3）高耐热性和高抗热冲击性。耐热性是指刀具材料在高温下保持足够硬度、耐磨性、强度和韧性、抗氧化性、抗黏结性和抗扩散性的能力（亦称为热稳定性）。通常把材料在高温下仍保持高硬度的能力称为热硬性（亦称为高温硬度、红硬性），它是刀具材料保持切削性能的必要条件。刀具材料的高温硬度越高，耐热性越好，允许的切削速度越高。抗热冲击性使刀具在断续切削受到热应力冲击时，不致产生疲劳破坏。

2）高速切削刀具材料

目前适用于高速切削的刀具材料主要有陶瓷、立方氮化硼、金刚石和涂层刀片。表3-4列出了高速切削常用刀具材料的性能和用途。

表3-4　高速切削常用刀具材料的性能和用途

刀具材料	优点	缺点	用途
陶瓷（氧化硅、晶须增强、氧化铝、氮化硅）	耐磨性好、抗（热）冲击性能好、化学稳定性好、抗黏结性好、干式切削	韧性差，脆性大，容易产生崩刃；和铝的高温亲和力大	淬火铸铁、硬钢、镍基高温合金、不锈钢

刀具材料	优点	缺点	用途
CBN	硬度高、热稳定性好、摩擦系数小、热导率高、易产生积屑瘤	强度和韧性差，抗弯强度低，易崩刃，一般只用于高硬材料的精加工	淬硬钢、高温合金、工具钢、高速钢
金刚石	硬度极高、摩擦系数很小、热导率高、耐磨性极好、锋利性极高	强度和韧性差，抗弯强度低，易崩刃，价格昂贵，不宜切削含铁和钛的材料	单晶铝、单晶硅、单晶锗、铝合金、黄铜、镁合金的精密/超精密切削
涂层	表面硬度高、耐磨性好、抗冲击性能好	耐热性和耐磨性较差，不宜切削高硬度的材料	高硬铝合金、钛合金

3）高速切削刀具结构及其安全性

高速切削时，可转位面铣刀不允许采用摩擦力夹紧方式，而采用带中心孔的刀片，使用合适的预紧力用螺钉夹紧；还可采用带卡位的空刀槽，以保证刀具的精确定位和高速旋转时的可靠连接。

刀体的设计应减轻质量，减小直径，增加高度；铣刀结构尽量避免采用贯通式刀槽，以减少尖角和应力集中；对刀具、夹头、主轴及其组合分别进行静、动平衡（刀体径向上安装微调螺钉进行微细平衡），以避免高速回转刀具的动不平衡影响机床主轴和轴承的使用寿命，影响工件已加工表面的质量和刀具寿命。

3. 高速切削工艺

高速切削工艺主要包括加工走刀方式、专门的 CAD/CAM 编程策略、优化的高速加工参数、充分冷却润滑并具有环保特性的冷却方式等。

高速切削的加工走刀方式原则上多采用分层环切加工。直接垂直向下进刀极易出现崩刃现象，不宜采用。斜线轨迹进刀方式的铣削力是逐渐加大的，因此对刀具和主轴的冲击比垂直下刀小，可明显减少下刀崩刃的现象。螺旋式轨迹进刀方式采用螺旋向下切入，最适合型腔高速加工的需要。

链接3-7
高速数控车

CAD/CAM 编程原则是尽可能保持恒定的刀具载荷，把进给速率变化降到最低，使程序处理速度最大化。主要方法有：尽可能减少程序块，提高程序处理速度；在程序段中可加入一些圆弧过渡段，尽可能减少速度的急剧变化；粗加工不是简单的去除材料，要注意保证本工序和后续工序加工余量均匀，尽可能减少铣削负荷的变化；多采用分层顺铣方式；切入和切出尽量采用连续的螺旋和圆弧轨迹进行切向进刀，以保证恒定的切削条件；充分利用数控系统提供的仿真验证的功能。零件在加工前必须经过仿真，验证刀位数据的正确性，刀具各部位是否与零件发生干涉，刀具与夹具附件是否发生碰撞，确保产品质量和操作安全。

高速加工参数的确定主要考虑加工效率、加工表面质量、刀具磨损以及加工成本。不同刀具加工不同工件材料时，加工用量会有很大差异，目前尚无完整的加工数据。通常，随着切削速度的提高，加工效率提高，刀具磨损加剧，除较高的每齿进给量外，加工表面粗糙度随切削速度提高而降低。对于刀具寿命，每齿进给量和轴向切深均存在最佳值，而且最佳值的范围相对较窄。高速铣削参数一般的选择原则是高的切削速度、中等的每齿进给量 f_z、较

小的轴向切深 a_p 和适当大的径向切深 a_e。

在高速铣削时由于金属去除率和切削热的增加，冷削介质必须具备将切屑快速冲离工件、降低切削热和增加切削界面润滑的能力。常规的冷却液及加注方式很难进入加工区域，反而会加大铣刀刃在切入切出过程的温度变化，产生热疲劳，降低刀具寿命和可靠性。现代刀具材料，如硬质合金、涂层刀具、陶瓷和金属陶瓷、CBN 等具有较高的红硬性，如果不能解决热疲劳问题，可不使用冷却液。

微量油雾冷却一方面可以减小刀具、切屑、工件之间的摩擦，另一方面细小的油雾粒子在接触到刀具表面时快速气化的换热效果较冷却液热传导的换热效果好，能带走更多的热量，目前已成为高速切削首选的冷却方式。

3.5　现代特种加工技术

3.5.1　概述

1. 特种加工的产生及发展

传统的机械加工已有很久的历史，它对人类的生产和物质文明起了极大的作用。例如，17 世纪 70 年代就发明了蒸汽机，但苦于制造不出高精度的蒸汽机气缸，无法推广应用。直到有人创造出和改进了气缸镗床，解决了蒸汽机主要部件的加工工艺，才使蒸汽机获得广泛应用，引起了世界性的第一次工业革命。这一事实充分说明了加工方法对新产品的研制、推广和社会经济等起着多么重大的作用。随着新材料、新结构的不断出现，情况将更是这样。

但是，从第一次工业革命以来，一直到第二次世界大战以前，在这段长达 150 多年都靠机械切削加工（包括磨削加工）的漫长年代里，并没有产生特种加工的迫切要求，也没有发展特种加工的充分条件，人们的思想一直还局限在自古以来传统的用机械能量和切削力来除去多余的金属，以达到加工要求。

直到 1943 年，苏联拉扎林柯夫妇研究开关触点遭受火花放电腐蚀损坏的现象和原因，发现电火花的瞬时高温可使局部的金属熔化、气化而被蚀除掉，开创和发明了电火花加工方法，用铜丝在淬火钢上加工出小孔，可用软的工具加工任何硬度的金属材料，首次摆脱了传统的切削加工方法，直接利用电能和热能来去除金属，获得"以柔克刚"的效果。

第二次世界大战后，特别是进入 20 世纪 50 年代以来，随着生产发展和科学实验的需要，很多工业部门，尤其是国防工业部门，要求尖端科学技术产品向高精度、高速度、高温、高压、大功率、小型化等方向发展，它们所使用的材料愈来愈难加工，零件形状愈来愈复杂，表面精度、粗糙度和某些特殊要求也愈来愈高，对机械制造部门提出了下列新的要求。

（1）解决各种难切削材料的加工问题。如硬质合金、铁合金、耐热钢、不锈钢、淬火钢、金刚石、宝石、石英以及锗、硅等各种高硬度、高强度、高韧性、高脆性的金属及非金属材料的加工。

（2）解决各种特殊复杂表面的加工问题。如喷气涡轮机叶片、整体涡轮、发动机机匣和锻压模、注射模的立体成型表面，各种冲模、冷拔模上特殊截面的型孔，炮管内膛线，喷

油嘴，栅网，喷丝头上的小孔，窄缝等的加工。

（3）解决各种超精、光整或具有特殊要求的零件的加工问题。如对表面质量和精度要求很高的航天、航空陀螺仪，伺服阀，以及细长轴、薄壁零件，弹性元件等低刚度零件的加工。

要解决上述一系列工艺问题，仅仅依靠传统的切削加工方法就很难实现，甚至根本无法实现，人们相继探索研究新的加工方法，特种加工就是在这种前提下产生和发展起来的。

2．特种加工的特点

切削加工的本质和特点为：一是靠刀具材料比工件更硬；二是靠机械能把工件上多余的材料切除。一般情况下这是行之有效的方法。但是，当工件材料愈来愈硬，加工表面愈来愈复杂的情况下，"物极必反"，原来行之有效的方法转化为限制生产率和影响加工质量的不利因素了。于是人们开始探索用软的工具加工硬的材料，不仅用机械能而且还采用电能、化学能、光能、声能等能量来进行加工。为区别于现有的金属切削加工，这类新加工方法统称为特种加工（Non-Traditional Machining，NTM 或 Non-Conventiond Machining，NCM）。它们的特点是：①不是主要依靠机械能，而是主要用其他能量，如电能、化学能、光能、声能、热能等去除金属材料；②工具硬度可以低于被加工材料的硬度；③加工过程中工具和工件之间不存在显著的机械切削力。

正因为特种加工工艺具有上述特点，所以就总体而言，特种加工可以加工任何硬度、强度、韧性、脆性的金属或非金属材料，且专长于加工复杂、微细表面和低刚度零件。而且，有些方法还可用于进行超精加工、镜面光整加工和纳米级（原子级）加工。

3．特种加工的分类

依据加工能量的来源及作用形式列举各种常用的特种加工方法，如表3-5所示。

表 3-5　各种常用的特种加工方法

加工方法		主要能量形式	作用形式
电火花加工	电火花成形加工	电能、热能	熔化、气化
	电火花线切割加工	电能、热能	熔化、气化
电化学加工	电解加工	电化学能	离子转移
	电铸加工	电化学能	离子转移
	涂镀加工	电化学能	离子转移
高能束加工	激光束加工	光能、热能	熔化、气化
	电子束加工	电能、热能	熔化、气化
	离子束加工	电能、机械能	切蚀
	等离子弧加工	电能、热能	熔化、气化
物料切蚀加工	超声加工	声能、机械能	切蚀
	磨料流加工	机械能	切蚀
	液体喷射加工	机械能	切蚀

续表

加工方法		主要能量形式	作用形式
化学加工	化学铣切加工	化学能	腐蚀
	照相制版加工	化学能、光能	腐蚀
	光刻加工	光能、化学能	光化学、腐蚀
	光电成形电镀	光能、化学能	光化学、腐蚀
	刻蚀加工	化学能	腐蚀
	粘接	化学能	化学键
	爆炸加工	化学能、机械能	爆炸
成形加工	粉末冶金	热能、机械能	热压成形
	超塑成形	机械能	超塑性
	快速成形	热能、机械能	热熔化成形
复合加工	电化学电弧加工	电化学能	熔化、气化腐蚀
	电解电火花机械磨削	电能、热能	离子转移、熔化、切削
	电化学腐蚀加工	电化学能、热能	熔化、气化腐蚀
	超声放电加工	声能、热能、电能	熔化、切蚀
	复合电解加工	电化学能、机械能	切蚀
	复合切削加工	机械能、声能、磁能	切削

3.5.2 高能束加工与应用

高能束加工是以能量密度很高的激光束、电子束或离子束为热源与材料作用,实现材料去除、连接、生长和改性。高能束偏转扫描柔性好、无惯性,能实现全方位加工。高能束加工属于非接触加工,无加工变形,而且几乎可以对任何材料进行加工,因其独特的技术优势被誉为21世纪先进制造技术之一,受到越来越多的重视,应用领域不断扩大。激光束、电子束、离子束不同之处在于所用的能量载体不同,分别为光子、电子和离子,因而其加工原理、功能、效果和使用范围就有所不同。

1. 激光加工

1) 激光加工技术及其特点

激光技术是20世纪60年代初发展起来的一门新兴科学,在材料加工方面,已形成一种崭新的加工方法——激光加工(Laser Beam Machining,LBM),它是利用激光束对材料的光热效应来进行加工的一门加工技术。激光加工技术是涉及光、机、电、材料及检测等多门学科的一门综合技术。

由于激光具有高亮度、高方向性、高单色性和高相干性的特性,激光加工具有如下一些可贵特点。

(1)聚焦后,激光加工的功率密度可高达 $10^8 \sim 10^{10}$ W/cm^2,光能转化为热能,几乎可以熔化、气化任何材料。例如,耐热合金、陶瓷、石英、金刚石等硬脆材料都能加工。

（2）激光光斑大小可以聚焦到微米级，输出功率可以调节，因此可用于精密微细加工。

（3）加工所用工具是激光束，是非接触加工，所以没有明显的机械力，没有工具损耗问题。加工速度快，热影响区小，容易实现加工过程自动化。能在常温、常压下于空气中加工，还能通过透明体进行加工，如对真空管内部进行焊接加工等。

（4）与电子束加工等相比，激光加工装置比较简单，不要求复杂的抽真空装置。

（5）激光加工是一种瞬时、局部熔化、气化的热加工，影响因素很多，因此，精微加工时，精度，尤其是重复精度和表面粗糙度不易保证，必须进行反复试验，寻找合理的参数，才能达到一定的加工要求。由于光的反射作用，表面光泽或透明材料的加工，必须预先进行色化或打毛处理，使更多的光能被吸收后转化为热能并用于加工。

激光加工的不足之处在于激光加工设备目前还比较昂贵。

2）激光加工技术及其在工业中的应用

（1）激光打孔技术。激光切割打孔是利用高能激光束照射在工件表面，表面材料所产生的一系列热物理现象综合的结果。它与激光束的特性和材料的热物理性质有关。激光打孔加工是非接触式的，对工件本身无机械冲压力，工件不易变形。热影响极小，从而对精密配件的加工更具优势。激光束的能量和轨迹易于实现精密控制，因而可完成精密复杂的加工。激光几乎可在任何材料上打微型小孔，目前已应用于火箭发动机和柴油机的燃料喷嘴加工、化学纤维喷丝板打孔、钟表及仪表中的宝石轴承打孔、金刚石拉丝模加工等方面。

（2）激光切割技术。激光切割是利用高功率密度的激光束扫描材料表面，在极短时间内将材料加热到几千至上万摄氏度，使材料熔化或气化，再用高压气体将熔化或气化物质从切缝中吹走，达到切割材料的目的。激光切割的特点是速度快，切口光滑平整，一般无须后续加工；切割热影响区小，板材变形小，切缝窄（0.1～0.3 mm）；切口没有机械应力，无剪切毛刺；加工精度高，重复性好，不损伤材料表面；适合自动控制，宜对细小部件进行各种精密切割；可以用于切割各种材料。

（3）激光焊接技术。激光焊接是以高功率聚焦的激光束为热源，熔化材料形成焊接接头的。激光焊接的特点是具有熔池净化效应，能纯净焊缝金属，适用于相同或不同材质、不同厚度的金属间的焊接，对高熔点、高反射率、高导热率和物理特性相差很大的金属焊接特别有利。激光焊接一般无须焊料和焊剂，只需将工件的加工区域"热熔"在一起就可以。激光功率可控，易于实现自动化；激光束功率密度很高，焊缝熔深大，速度快，效率高；激光焊缝窄，热影响区很小，工件变形很小，可实现精密焊接；激光焊缝组织均匀，晶粒很小，气孔少，夹杂缺陷少，在机械性能、抗蚀性能和电磁学性能上优于常规焊接方法。

链接3-8
激光焊接技术

（4）激光表面热处理技术。激光的穿透能力极强，当把金属表面加热到仅低于熔点的临界转变温度时，其表面迅速奥氏体化，然后急速自冷淬火，金属表面迅速被强化，即激光相变硬化。激光表面热处理就是利用高功率密度的激光束对金属进行表面处理的方法，可对材料实现相变硬化、快速熔凝、合金化、熔覆等表面处理，产生用其他表面淬火达不到的表面成分、组织、性能的改变。其中，相变硬化和熔凝处理技术已趋于成熟并产业化，而合金化和熔覆工艺，对基体材料的适应范围和性能改善的幅度较前两种好，发展前景广阔。

2. 电子束加工

1）电子束加工原理和特点

如图 3-29 所示，电子束加工（Electron Beam Machining，EBM）是在真空条件下，利用聚焦后能量密度极高（$10^6 \sim 10^9$ W/cm^2）的电子束，以极高的速度冲击到工件表面极小面积上，在极短的时间（几分之一微秒）内，其能量的大部分转变为热能，使被冲击部分的工件材料达到几千摄氏度以上的高温，从而引起材料的局部熔化和气化，被真空系统抽走。

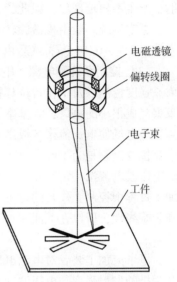

图 3-29 电子束加工原理图

（图中标注：电磁透镜、偏转线圈、电子束、工件）

控制电子束能量密度的大小和能量注入时间，就可以达到不同的加工目的。如只使材料局部加热就可进行电子束热处理；使材料局部熔化就可进行电子束焊接；提高电子束能量密度，使材料熔化和气化，就可进行打孔、切割等加工；利用较低能量密度的电子束轰击高分子材料时产生化学变化的原理，即可进行电子束光刻加工。

电子束加工具有如下特点。

（1）由于电子束能够极其微细地聚焦，甚至能聚焦到 0.1 μm，因此加工面积可以很小，是一种精密微细的加工方法。

（2）电子束能量密度很高，使照射部分的温度超过材料的熔化和气化温度，去除材料主要靠瞬时蒸发，是一种非接触式加工。工件不受机械力作用，不产生宏观应力和变形。加工材料范围很广，对脆性、韧性、导体、非导体及半导体材料均可加工。

（3）电子束的能量密度高，因而加工效率很高。例如，每秒钟可以在 2.5 mm 厚的钢板上钻 50 个直径为 0.4 mm 的孔。

（4）可以通过磁场或电场对电子束的强度、位置、聚焦等进行直接控制，所以整个加工过程便于实现自动化。特别是在电子束曝光中，从加工位置找准到加工图形的扫描，都可实现自动化。在电子束打孔和切割时，可以通过电气控制加工异形孔，实现曲面弧形切割等。

（5）由于电子束加工是在真空中进行，因而加工表面不会氧化，特别适用于加工易氧化的金属及合金材料，以及纯度要求极高的半导体材料。

（6）电子束加工需要一整套专用设备和真空系统，投资较大，多用于微细加工。

2）电子束加工装置

电子束加工装置的基本结构主要由电子枪、真空系统、控制系统和电源等部分组成。

（1）电子枪。电子枪是获得电子束的装置。它包括电子发射阴极、控制栅极和加速阳极等。阴极经电流加热发射电子，带负电荷的电子高速飞向带高电位的阳极，在飞向阳极的过程中，经过加速极加速，又通过电磁透镜把电子束聚焦成很小的束斑。

发射阴极一般用纯钨或钨钽等材料制成，在加热状态下发射大量电子。控制栅极为中间有孔的圆筒形，其上加以较阴极为负的偏压，既能控制电子束的强弱，又有初步的聚焦作用。加速阳极通常接地，而阴极为很高的负电压，所以能驱使电子加速。

（2）真空系统。真空系统是为了保证在电子束加工时维持 $1.4 \times$（$10^{-2} \sim 10^{-4}$）Pa 的真空度。因为只有在高真空中，电子才能高速运动。此外，加工时的金属蒸气会影响电子发射，产生不稳定现象，因此，也需要不断地把加工中生产的金属蒸气抽出去。

真空系统一般由机械旋转泵和油扩散泵或涡轮分子泵两级组成，先用机械旋转泵把真空室抽至 1.4 ~ 0.14 Pa，然后由油扩散泵或涡轮分子泵抽至 0.014 ~ 0.000 14 Pa 的高真空度。

（3）控制系统和电源。电子束加工装置的控制系统包括束流聚焦控制、束流位置控制、束流强度控制以及工作台位移控制等。束流聚焦控制是为了提高电子束的能量密度，使电子束聚焦成很小的束斑，它基本上决定着加工点的孔径或缝宽。聚焦方法有两种，一种是利用高压静电场使电子流聚焦成细束；另一种是利用电磁透镜靠磁场聚焦。后者比较安全可靠。束流位置控制是为了改变电子束的方向，常用电磁偏转来控制电子束焦点的位置。如果使偏转电压或电流按一定程序变化，电子束焦点便按预定的轨迹运动。工作台位移控制是为了在加工过程中控制工作台的位置。因为电子束的偏转距离只能在数毫米之内，过大将增加像差和影响线性，所以在大面积加工时需要用伺服电动机控制工作台移动，并与电子束的偏转相配合。

电子束加工装置对电源电压的稳定性要求较高，常用稳压设备，这是因为电子束聚焦以及阴极的发射强度与电压波动有密切关系。

3）电子束加工的应用

电子束加工按其功率密度和能量注入时间的不同，可用于打孔、切割、刻蚀、焊接、热处理和光刻加工等。下面介绍其几种主要用途。

（1）高速打孔。电子束打孔已在生产中得到应用，目前最小直径可达 0.003 mm 左右。例如，喷气发动机套上的冷却孔、机翼吸附屏上的孔等，不仅孔的密度在连续变化，孔数达数百万个，而且有时孔径也在改变，这些情况下最宜用电子束高速打孔。高速打孔还可在工件运动中进行，如在 0.1 mm 厚的不锈钢上加工直径为 0.2 mm 的孔，速度为 3 000 孔/秒。

在人造革、塑料上用电子束打大量微孔，可使其具有如真皮革那样的透气性。现在生产上已出现了专用塑料打孔机，将电子枪发射的片状电子束分成数百条小电子束同时打孔，速度可达 50 000 孔/秒，孔径 40 ~ 120 μm 可调。

电子束打孔还能加工小深孔，如在叶片上打深度为 5 mm、直径为 0.4 mm 的孔，孔的深径比大于 10 ∶ 1。

用电子束加工玻璃、陶瓷、宝石等脆性材料时，由于在加工部位的附近有很大温差，易引起变形甚至破裂，所以在加工前或加工时，需用电阻炉或电子束进行预热。

（2）加工型孔及特殊表面。电子束可以用来切割各种复杂型面，切口宽度为 3 ~ 6 μm，边缘表面粗糙度可控制在 Ra 0.5 μm 左右。例如，离心过滤机、造纸化工过滤设备中钢板上的小孔为锥孔（上小下大），这样可防止堵塞，便于反冲清洗。用电子束在 1 mm 厚不锈钢板上打 φ0.13 mm 的锥孔，每秒可打 400 个；在 3 mm 厚的不锈钢板上打 φ1 mm 锥形孔，每秒可打 20 个。在燃烧室混气板及某些透平叶片上有很多不同方向的斜孔，这样可使叶片容易散热，从而提高发动机的输出功率。如某种叶片需要打斜孔 30 000 个，使用电子束加工能廉价地实现。燃气轮机上的叶片、混气板和蜂房消音器等三个重要部件已用电子束打孔代替电火花打孔。

电子束不仅可以加工各种直的型孔和型面，而且也可以加工弯孔和曲面。利用电子束在磁场中偏转的原理，使电子束在工件内部偏转。控制电子速度和磁场强度，即可控制曲率半径，加工出弯曲的孔。如果同时改变电子束和工件的相对位置，就可进行切割和开槽。

（3）刻蚀。在微电子器件生产中，为了制造多层固体组件，可利用电子束对陶瓷或半导体材料刻蚀许多微细沟槽和孔，如在硅片上刻出宽 $2.5\ \mu m$、深 $0.25\ \mu m$ 的细槽，在混合电路电阻的金属镀层上刻出 $40\ \mu m$ 宽的线条。还可在加工过程中对电阻值进行测量校准，这些都可用计算机自动控制完成。

电子束刻蚀还可用于制板。在铜制印刷滚筒上按色调深浅刻出许多大小与深浅不一的沟槽或凹坑，其直径为 $70\sim120\ \mu m$，深度为 $5\sim40\ \mu m$，小坑代表浅色，大坑代表深色。

（4）焊接。电子束焊接是利用电子束作为热源的一种焊接工艺。当高能量密度的电子束轰击焊件表面时，便使焊件接头处的金属熔融。在电子束连续不断地轰击下，形成一个被熔融金属环绕着的毛细管状的熔池，如果焊件按一定速度沿着焊件接缝与电子束作相对移动，则接缝上的熔池由于电子束的离开而重新凝固，使焊件的整个接缝形成一条焊缝。

由于电子束的能量密度高，焊接速度快，因此电子束焊接的焊缝深而窄，焊件热影响区小，变形小，可以在工件精加工后进行焊接。电子束焊接一般不用焊条，焊接过程在真空中进行，因此焊缝化学成分纯净，焊接接头的强度往往高于母材。电子束焊接可以焊接难熔金属，也可焊接钛、锆、铀等化学性能活泼的金属。它可焊接很薄的工件，也可焊接数百毫米厚的工件。电子束焊接还能完成一般焊接方法难以实现的异种金属焊接，如铜和不锈钢的焊接，钢和硬质合金的焊接，铬、镍和钼的焊接等。

（5）热处理。电子束热处理也是把电子束作为热源，但适当控制电子束的功率密度，使金属表面加热而不熔化，达到热处理的目的。电子束热处理的加热速度和冷却速度都很高，在相变过程中，奥氏体化时间很短，只有几分之一秒乃至千分之一秒，奥氏体晶粒来不及长大，从而能获得一种超细晶粒组织，可使工件获得用常规热处理不能达到的硬度，硬化深度可达 $0.3\sim0.8\ mm$。

电子束热处理与激光热处理类似，但电子束的电热转换效率高，可达90%，而激光的转换效率只有 $7\%\sim10\%$。电子束热处理在真空中进行，可以防止材料氧化，电子束设备的功率可以做得比激光功率大，所以电子束热处理工艺很有发展前途。

如果用电子束加热金属达到表面熔化，可在熔化区加入添加元素，使金属表面形成一层很薄的新的合金层，从而获得更好的物理力学性能。铸铁的熔化处理可以产生非常细的莱氏体结构，其优点是抗滑动磨损。

（6）光刻。电子束光刻是先利用低功率密度的电子束照射称为电致抗蚀剂的高分子材料，由入射电子与高分子相碰撞，使分子的链被切断或重新聚合而引起分子量的变化，这一步骤称为电子束曝光。如果按规定图形进行电子束曝光，图形就会在电致抗蚀剂中留下潜像。然后将它浸入适当的溶剂中，由于分子量不同而溶解度不一样，潜像会显影出来。将光刻与离子束刻蚀或蒸镀工艺结合，就能在金属掩模或材料表面上制出图形来。

3.5.3　超声波加工

1. 超声波加工基本原理

人耳能感受的声波频率范围是 $16\sim16\ 000\ Hz$，频率超过 $16\ 000\ Hz$ 的声波称为超声波。

超声波加工（Ultrasonic Machining，UM）是利用工具端面作超声频振

链接3-9
超声波加工

动，通过磨料悬浮液加工脆性材料的一种成形加工方法。超声波加工原理图如图 3-30 所示。加工时在工具与工件之间加入液体（工作液）与磨料混合的悬浮液，并使工具以很小的力 F 轻轻压在工件上。高频电源作用于磁致伸缩换能器产生 16 000 Hz 以上的超声频纵向振动，并借助于变幅杆把振幅放大到 0.05 ~ 0.1 mm，驱动工具端面作超声振动，迫使悬浮液中的磨料以很大的速度和加速度不断地撞击、抛磨被加工表面，把被加工表面的材料粉碎成很细的微粒，从工件上被打落下来。虽然每次打击下来的材料很少，但由于每秒钟打击次数多达 16 000 次以上，因此仍有一定的加工速度。

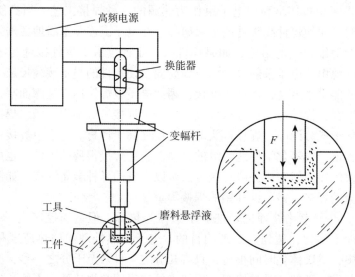

图 3-30　超声波加工原理图

与此同时，工作液受工具端面超声振动作用而产生的高频、交变的液压正负冲击波和"空化"作用，促使工作液钻入被加工材料的微裂缝处，加剧了机械破坏作用。所谓空化作用，是指当工具端面以很大的加速度离开工件表面时，加工间隙内形成负压和局部真空，在工作液体内形成很多微空腔。当工具端面以很大的加速度接近工件表面时，空腔闭合，引起极强的液压冲击波，可以强化加工过程。此外，正负交变的液压冲击也使悬浮液在加工间隙中强迫循环，使变钝了的磨粒及时得到更新。工具逐渐伸入被加工材料中，工具形状便复现在工件上，直至达到所要求的尺寸。

由此可见，超声波加工是磨粒在超声振动作用下的机械撞击和抛磨作用以及超声空化作用的综合结果，且主要是磨粒的冲击作用。越是脆性材料，受冲击作用遭受的破坏越大，越易于超声加工。超声波适合加工各种硬脆材料，特别是不导电的非金属材料。

2. 超声波加工装置组成

超声波加工装置一般包括高频电源、超声振动系统、机床本体和磨料工作液循环系统等几个部分。

（1）高频电源。也叫超声波发生器，其作用是将工频交流电转变为有一定功率输出的超声频电振荡，以提供工具端面往复振动和去除被加工材料的能量。

（2）超声振动系统。该系统由磁致伸缩换能器、变幅杆及工具组成。换能器是将高频电振荡转换成机械振动。由于磁致伸缩的变形量很小，其振幅不超过 0.005 ~ 0.01 mm，不足以直接用来加工，因此必须通过一个上粗下细的振幅扩大棒（变幅杆）将振幅扩大至 0.01～0.15 mm。超声波的机械振动经变幅杆放大后即传给工具，使悬浮液以一定的能量冲击工件。

（3）机床本体。超声波加工机床本体的结构比较简单，包括机架和移动工作台。机架支撑振动系统等部件，移动工作台维持加工过程的进行。

（4）磨料工作液及其循环系统。工作液常用的有水、煤油、机油等，将碳化硼、碳化硅、氧化铝等磨料通过离心泵搅拌悬浮后注入工作区，以保证磨料的悬浮和更新。

3. 超声波加工的特点及应用

超声波加工具有以下特点。

（1）适合加工各种硬脆材料，特别是不导电的非金属材料，如玻璃、陶瓷（氧化铝、氮化硅等）、石英、锗、硅、玛瑙、宝石、金刚石等。对于导电的硬质金属材料如淬火钢、硬质合金等，也能进行加工，但加工生产率较低。

（2）由于工具可用较软的材料做成较复杂的形状，故不需要使工具和工件作比较复杂的相对运动，因此超声加工机床的结构比较简单，只需一个方向轻压进给，操作、维修方便。

（3）由于去除加工材料是靠极小磨料瞬时局部的撞击作用，故工件表面的宏观切削力很小，切削应力、切削热很小，不会引起变形及烧伤，表面粗糙度也较好，可达 $Ra\ 0.1～1\ \mu m$，而且可以加工薄壁、窄缝、低刚度零件。

超声波加工在工业生产中的应用越来越广泛，常用于型孔与型腔的超声加工，一些淬火钢、硬质合金冲模，拉丝模，塑料模具型腔的最终抛磨光整加工、超声清洗、超声切割，以及超声波复合加工，如超声电火花加工、超声电解、超声振动切削等。

3.6　3D 打印技术

3.6.1　概述

1. 3D 打印的概念

3D 打印并非是新鲜的技术。早在 20 世纪 70 年代，人们就想运用三维计算机辅助技术 3D CAX 方便地把设计"转化"成实物，因此就有了发明 3D 打印机的想法。直到 1986 年，美国的 Charles Hull 开发了第一台商业立体光刻机（Stereolithrgraphy Apparatus，SLA），3D 打印才开始登上历史舞台。

3D 打印机与普通打印机工作原理基本相同，只是所有材料不同。3D 打印机内装的"墨水"是实实在在的原材料，如金属、陶瓷、塑料等打印材料。使用普通打印机打印一张图纸，单击计算机上的"打印"按钮，一份数字文件便被传送到一台喷墨打印机上，它将一层墨水喷到纸的表面以形成一幅二维图像。而在 3D 打印机上，通过计算机控制，可以把"打印材料"一层层叠加起来，最终把计算机上的三维图变成实物。

2. 3D 打印技术基本原理

3D 打印技术是由 CAD 模型直接驱动的快速制造任意复杂形状三维实体和技术总称。

这项技术彻底摆脱了传统的"去除"加工法，而基于"材料逐层堆积"的制造理念，将复杂的三维加工分解为简单的材料二维添加的组合。其基本原理是：先由三维 CAD 软件设计出所需要零件的计算机三维曲面或实体模型；然后根据工艺要求，将计算机内的三维数据模型进行分层切片得到各层截面的轮廓数据，计算机据此信息控制激光束有选择性地切割一层一层的纸，或烧结一层接一层的粉末材料，或固化一层又一层的液态光敏树脂，或用喷嘴喷射一层又一层的热熔材料或黏合剂，形成一系列具有一个微小厚度的的片状实体；再采用熔结、聚合、黏结等手段使其逐层堆积成一体，便可以制造出所设计的新产品样件、模型或模具。与传统制造业制造产品不同，3D 打印将三维实体变为若干个二维平面，通过对材料处理并逐层叠加进行生产，大大降低了制造的复杂程度。这种制造方式不需要复杂的工艺和庞大的机床，也无须众多的人力，直接从计算机图形数据中便可生成任何形状的零件。

3. 3D 打印工作流程

3D 打印的工作流程大致分为三个阶段，如图 3-31 所示。

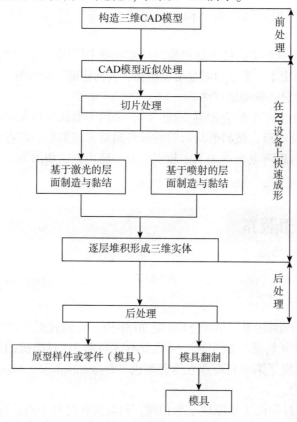

图 3-31　3D 打印工作流程

（1）前处理。首先应用三维造型软件（如 Pro/E、UG、CATIA 等）或逆向工程技术构造产品的三维模型，然后再对三维模型进行近似处理。常用的近似处理方法是用一系列的小三角形平面来逼近自由曲面，生成所谓的 STL 格式文件。目前正研究开发与使用不经近似处理直接对三维 CAD 模型切片的软件，以消除由于 STL 格式的转换过程而产生的数据缺陷和轮廓失真。

（2）在快速成形（Rapid Prototyping，RP）设备上快速成形。首先用配置在 RP 设备上的切片软件沿成形制件的高度方向每隔一定距离（多为 0.1 mm）从 CAD 模型上依次截取平面轮廓信息，随后 RP 设备上的激光头或喷射头在数控装置的控制下按截面轮廓信息相对于 X–Y 平面工作台运动，进行选择性激光扫描（实现固化、切割或烧结）或者进行选择性喷射（喷射热熔材料或黏接剂），以物理或化学方法逐层成形并相互黏结（每成形一层，工作台便下移一个切片厚度），这样一层层堆积便构成三维实体制件。

（3）后处理。为改善制件的性能，往往需要进行后处理，如去除支撑，修磨至产品要求，在纸质制件的表面涂覆一层金属、陶瓷或高分子材料，以提高制件表面的机械强度、耐磨性和防潮性等。

3.6.2　典型的3D打印工艺

3D 打印技术的主要特点是增材制造。无论什么样的增材制造技术都是以 3D 数字模型为基础逐层叠加成形的。目前市场上几种主流 3D 打印技术有立体光刻（Stereolithgraphy Apparatus，SLA）、分层实体制造（Laminated Object Manufacturing，LOM）、选择性激光烧结（Selective Laser Sintering，SLS）、熔融沉积成形（Fused Deposition Modeling，FDM）、三维印刷（Three Dimensional Printing，3DP）等。

1. 立体光刻

立体光刻技术又称光固化成形技术，其工艺原理如图 3–32 所示。它使用液态光敏树脂为成形材料，采用激光器，利用光固化原理一层层扫描液态树脂成形。控制激光束按切片软件截取的层面轮廓信息对液态光敏树脂逐点扫描，被扫描区的液态树脂发生聚合反应形成一薄层的固态实体。一层固化完毕后，工作台下移一个切片厚度，使新一层液态树脂覆盖在已固化层的上面，再进行第二层固化。重复此过程，并层层相互黏结堆积出一个三维固体制件。

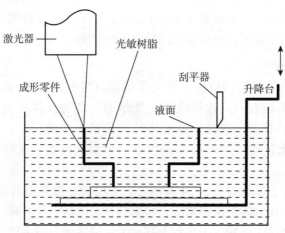

图 3–32　立体光刻的工艺原理图

立体光刻工艺成形精度较高，制件结构清晰且表面光滑，适合制作结构复杂和精细的制件。但制件韧性较差，设备投资较大，需要支撑，液态树脂有一定的毒性。

2. 分层实体制造

分层实体制造又称层合实体制造，目前基于层合实体制造的制造工艺已达 30 余种之多，其工艺原理如图3-33所示。它以单面事先涂有热熔胶的纸、金属箔、塑料膜、陶瓷膜等片材为原料，激光按切片软件截取的分层轮廓信息切割工作台上的片材，热压辊热压片材，使之与下面已成形的工件粘接；激光在刚粘接的新层上切割出零件截面轮廓和工件外框，并在截面轮廓与外框之间多余的区域内切割出后处理时便于剥离的网格；激光切割完成一层的截面后，工作台带动已成形的工件下降一个片材厚度，与带状片材分离；送料机构转动收料辊和送料辊，带动料带移动，使新层移到加工区域，热压辊热压，工件的层数增加一层，高度增加一个料厚；再在新层上进行激光切割。如此反复直至零件的所有截面粘接、切割完，得到分层制造的实体零件。

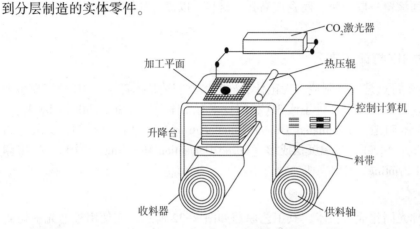

图3-33　层合实体制造工艺原理图

制造过程完成后，通常还要进行后处理。从工作台上取下被边框所包围的长方体，用工具轻轻敲打使大部分由小网络构成的小立方块废料与制品分离，再用小刀从制品上剔除残余的小立方块，得到三维成形制品，再经过打磨、抛光等处理就可获得完整的零件。

层合实体制造工艺的优点是：材料适应性强；只需切割零件轮廓线，成形厚壁零件的速度较快，易于制造大型零件；不需要支撑；工艺过程中不存在材料相变，成形后的工件无内应力，因此不易引起翘曲变形。缺点是层间结合紧密性差。

3. 选择性激光烧结

选择性激光烧结方法是美国得克萨斯大学奥斯汀分校的 C. R. Dechard 于 1989 年首先研制出来的，同年获美国专利。选择性激光烧结的原理与立体光刻十分相像，主要区别在于所使用的材料及其状态，选择性激光烧结使用粉末状的材料，这是该项技术的主要优点之一，因为理论上任何可熔的粉末都可以用来制造模型，这样的模型可以作实用的原型元件。

选择性激光烧结工艺原理如图3-34所示。它采用 CO_2 激光束对粉末状的成形材料进行分层扫描，受到激光束照射的粉末被烧结，而未扫描的区域仍是可对后一层进行支撑的松散粉末。当一层被扫描烧结完毕后，工作台下移一个片层厚度，而供粉活塞则相应上移，铺粉滚筒再次将加工平面上的粉末铺平，激光束再烧结出新一层轮廓并黏结于前一层上，如此反复便堆积出三维实体制件。全部烧结后去掉多余的粉末，再进行修光、烘干等后便可获得所要求的制件。成形过程中，未经烧结的粉末对模型的空腔和悬臂部分起着支撑作用，故不必像 SLA 那样另行生成支撑结构。

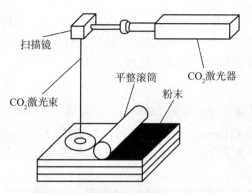

图 3-34　选择性激光烧结工艺原理图

选择性激光烧结工艺的优点是：可以采用金属、陶瓷、塑料、复合材料等多种材料，且材料利用率高；不需要支撑，故可制作形状复杂的零件。其缺点是成形速度较慢，成形精度和表面质量较差。

4. 熔融沉积成形

熔融沉积成形工艺由美国学者 Scott Crump 博士于 1988 年研制成功，并于 1991 年由美国的 Stratasys 公司率先推出商品化设备 FDM-1000。由于采用了挤出头磁浮定位系统，可在同一时间独立控制两个挤出头。造型速度提高了 5 倍。近年来，美国 3D Systems 公司在熔融沉积成形技术的基础上开发了多喷头（Multi-Jet Manufacture，MJM）技术，可使用多个喷头同时造型，大大提高了造型速度。

熔融沉积成形系统主要由喷头、供丝机构、运动机构、加热成形室和工作台等五个部分组成，而喷头是结构最复杂的部分，其工作原理如图 3-35 所示。它是将热熔性丝材由供丝机构送至喷头，并在喷头中被加热至临界半流动状态，喷头底部有一喷嘴供熔融的材料以一定的压力挤出，喷头按零件截面轮廓信息移动，在移动过程中所喷出的半流动材料沉积固化为一个薄层。其后工作台下降一个切片厚度再沉积固化出另一新的薄层，如此一层层成形且相互黏结便堆积出三维实体制件。

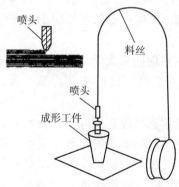

图 3-35　熔融沉积成形工艺原理图

熔融沉积成形工艺可加工材料范围广，如 ABS 工程塑料、蜡、聚乙烯、聚丙烯、陶瓷和尼龙等；因不用激光器件，故使用、维护简单，成本较低；成形速度快；当采用水溶性支撑材料时，支撑去除方便快捷；整个成形过程温度在 60~300 ℃，并且不会产生粉尘，也不存在前几种工艺方法出现的有毒化学气体、激光和液态聚合物的泄漏。该技术已被广泛应用于汽车、机械、航空航天、家电、通信、电子、建筑、医学、玩具等产品的设计开发过程，如产品外观评估、方案选择、装配检查、功能测试、用户看样订货、塑料件开模前校验设计以及少量产品制造等，该类工艺发展极为迅速。

5. 三维印刷

三维印刷方法是美国麻省理工学院 Emanual Sachs 等人于 1989 年研制的，并申请了三维印刷（Three-Dimensional Printing，3DP）专利，后被美国的 Soligen 公司以 DSPC（Direct Shell Production Casting）名义商品化，用以制造铸造用的陶瓷壳体和芯子。

1）三维印刷及其特点

三维印刷是真正的三维打印，因为这种技术和平面打印非常相似。其工作原理就像一台过去的桌面二维打印机，过程与选择性激光烧结工艺类似，采用粉末材料成形，如陶瓷粉末、金属粉末。所不同的是材料粉末不是通过激光烧结连接起来的，而是使用一个喷墨打印头喷射液体黏结剂（如硅胶），将零件的截面"印刷"在材料粉末上面。具体工艺过程如下：上一层黏结完毕后，成形缸下降一个距离（等于层厚：0.013 ~ 0.1 mm），供粉缸上升一高度，推出若干粉末，并被铺粉辊推到成形缸，铺平并被压实。喷头在计算机控制下，按下一个构造截面的成形数据有选择地喷射黏接剂构造层面。铺粉时，多余的粉末将被集粉装置收集。如此周而复始地送粉、铺粉和喷射黏接剂，最终完成一个三维粉体的黏结。

三维印刷的优点：成形速度快，可使用的材料比较多，如石膏、塑料、陶瓷和金属等；在黏结剂中添加颜料，可以打印彩色零件，这是该方法最具竞争力的特点之一；未被喷射黏接剂的地方为干粉，在成形过程中起支撑作用，成形结束后比较容易去除，特别适宜于制作内腔形状复杂的原型。

三维印刷的缺点：用黏接剂黏结的零件强度较低，只能作为概念模型，难以进行功能性试验。

2）器官的三维印刷指日可待

现在，很多器官移植病人要等待很长时间才能等来合适的生物器官，而三维印刷技术也正在向"制造"生物器官的方向发展。但是，生物生长方式是自发、有机的，怎么可以被设计呢？这是一个大难题。然而，三维印刷技术的应用，或许在某一天，真的可以改变医学界甚至生物学的面貌。

在美国北卡罗来纳州的维克福瑞斯克大学，一些科学家欲让生物细胞变成"墨水"，正在探寻打印人体骨骼和器官的可能性。他们相信：某一天，人体器官也可以从无到有被"打印"出来。

事实上，全球各处有很多科学家已经在探寻这种技术的可能性，这种技术甚至有了新的名字：生物印刷、器官印刷、计算机协助组织工程学或生物制造。

克莱姆森大学研究者托马斯·柏兰德说，生物打印机有点像传统的喷墨打印机，只不过原先的喷墨现在变成了细胞组织和一种特殊的化学成分，而原先打出的纸，现在变成了"培养皿"。这种化学成分可以让培养皿中的液体变成果冻般的胶体，然后将细胞"打印"在上面，机器可以反复添加液体、化学成分和细胞，一层层地把组织层制造出来，最终创造三维的生物机体。

对活体的打印可能是最难的技术了。目前，有科学家制造出大约 2 英寸厚度的组织，但是如果没有足够的营养，细胞会死亡。而美国奥根诺威公司的三维生物印刷机，已经可以生产出血管，他们表示，几年后，这些血管就可以用在心脏搭桥上。预计未来十年内，科学家就可以生产出更复杂的器官如心脏、牙齿、骨骼等。

3.6.3　3D 打印技术的应用

3D 打印技术自 20 世纪 80 年代问世以来，以其显著的时间效益和经济效益受到制造业的广泛关注，并迅速成为世界著名高校和研究机构研究的热点。该技术已在航空航天、汽车外观设计、玩具、电子仪表与家电塑料件制造、人体器官制造、建筑美工设计、工艺装饰设计制造、模具设计制造等领域展现出良好的应用前景。

1. 3D 打印汽车

图 3-36 所示的是一款车名叫 Urbee 的混合动力三轮汽车，其动力系统采用两台电动机加一台发动机。发动机使用的是乙醇燃料，电池则可以通过 Urbee 顶部的太阳能面板充电。其绝大多数零件都是用 3D 打印完成，而它的打印材料大部分是塑料，地盘和引擎是钢材。这款汽车是世界上第一辆采用 3D 打印技术生产的汽车，是由 Jim Kor 和他的团队合力完成的。他们认为未来的汽车应该是"用最少的能耗行驶最远的路程；把生产、使用、回收过程的污染降到最低；尽可能用汽车产地附近的原材料生产汽车"。

图 3-36　3D 打印的混合动力三轮汽车

Kor 认为 3D 打印的一个巨大的优势就它具有其他片状金属材料所不具备的灵活性和可塑性。传统的汽车制造是生产出各部分然后再组装到一起，3D 打印机能打印出单个的、一体式的汽车车身，再将其他部件填充进去。据称，新版本 3D 汽车需要 50 个左右的零部件，而一辆标准设计的汽车需要成百上千的零部件。

3D 打印让制造业变得更简单。只要将模型的每部分上传到打印机上，经过大概 2 500 h，就可以将所有的塑料部件集齐，然后他再把这些东西组装在一起。完整的 Urbee 看上去像是一个大号电脑鼠标。

2. 在医学领域中的应用

人体的骨骼和内部器官具有极其复杂的结构，由于骨肿瘤、车祸等造成的骨骼缺损、颌面损伤、颅骨修补等，用一般修复产品是难以进行治疗的。要真实地复制人体内部的器官构造，反映病变特征，3D打印产品提供了有效的解决方案，特别是这些打印的假体都是依据患者的自身特点进行量体裁衣而制造的。

3D打印助力脊柱侧弯少女"挺直腰杆"：一个8岁的孩子高低肩明显，经骨伤科二病区医生检查，诊断为先天性脊柱侧凸畸形、先天性脊柱半椎体畸形，建议尽快手术治疗。

手术前，脊柱外科团队依托3D打印技术将患者脊柱形态按1∶1比例打印出模型，如图3-37所示。医生根据3D打印的脊柱模型，反复模拟手术方案，做了详细的术前准备和评估，极大保证了手术效果。手术过程仅用4 h即顺利完成。

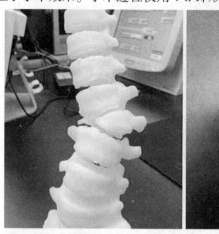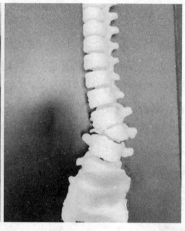

图3-37　患者脊柱形态3D打印模型

3.7　绿色制造技术

3.7.1　概述

1. 绿色制造（Green Manufacturing，GM）技术的产生背景

20世纪60年代以来，高速发展的工业经济给人类带来了高度发达的物质文明，同时也产生了一系列令人忧虑的问题：因消费品生命周期的缩短造成越来越多的废弃物；资源过快开发和过量消耗造成资源短缺和面临枯竭；环境污染和自然生态破坏威胁到人类的生存条件。众所周知，制造业是将可用资源（包括能源）通过制造过程转化为可供人们使用和应用的工业品和生活消费品的产业，它既为人类创造新的物质文明，同时又是消耗资源的大户，是产生环境污染的源头产业。据统计，造成环境污染的排放物70%以上来自制造业。传统的制造业一般采用"末端治理"的方式来解决生产中产生的废水、废气和固体废弃物的环境污染问题，但这种方法无法从根本上解决制造业及其产品产生的环境污染，而且投资大、运行成本高、进一步消耗了资源。如何最大限度地节约、合理利用资源，最低限度地产生有害废弃物，保护生态环境，已成为各国政府、企业和学术界普遍关注的热点。"建立一个可持续发展的社会"，正成为21世纪全球性社会改革浪潮的一个重要主题。1992年，联合国在巴西里约热内卢召开的环境与发展会议发表了《21世纪议程》，提出了全球可持续发展的

战略框架。《中国21世纪议程》把可持续发展战略列为中国的发展战略。《21世纪议程》指出："地球所面临的最严重的问题之一，就是不适当的消费和生产模式，导致环境恶化、贫困加剧和各国的发展失衡。若想达到合理的发展，则需要提高生产的效率并改变消费，以最高限度地利用资源和最低限度地产生废弃物。"随之在全球掀起了一股"绿色浪潮"。自20世纪90年代以来，绿色制造技术在绿色浪潮和可持续发展思想的推动下迅速发展，并在发达国家得到了广泛的应用。

2. 绿色制造技术的概念与内涵

绿色制造又称为面向环境的制造（Manufacturing for Environment，MFE）。绿色制造技术是指在保证产品的功能、质量、成本的前提下，综合考虑环境影响和资源效率的现代制造模式，其目标是使产品从设计、制造、包装、运输、使用到报废处理的整个产品生命周期，对环境的影响（负作用）最小，资源效率最高。其体现的一个基本观点是，制造系统导致环境污染的根本原因是资源消耗和废弃物的产生。因此，绿色制造涉及的领域有三部分：一是制造问题，包括产品生命周期全过程；二是环境保护问题；三是资源优化利用问题。绿色制造就是这三部分内容的交叉。

当前国际上都注意到这样一个事实：一方面，人类正在耗费巨资来保护环境，控制污染。譬如，美国每年用于环境保护的投资达800~900亿美元，日本达700亿美元以上。另一方面，人类赖以生存的环境并没有因此而给人类相应的恩赐，反而一次又一次地发出警告。虽然工业污染在一些发达国家得到了一定的控制，但其经济代价是巨大的，而且新的环境污染问题又不断出现。人们在反省过去所采取的环境保护策略和环境保护的手段时发现，过去更多地把重点放在污染物的"末端"控制和处理上，而忽略了污染物的全过程控制与预防。据统计，在国民经济运行中，社会需要的最终产品仅占原材料用量的20%~30%，而70%~80%的资源最终成为进入环境的废物，造成环境污染与生态破坏。越来越多的事实表明，环境问题不仅仅是生产终端的问题，在生产过程及其前后的各个环节都有产生环境问题的可能，有时其他环节对环境污染的影响甚至超过生产过程的本身。比如，汽车的生产和使用过程产生的环境污染问题比生产过程要高得多。如果从生产准备过程就开始对全过程所使用的原料、生产工艺，以及生产完成后的产品使用进行全面的评价，对可出现的环境污染问题进行预防，环境面临的问题就会大大减轻。正如高质量的产品是通过全面质量管理（TQM）生产出来的而不是靠检验出来的一样，良好的环境是通过"绿色制造"实现的。

绿色制造将废物减量化、资源化和无害化，或消灭于生产过程之中，同时对人体和环境无害的绿色产品的生产，亦将随着可持续发展的进程的深入而日益成为今后产品生产的主导方向。不仅要实现生产过程的无污染，而且生产出来的产品在使用和最终报废处理过程中也不对环境造成损害。应该指出，在绿色制造的概念中，不但含有技术上的可行性，还包括经济上的可盈利性，体现经济效益、环境效益和社会效益的和谐与统一。

图3-38为一种绿色制造的体系结构，它给人们研究和实施绿色制造提供多方位的视图和模型，是绿色制造的内容、目标和过程等多方面的集成。由图看出，绿色制造的体系结构中包括的具体内容有以下几点。

两个层次的全过程控制：一是指具体的制造过程即物料转化过程，充分利用资源，减少环境污染，实现具体绿色制造的过程；二是指在构思、设计、制造、装配、包装、运输、销售、售后服务及产品报废后回收整个产品生命周期中，每个环节均充分考虑资源和环境问

题，以实现最大限度地优化利用资源和减少环境污染的广义绿色制造过程。

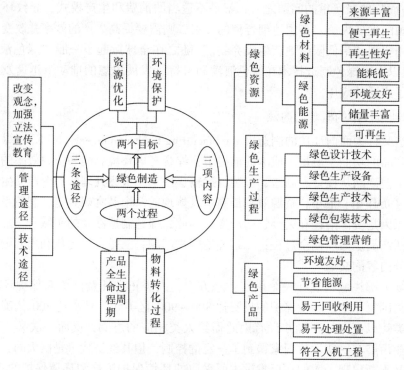

图3-38　绿色制造的体系结构

三项内容：是用系统工程的观点，综合分析产品生命周期从产品原材料生产到产品报废回收处理全过程各个环节的环境及资源问题所涉及的主要内容。三项内容包括绿色资源、绿色生产过程和绿色产品。

三条途径：一是改变观念，树立良好的环境保护意识，并体现在具体的行动上，可通过加强立法、宣传教育来实现；二是针对具体产品的环境问题，采取技术措施，即采用绿色设计和绿色制造工艺，建立产品绿色程度的评价制度等，解决所出现的问题；三是加强管理，利用市场机制和法律手段，促进绿色技术、绿色产品的发展和延伸。

两个目标：资源综合利用和环境保护。即通过资源综合利用、短缺资源的代用、可再生资源的利用、二次能源的利用及节能降耗措施延缓资源能源的枯竭，实现持续利用；减少废料和污染物的生成和排放，提高工业产品在生产和消费过程中与环境的相容程度，降低整个生产活动给人类带来的风险，最终实现经济效益和环境效益的最优化。

3.7.2　绿色加工技术

1. 绿色加工概述

绿色加工是指在不牺牲产品的质量、成本、可靠性、功能和能量利用率的前提下，充分利用资源，尽量减轻加工过程对环境产生有害影响的加工过程，其内涵是指在加工过程中实现优质、低耗、高效及清洁化。绿色加工可分为节约资源（含能源）的加工技术和环保型加工技术。

从节约资源的工艺技术方面来说，绿色加工工艺技术主要应用在少无切屑加工技术、干式加工技术、新型特种加工技术三个方面。在机械加工中，绿色加工工艺主要是在切削和磨削上采用干切削和干磨削的方法来进行加工，如图3-39所示。常规的加工方法，如车削、铣削、磨削等，都需要采用切削液。干式加工可获得洁净无污染的切屑，从而节省切削液及其处理的大量费用。

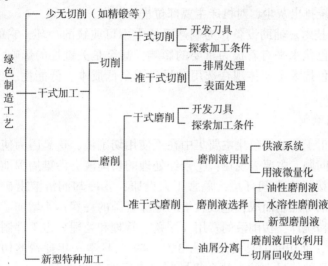

图3-39 绿色加工技术

2. 绿色加工的关键技术

绿色加工技术主要从选材、生产加工方法、加工设备三个方面来实现，绿色加工的关键技术如图3-40所示。这里着重讨论加工设备技术问题。

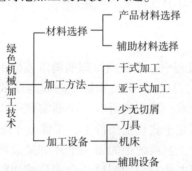

图3-40 绿色加工的关键技术

（1）刀具技术。干式加工时刀具的几何参数和结构设计要满足干切削对断屑和排屑的要求。加工韧性材料时尤其要解决好断屑问题。目前车刀三维曲面断屑槽的设计制造技术已经比较成熟，可针对不同的工件材料和切削用量很快设计出相应的断屑槽结构与尺寸，并能大大提高切屑折断能力和对切屑流动方向的控制能力。刀具材料的发展使刀片可承受更高的温度，减少了对润滑的要求；真空或喷气系统可以改善排屑条件；复杂刀具的制造可解决封闭空间的排屑问题等。

（2）机床技术。干式加工技术的出现给机床设备提出了更高的要求。干式加工在切削区域会产生大量的切削热，如果不及时散热，会使机床受热不均而产生热变形，这个热变形就成为影响工件加工精度的一个重要因素，因此机床应配置循环冷却系统，带走切削热量，并在结构上有良好的隔热措施。实验表明，干式切削理想的条件应该是在高速切削条件下进行，这样可以减少传到工件刀具和机床上的热量。干切削时产生的切屑是干燥的，这样可以尽可能地将干切削机床设计成立轴和倾斜式床身。工作台上的倾斜盖板用绝热材料制成，在机床上配置过滤系统排出灰尘，对机床主要部位进行隔离。

（3）辅助设备技术。辅助设备作为制造系统中不可或缺的一环，它的绿色化程度，对整个制造过程的绿色化水平有着极为重要的影响，甚至是关键性的影响。辅助设备包括夹具、量具等，其绿色技术主要体现在选用时尽量满足低成本、低能耗、少污染、可回收的原则。

3. 干式切削与磨削

目前，切削加工工艺的绿色化主要集中在不使用切削液，这是因为使用切削液会带来许多问题，主要表现在：①未经处理的切削液会污染周围地区的生态环境；②直接污染车间环境，危害工人健康；③冷却润滑液由矿物油、植物油、乳化剂等配制而成，造成大量的地球资源的耗费；④增加了生产成本。据国外资料统计，切削液的费用（采购、管理和处理）占工件制造

链接 3-11
与用切削液的比较

相关总成本的 16%，而切削刀具费用仅占 3%～4%。日本一年耗费的切削液就达 8 亿升，而使用切削液所耗费的能量大约占整个机械制造工厂能量的 1/10。可想而知，若不使用切削液，即使刀具的耐用度稍有降低，总的经济效果是显著的，而且还会带来许多其他的好处。

然而，在不使用切削液的干切削条件下，切削液在加工中的冷却、润滑、冲洗、防锈等作用将不复存在。如何在没有切削液的条件下创造与湿切削相同或近似的切削条件，这就要求人们去研究干式切削机理，从刀具技术、机床结构、工件材料和工艺过程等各方面采取一系列的措施。

1）干式切削技术

在切削（含磨削）加工过程中，不使用冷却润滑液或使用少量的冷却润滑液（小于 50 ml/加工小时），且加工质量和加工时间与湿式切削相当或更好的切削技术称为干式切削技术。只有当所有工序都实现干式切削后，才称为实用化的干式切削，在实用化干式切削条件下，工件是干燥的。

链接 3-12
干式切削

要实施干式切削，就要对工艺系统中的每一个环节采取措施，而关键是从切削加工过程本身规律中想办法减少切削热并合理分配切削热的流向。如果在某一切削速度下不使用冷却润滑液而能使刀具后刀面产生扩散（Diffusion）磨损，则在较高的切削速度下，采用干式切削与非直接冷却，将减少刀具磨损并延长刀具耐用度。

（1）干式切削刀具。设计干式切削刀具时，不仅要选择适用的刀具材料和采用的涂层，而且应当综合考虑刀具材料、刀具涂层和刀具几何形状之间的相互兼顾和优化。不同的切削加工方式对刀具设计提出了不同要求，干式切削刀具必须满足以下条件：刀具材料应具有极高的红硬性和热韧性，而且还必须有良好的耐磨性、耐热冲击和抗黏结性；切屑与刀具之间的摩擦系数应尽可能小；刀具的槽型应保证排屑流畅、易于散热等。下面分别从刀具材料、涂层和几何形状三个方面进行分析。

①采用新型的刀具材料。目前用于干式切削的刀具材料主要有：超细硬质合金、陶瓷、

立方氮化硼和聚晶金刚石等超硬度材料。超细硬质合金比普通硬质合金具有更好的韧性、耐磨性和耐高温性，可制作大前角的深孔钻头和刀片，用于铣削和钻削的干式加工。陶瓷刀具材料具有很好的红硬性，很适合一般目的的干切削。但由于其性能较脆，不适合断续切削，故较适用于进行干车削而不适用于干铣削。立方氮化硼（CBN）材料的硬度很高，达 HV 3 200～HV 4 000，仅次于金刚石，热传导率好，达 1 300 W/(m·K)，具有良好的高温化学稳定性，在 1 200 ℃下热稳定性很好。采用 CBN 刀具加工铸铁，可大大提高切削速度；用于加工淬火钢，可以"以车代磨"。聚晶金刚石（PCD）刀具硬度非常高，可达 HV 7 000～HV 8 000，热导率可达 2 100 W/(m·K)，线膨胀系数小。PCD 刀具切削时产生的热能可以很快从刀尖传递到刀体，从而减少刀具热变形引起的加工误差。PCD 刀具比较适用于干式加工铜、铝及其合金工件，但在切削温度高于 700 ℃以上时易出现碳化现象。

②采用刀具涂层技术。对刀具进行涂层处理，是提高刀具性能的重要途径。涂层刀具分两大类：一类是"硬"涂层刀具，如 TiN、TiC 和 Al_2O_3 等涂层刀具。这类刀具表面硬度高，耐磨性好。其中，TiC 涂层刀具抗后刀面磨损的能力特别强，而 TiN 涂层刀具则有较高的抗"月牙洼"磨损能力。另一类是"软"涂层刀具，如 MoS_2、WS 等涂层刀具。这类涂层刀具也称为"自润滑刀具"，它与工件材料的摩擦系数很低，只有 0.01 左右，能有效减少切削力和降低切削温度。例如，瑞士开发的"MOVIC"涂层丝锥，刀具表面涂覆有一层 MoS_2。切削实验表明：未涂层丝锥只能加工 20 个螺孔；TiAlN 涂层的丝锥可加工 1 000 个螺孔，而 MoS_2 涂层的丝锥可加工 4 000 个螺孔。高速钢和硬质合金刀具经过 PVD 涂层处理后，可以用于干切削。原来只适用于进行铸铁干切削的 CBN 刀具，在经过涂层处理后也可用来加工钢、铝合金和其他超硬合金。

从机理上，涂层有类似于冷却液的功能，它产生一层保护层，把刀具与切削热隔离开来，使热量很少传到刀具，从而能在较长的时间内保持刀尖的坚硬和锋利。表面光滑的涂层还有助于减小摩擦，从而减少切削热，保护刀具材料不受化学反应的作用。TiAlN 涂层和 MoS_2 软涂层还可交替涂覆，形成一个多涂层刀具，既有硬度高、耐磨性好的特性，又有摩擦系数小、切屑易流出的优点，有优良的替代冷却液的功能。在干切削技术中，刀具涂层发挥着非常重要的作用。

目前已开发出的纳米涂层（Nanocoatings）刀具，可采用多种材料的不同组合（如金属/金属组合、金属/陶瓷组合、陶瓷/陶瓷组合、固体润滑剂/金属组合等），以满足不同的功能和性能要求。纳米涂层可使刀具的硬度和韧性显著增加，具有优异的抗摩擦磨损及自润滑性能。

③刀具几何形状设计。干式切削刀具常以"月牙洼"磨损为主要失效原因，这是由于加工中没有切削液，刀具和切屑接触区域的温度升高所致。因此，通常应使刀具有较大的前角和刃倾角。但前角增大后，刀刃强度会受影响，此时应配以适宜的负倒棱或前刀面加强单元，这样使刀尖和刃口会有足够体积的材料和较合理的方式承受切削热和切削力，同时减轻了冲击和"月牙洼"扩展对刀具的不利影响，使刀尖和刃口可在较长的切削时间里保持足够的结构强度。

目前，国外已开发了许多大前角车削刀片，如美国 Carboloy 公司推出的一种硬质合金刀片，其前角达 34°，以及带正前角的螺旋形刀刃铣削刀片，这种刀片沿切削刃几乎有恒定不变的前角，背前角或侧前角可由负变正或由小变大，旨在通过减小切削力，减少机床的驱动功率，降低切削温度来满足干切削的要求。日本三菱金属公司开发出的一种适用于干切削的"回转型车刀"，采用圆形超硬刀片，刀片的支承部分装有轴承，在加工中刀片会自动回转，使切削刃始终保持锋利，具有切削效率高、加工质量好、刀具寿命长等优点。

（2）干切削机床。干切削机床最好采用立式布局，至少床身应是倾斜的。理想的加工布局是工件在上、刀具在下，并在一些滑动导轨副上方设置可伸缩角形盖板，工作台上的倾斜盖板可用绝热材料制成，并尽可能依靠重力排屑。干切削时易出现金属悬浮颗粒，故机床应配置真空吸尘装置并对机床的关键部位进行密封。干切削机床的基础大件要采用热对称结构并尽量由热膨胀系数小的材料制成，必要时还应进一步采取热平衡和热补偿等措施。

（3）干切削加工工艺技术。在高速干切削方面，美国 Makino 公司提出"红月牙"（Red Crescent）干切工艺。其机理是由于切削速度很高，产生的热量聚集于刀具前部，使切削区附近工件材料达到红热状态，导致屈服强度明显下降，从而提高材料去除率。实现"红月牙"干切工艺的关键在于刀具，目前主要采用 PCBN 和陶瓷等刀具来实现这种工艺，如用 PCBN 刀具干车削铸铁车盘时切削速度已达到 1 000 m/min。当然，选用什么刀具材料还要视工件材料而定。虽然上述 PCBN 很适合进行高速干切削，但主要是对高硬度黑色金属和表面热喷涂的硬质工件材料进行干切削，由于 CBN 与铁素体有亲和性，故不宜用于低硬度（HRC 45 以下）工件的加工。又如，金刚石刀具的碳与铁元素有很强的化学亲和力，故不能用来加工黑色金属。

干切削的难易程度与加工方法和工件材料的组合密切相关。从实际情况看，车削、铣削、滚齿等加工应用干切削较多，因为这些加工方法切削刃外露，切屑能很快离开切削区。而封闭式的钻削、铰削等加工，干切削就相对困难一些，不过目前已有不少此类孔加工刀具出售，如德国 Titex 公司可提供适用于干切削的特殊钻头 Alpa22，其钻深与直径之比达到 7～8。就工件材料而言，铸铁由于熔点高和热扩散系数小，最适合进行干切削。钢的干切削特别是高合金钢的干切削较困难，这方面曾进行了大量试验研究并已取得重大进展。对于难加工材料，则有使用激光辅助进行干切削的。

干切削通常是在大气氛围中进行，但在特殊气体氛围中（如氮气、冷风或采用干式静电冷却技术）不使用切削液进行的切削也取得了良好的效果。

①在氮气氛围中进行干切削——吹氮加工。吹氮加工使用的氮气可借助氮气生成装置除去空气中的氧、水分和二氧化碳而获得（氮气占空气的79%），然后经由喷嘴吹向切削区。氮气是不可燃气体，切削加工在氮气氛围中进行自然不会起火，这对干切削加工具有易燃性的镁合金很有价值。更重要的是，氮气氛围还可抑制刀具的氧化磨损，保护刀具涂层和防止切屑粘连到刀具，能提高刀具的耐用度。日本企业界曾经做过吹氮加工和其他加工方式端铣碳钢的对比试验，发现吹氮加工的刀具磨损，特别是后刀面磨损比吹空气干切削时低得多。

②干式静电冷却技术。这是苏联在 20 世纪 80 年代发明的干切削技术。其基本原理是通过电离器将压缩空气离子化、臭氧化（所消耗的功率不超过25 W），然后经由喷嘴送至切削区，在切削点周围形成特殊气体氛围。这样不仅降低切削区的温度，更重要的是能在刀具与切屑、刀具与工件接触面上形成具有润滑作用的氧化薄膜，并使被加工表面呈压应力。俄罗斯罗士技术公司曾对此作大量试验，发现在多数情况下，采用干式静电冷却技术的刀具寿命与湿切削时相当或超过湿切削时刀具寿命，在少数情况下，也能达到湿切削时刀具寿命的80%～90%。

③冷风干切削。冷风切削加工的简单工作原理和设计方案是：让低温冷风射流机生成的干燥低温冷风（−50～−30 ℃，有时也混入极微量的植物油）喷射到切削点，对刀具的前、后刀面实施冷却、润滑和排屑以降低切削温度，同时引发被加工材料的低温脆性，使切削过程较为容易，并相应改善刀具磨损状况。该系统主要由空气压缩机、低温冷风射流机、微量油雾化器、喷射器、刀具等机构组成。

（4）高速干切削。高速切削具有切削效率高、切削力小、加工精度高、切削热集中、加工过程稳定以及可以加工各种难加工材料等特点。随着高速机床技术的不断发展，切削速度和切削功率急剧提高，使得单位时间内的金属切除量大大增加，机床的切削液用量也越来越大。但高速切削时切削液实际上很难到达切削区，大量的切削液根本起不到实际的冷却作用。这不仅增加了制造成本，还加重了切削液对资源、环境等方面的负面影响。

链接 3-13
空冷干式切削

高速干切削技术是在高速切削技术的基础上，结合干切削技术或微量切削液的准干切削技术，将高速切削与干切削技术有机地融合，结合两者的优点，并对它们的不足进行了有效补偿的一项新兴先进制造技术。切削技术、刀具材料和刀具设计技术的发展，使高速干切削的实施成为可能。采用高速干切削技术可以获得高效率、高精度、高柔性，同时又限制使用切削液，消除了切削液带来的负面影响，因此是符合可持续发展要求的绿色制造技术。

（5）干式切削加工的应用。由于采用干式切削有利于环境保护和降低加工成本，因此干式加工也得以发展与推广应用。具体表现有以下几点。

①日本坚藤铁工所用开发的 KC250H 型干式滚齿机和硬质合金滚刀，在冷风冷却、微量润滑剂润滑的条件下进行了高速滚齿加工，与传统的湿式滚齿机和高速钢滚刀加工相比，加工速度提高了 2.3 倍，加工质量可与普通滚齿工艺相媲美。汽车后桥的螺旋锥齿轮，在 6 轴 5 联动的 CNC 铣齿机上，采用干式铣齿，从毛坯一次成型锥齿轮，不仅效率高，而且加工出的螺旋锥齿轮工件温度很低，热量被切屑带走。

②铸铁最适合进行干切削。Spur 和 Lachmund 陶瓷刀具和 CBN 刀具高速切削铸铁的试验结果表明，由于 CBN 具有较高的导热系数，能快速带走工件的热量，因此 CBN 刀具比陶瓷刀具更适合铸铁材料的高速切削。切削用量为 $v = 1\,000$ m/min，$f = 0.22$ mm/r，$a_p = 0.24$ mm。

③干式切削在孔加工方面也得到应用。例如，用加工中心在钢件上干式钻孔，解决排屑与断钻头等问题的措施有：加大排屑槽，加大钻头的背锥以增大容屑空间，采用 TiN 涂层刀具可钻 $\phi 65$ mm 的孔。又如，对淬硬钢孔的精加工，可采用单刃铰刀进行铰削以取代传统的磨削与珩磨。这种单刃铰刀外形像镗杆，周向装有一个刀片和三个导向块，这种结构不仅能使刀具在孔内自导向，而且能避免刀杆歪斜。德国 Bremen 大学采用带内冷却系统的铰刀及 MQL 技术对淬硬轴承钢 100Gr6（相当于我国牌号 GCr15，HRC 60）进行铰孔，刀片材料为 PCBN，导向块材料为 PCD。切削用量为 $v = 150$ m/min，$a_p = 0.08$ mm，$f = 0.02$ mm/r。加工后孔的表面粗糙度值 $Rz < 3$ μm，圆柱度小于 5 μm，而且加工表面层材料的相变大大减轻。

④干式切削也可用于加工难加工材料。加拿大 McMaster 大学采用立铣刀以 $v = 1\,000 \sim 2\,000$ m/min、$f = 0.2$ mm/r 干铣高温合金（Inconel718）时，可获得 $Ra = 0.7$ μm 的表面粗糙度。铝及铝合金是难于进行干切削的材料，但通过采用 MQL 润滑的高速准干式切削，在解决切屑与刀具黏结及铝件热变形方面已获得突破，在实际生产中已有加工铝合金零件的准干

式切削生产线投入运行。

2）干磨技术

磨削加工具有加工精度高、可加工高硬度零件等优点，有时是其他切削加工方法所不能替代的。由于磨削速度高，磨屑和磨料粉尘细小，易使周围空气尘化，为防止空气尘化要用磨削液；同时为了防止工件烧伤、裂纹，要用磨削液冷却降温，从而带来废液污染环境的问题。为此，世界各国都在进行有利于环保的磨削加工的研究，其基本的思路是不使用或少使用磨削液，于是就产生了干式磨削技术。干式磨削的优点在于：形成的磨屑易回收处理，且可节省涉及磨削液保存、回收处理等方面的装备及费用，还不会造成环境污染。但具体实现起来比较困难。这是因为原来由磨削液承担的任务，如磨削区润滑、工件冷却以及磨屑排除等，需要用别的方法去完成。其中，关键问题是如何降低磨削热的产生或使产生的磨削热很快地散发出去。为此可采取以下措施。

（1）选择导热性好或能承受较高磨削温度的砂轮，降低磨削对冷却的依赖程度。新型磨料磨具的发展已为此提供了可能性，如具有良好导热性的 CBN 砂轮可用于干式磨削。

（2）减少同时参与磨削的磨粒数量，以降低磨削热的产生。点式磨削是一种形式的干式磨削，由德国容克公司首先发展起来的一种超硬磨料高效磨削新工艺，目前在我国汽车工业中已得到应用。该工艺有极高的金属去除率和很高的加工柔性，在一次装夹中可以完成工件上所有外形的磨削，同时产生的热量少，散热条件好。

点磨削是利用超高线速度（120～250 m/s）的单层 CBN 薄砂轮（宽度仅几毫米）来实现的。点磨削主要有以下特点：①点磨削用提高磨削速度的方法来提高加工效率，而 CBN 磨料的高硬度、高耐磨性为提高磨削速度提供了可能，并且此砂轮是由电镀和钎焊单层超硬磨料而成型，更允许进行超高速磨削。这种磨削不仅去除率高，同时磨削时变形速度超过热量传导速度，大量变形能转化的热量随磨屑被带走而来不及传到工件和砂轮上，砂轮表面温度几乎不升高，是一种冷态磨削。②点磨削砂轮的厚度只有几毫米，这可以降低砂轮的造价，提高砂轮制造质量。薄砂轮还降低砂轮的重量和不平衡度，大大降低运转时施加在轴上的离心力。③为减少砂轮与工件间的磨削接触，加工时，砂轮轴线与工件轴线形成一定的倾角，使得砂轮与工件的接触变成点接触（故名点磨）。这样减小了磨削接触区的面积，不存在磨削封闭区，更利于磨削热的散发。④磨削力小，相当于增加了机床刚度，减轻了磨削产生的振动，使磨削平稳，同时提高了砂轮寿命和加工质量。⑤点磨削砂轮寿命长（可使用一年），修整频率低（每修整一次可磨削 20 万件）。

（3）在满足切磨条件的情况下，减少砂轮圆周速度 v_s 与工件圆周速度 v_w 间的比值（$q=v_s/v_w$），这样可使磨削热源快速地在工件表面移动，热量不容易进入工件内部。

（4）提高砂轮的圆周速度，以减少砂轮与工件的接触时间。同时为了保持上述的速比 q 不变，应等量地提高工件的圆周速度。

（5）采用强冷风磨削。这是日本最近开发成功的一项新技术。它是通过热交换器，把压缩空气用液态氮冷却到−110 ℃，然后经喷嘴喷射到磨削点上（由于温度下降，原来空气中的水分会冻结在管道中，因此需使用空气干燥装置），将磨削加工所产生的热量带走。同时，由于压缩空气温度很低，产生热量少，所以在磨削点上很少有火花出现，因而工件热变形极小，工件加工后的圆度可控制在 10 μm 以内。

实施强冷风磨削时最好采用 CBN 砂轮，这是因为 CBN 磨粒的导热率是传统砂轮磨粒

Al_2O_3、SiC 及钢铁材料的 15 倍。如果用传统砂轮磨削，加工点上产生的热量不易从工件上散出，工件的温度会上升到 1 000 ℃；如果用 CBN 砂轮磨削，加工点上产生的热量可经导热率大的 CBN 磨粒传递出去，工件温度约有 300 ℃。这时再对磨削点实行强冷风吹冷，可得到良好的效果。

强冷风磨削也为被加工材料的再生利用开辟了道路，设置在磨削点下方的真空泵吸走磨削产生的磨屑，这些磨屑粉末纯度很高，几乎没有混入磨料和黏接剂颗粒。这是因为 Al_2O_3 砂轮的磨削比是 600，而 CBN 砂轮的磨削比约为 30 000。CBN 砂轮几乎不磨损，磨屑中没有砂轮的粉末，因此，磨屑粉末熔化后再生材料的成分几乎没有发生变化。

3）采用 MQL 润滑的准干式切削与磨削

对于某些加工方式和工件材料组合，纯粹的干式切削目前尚难于在实际生产中使用，故又产生了极微量润滑（Minimal Quantity Lubrication，MQL）技术。MQL 是将极微的切削油与具有一定压力的压缩空气混合并油雾化，然后一起喷向切削区，对刀具与切屑、刀具与工件的接触界面进行润滑，以减少摩擦和防止切屑粘到刀具上，同时也冷却了切削区并有利于排屑，从而显著地改善切削加工条件。MQL 也在切削中，切削工作处在最佳状态下（即不缩短刀具使用寿命，不降低已加工表面质量），切削液的使用量达到最少。

链接 3-14
切削液和 MQL
加工比较

MQL 润滑的准干式切削效果相当好，曾经有人使用涂有 $TiAlN+MoS_2$ 涂层的钻头在铝合金材料工件上进行钻孔试验。采用纯粹的干切削钻 16 个孔后，切屑就粘连在钻头的容屑槽，使钻头不能继续使用；当采用 MQL 润滑后，钻出 320 个合格孔后，钻头还没有明显的磨损和粘连。日本稻崎一郎等人曾用直径 10 mm 的硬质合金端铣刀，以 60 m/min 的切削速度铣削碳钢，比较干切削、吹高压空气、湿切削（250 L/h 切削液）和准干式切削（20 mL/h 切削油）四种加工方式的刀具磨损。尽管准干式切削所使用的切削液不及湿切削的万分之一，但其铣刀后刀面的磨损不仅大大低于干切削，且与湿切削相近甚至略低。

准干式磨削就是在磨削过程中施加微量磨削液，并采取一定的措施，使这些磨削液全部消耗在磨削区并大部分被蒸发掉，没有多余磨削液污染环境。较多使用的射流冷却磨削加工就是一种准干式磨削。射流冷却是一种比较经济的冷却方法。它把冷却介质直接强行送入磨削区，用较少的冷却介质达到大量浇注的效果，同时也减少了对环境的污染。依照射流介质不同，又分为液体射流、气体射流、混合射流三种。从环境角度讲，三者相比，气体射流冷却是一种比较好的冷却方式。选择一定的气压，通过各种控制元件将介质送到射流口，以冲刷加工区，加强磨削区与周围的热交换，改善磨削区的散热条件。射流冷却着重针对磨削区，比其他冷却方法更能使冷却介质进入磨削区，冷却的针对性强，效果显著。射流的冲刷作用使磨削时产生的磨屑粉末不易黏附在砂轮上，有利于加工质量的提高。

采用 MQL 润滑的准干式切削，除了需要油气混合装置和确定最佳切削用量外，还要解决一个关键技术问题，就是如何保证极微量的切削油顺利送入切削区。最简单的办法是从外部将油气混合物喷向切削区，但这种外喷法有时并不很奏效。更有效的办法是让油气混合物经过机床主轴和工具间的通道喷向切削区，这种方法称为内喷法。

3.7.3　绿色制造技术的发展趋势

"双碳"目标的达成离不开绿色制造关键技术的支撑，而绿色制造技术的发展离不开自动化、检测与传感、大数据及物联网等众多领域的支持，特别是在制造业转型升级及智能制造快速发展的背景下，大数据、物联网/云制造技术、人工智能/机器人技术及3D打印技术等一大批新理论、新方法、新技术不断涌现，大大加速了与制造业的融合发展，为绿色制造技术的发展提供了许多新的契机。

在这样的背景下，我国制造业的绿色发展需进一步拓展与完善绿色制造技术体系，与多学科和多技术进行深度融合，其主要发展趋势包括以下几方面。

（1）加强绿色设计理论与方法的研究。针对重点行业，开发绿色设计工具软件，从源头助力绿色制造的应用与发展。

（2）突破绿色工艺与装备。开发推广具备能源高效利用、污染减量化、废弃物资源化利用和无害化处理等功能的绿色工艺技术和装备，突破清洁生产、再制造与再资源化的关键核心技术。

（3）构建绿色制造服务平台。完善重点行业绿色制造与服务平台和标准体系，开发生产数据与数据库公共服务平台对接的软件系统，为绿色认证和评价提供数据支持。

（4）探索智能绿色制造技术。推动互联网与绿色制造融合发展，提升能源、资源及环境智慧化管理水平，探索数据、知识及智能学习方法驱动下的绿色制造技术。

拓展与思考

产品是龙头，工艺是基础，再好的产品也必须通过具体的工艺来实现。一个国家的制造工艺水平的高低在很大程度上决定其制造业的技术水平，对我国这样一个必须拥有独立完整的现代工业体系的大国来说尤其如此。随着市场竞争的日趋激烈，制造业的经营战略不断发生变化，生产规模、生产成本、产品质量、市场响应速度、可持续性发展等相继成为企业的经营核心。为此要求制造技术必须适应这种变化，并形成一种优质、高效、低耗、清洁和灵活的先进制造工艺技术。

绿色制造是一种理念，它要求我们在思考问题、策划方案、设计产品与工艺等活动中必须具有全生命周期思维；绿色制造更是一种实践，它要求我们要将绿色理念与具体应用场景相结合，进行绿色设计，开发绿色制造工艺与设备，高效环保回收利用废旧产品和养成绿色消费习惯。同时，绿色制造理论与实践相结合，能够不断把绿色制造的实施成效推向深入，既可为我国制造业高质量绿色发展贡献力量，也能为全球碳排放的减少提供支持。绿色制造任重道远，前途光明。

本章小结

本章内容是全书的重点，因为先进制造工艺是先进制造技术的核心，离开了物理实质的先进制造工艺技术，与之集成的计算机辅助技术、信息技术和管理技术等都将成为无源之水、无本之术。本章首先介绍了先进制造工艺的发展，接着引出了先进制造工艺几大方面的内容，并对几种具有时代特征的先进制造工艺进行了介绍。受篇幅所限，一是不可能在一本书中把这几大方面的内容都一一列举，二是即使介绍了先进制造工艺，每一种工艺介绍得也不够详细。鉴于此，首先要掌握本章的重点内容：超精密加工的关键技术、高速切削加工的关键技术、3D 打印技术、干式切削技术。本章的难点是纳米加工技术、现代特种加工技术和干式磨削技术。如果你对某种制造工艺感兴趣，或渴望进行深入研究，可查阅相关内容的专著或研究论文。利用生产实习、毕业实习或到工厂参观的机会，注意观察先进制造工艺技术在企业的应用情况。

思考题与习题

3-1 什么是先进制造工艺技术？其主要内容是什么？

3-2 先进制造工艺因何称之其为"先进"？

3-3 目前，精密加工和超精密加工是如何划分的？

3-4 超精密加工对机床设备和环境有何要求？

3-5 超精密磨削一般采用什么类型砂轮？这些砂轮又如何修整？

3-6 高速切削加工所需要解决的关键技术有哪些？

3-7 简述高速磨削对砂轮的要求。

3-8 特种加工主要包括哪些方法？有何特点？各适应什么场合？

3-9 3D 打印机与普通打印机的主要区别是什么？

3-10 3D 打印的基本原理是什么？简述 3D 打印的工作流程。

3-11 列举三种以上的主流 3D 打印技术，讲述各自的工艺特点。

3-12 微细加工与常规的加工有何不同？

3-13 目前有哪些微细加工方法？

3-14 什么是纳米加工？为什么纳米器件会得到广泛关注？

3-15 纳米制造方法有哪几类？

3-16 简述扫描隧道显微镜加工的基本原理。

3-17 绿色加工的关键技术有哪些？

3-18 绿色制造的定义与内涵是什么？简述绿色制造的特点。

3-19 干式切削的关键技术有哪些？

3-20 为什么说绿色制造是"双碳"目标下制造业的必然选择？

3-21 简述绿色制造与绿水青山之间的关系。

3-22 简述绿色制造技术的发展趋势。

第4章
制造自动化技术

学习目标 ▶▶ ▶

1. 掌握制造自动化技术的内涵，熟悉制造自动化技术的发展历程，了解制造自动化技术的发展趋势，具有掌握制造自动化应用的能力。

2. 掌握工业机器人技术的基本概念，了解工业机器人技术的控制和应用，会用工业机器人做简单的操作。

3. 掌握柔性制造技术的概念和柔性制造技术规模，熟悉柔性制造加工系统、运储系统和刀具管理系统及其特点，具有柔性制造加工能力。

4. 了解传感器技术的发展现状和发展趋势，掌握自动检测系统的组成，熟悉检测与监控系统的功能，会做自动检测。

4.1 概 述

4.1.1 制造自动化技术的内涵

工匠精神要求具有专注、执着、坚守、耐心、淡然、精细等品质，这些是值得传承的品质。对于机械类专业的大学生而言，应以机械制造类大国工匠为榜样，传递敬业与精业精神。

人在生产过程中的劳动包括基本体力劳动、辅助体力劳动、脑力劳动三个部分。基本体力劳动是指直接改变生产对象的形态、性能和位置等方面的劳动。辅助体力劳动是指完成基本体力劳动所必须做的其他辅助性工作。脑力劳动是指决定生产方法、选择生产工具、质量检验及生产管理工作等方面的劳动。在制造过程中原来由人力所承担的劳动由机械及其驱动的能源所代替的过程，称为机械化。在机器代替人完成基本劳动的同时，人对机器的操纵看管、对工件的装卸和检验等辅助劳动也由机器替代，并由自动控制系统或计算机代替人的部分脑力劳动的过程，称为自动化。基本劳动机械化加上辅助劳动机械化，再加上自动控制所构成的有机集合体，就是制造自动化。

制造自动化（Manufacturing Automation，MA）是 1936 年美国通用汽车公司 D. S. Harder 最早提出的。制造自动化技术是在传统制造技术的基础上不断吸收机械、电子、信息（计算机与通信、自动控制理论、人工智能、柔性制造等）、能源及现代管理等方面的成果，并将其综合应用于产品设计、制造、管理、销售、使用、服务甚至回收的全过程，以实现优质、高效、低耗、清洁、灵活的生产，提高对个性化的产品市场的适应能力和竞争能力，并取得理想经济效果的技术总称。

在"狭义制造"概念下，制造自动化是指生产车间内产品的机械加工和装配检验过程的自动化，包括切削加工自动化、工件装卸自动化、工件储运自动化、零件与产品清洁及检验自动化、断屑与排屑自动化、装配自动化、机械故障诊断自动化等。

在"广义制造"概念下，制造自动化是包含产品设计自动化、产品管理自动化、加工过程自动化和质量控制自动化等产品制造全过程以及各个环节综合集成的自动化，以使产品制造过程实现高效、优质、低耗、及时、洁净的目标。

制造自动化代表先进制造技术的水平，促使制造业逐渐由劳动密集型产业向技术密集型和知识密集型产业转变。它是制造业发展的重要标志，也体现了一个国家的科技水平。采用制造自动化技术可以有效改善劳动条件，提升劳动者的素质，显著提高生产率，大幅提高产品质量，促进产品更新，并带动相关技术发展，大大提高企业的市场竞争力。

本章内容仅局限于狭义概念下的制造自动化技术，包括工业机器人技术、柔性制造技术、自动检测与监控技术等内容。

4.1.2 制造自动化技术的发展历程

制造自动化是一个动态发展的过程，在过去一段时间内人们认为自动化使用机器代替人的体力劳动只能完成指定的作业，但是随着科技不断地进步，计算机技术的不断发展和应用，制造自动化的功能目标不再是仅仅代替人的部分脑力劳动去自动完成指定的作业。随着制造技术、电子技术、信息技术、管理技术等发展，制造自动化已经远远突破上述传统的概念。20 世纪以来，为了实现自动化，人们研究和制造了成千上万种自动控制系统，极大地推动了生产劳动、社会服务、军事工程和科学研究等活动。自动控制系统通常由控制器、执行机构和信息反馈装置三部分组成。反馈装置的任务是监视和测量执行机构和工作对象的状态变化和执行结果，把这些信息反馈给控制器。控制器则根据任务的定义和当前执行情况决定以后应该采取的措施，以机械的、光电的或其他的物理方式向执行机构发出指令，以便后者准确地加以执行。

第二次世界大战以来，特别是 20 世纪 60 年代以后，在发达国家和很多发展中国家，人们的生产方式和生活方式都发生了巨大的变化。这种变化最重要的标志是，在社会劳动时间不断缩减的情况下，社会劳动生产率和人均国民收入都增长了大约十倍，人的平均寿命大大延长。促成这种急剧变化的主要原因是科学技术的进步，所以普遍认为人类正在经历着一场新的技术革命。在科学技术领域里对新技术革命贡献最大的是两个相互联系紧密的领域：一是信息技术（微电子技术、计算机技术和通信技术等）的重大突破；二是系统科学的概念、理论和方法的工程化应用。前者是后者得以成功的物质基础，后者又为前者的发展开辟了道路。

制造自动化的发展与技术发展密切相关，其生产模式也经历了五个阶段，如图 4-1 所示。

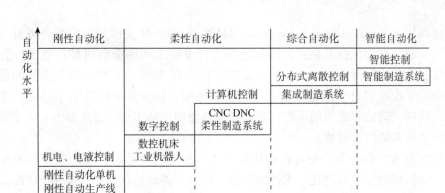

图 4-1　制造自动化技术发展

第一阶段：19 世纪末—20 世纪 50 年代，刚性自动化阶段。这一阶段包括单机自动线和刚性自动线，在 20 世纪 40—50 年代这个技术已经相当成熟，在这一阶段中应用传统的机械设计与制造工艺方法，其特征是高生产率和刚性结构，很难实现生产产品的改变。

第二阶段：20 世纪 50 年代—60 年代中期，数字控制加工阶段。数字控制技术包括数控和计算机数控，数控加工设备包括数控机床、加工中心等，该阶段引入的新技术有数控技术、计算机编程技术、工业机器人技术等。

第三阶段：20 世纪 60 年代中期—80 年代中期，柔性制造阶段。该阶段的特征是强调制造过程的柔性和高效率，比较适合多品种、中小批量的生产，此阶段涉及的主要技术包括成组技术、计算机直接数控和分布式数控、柔性制造单元、柔性制造系统、柔性加工线、离散系统理论和方法、仿真技术、车间计划与控制、制造过程监控技术、计算机控制与通信网络等。

第四阶段：20 世纪 80 年代中期—90 年代末，计算机集成制造和计算机集成制造系统阶段。其特征是强调制造全过程的系统性和集成性。

第五阶段：20 世纪 90 年代末至今，新的制造自动化模式阶段，包括智能制造、敏捷制造、虚拟制造、网络制造、全球制造和绿色制造。

4.1.3　制造自动化技术的发展趋势

现代生产和科学技术的发展，对制造自动化技术提出越来越高的要求，同时也为制造自动化技术的革新提供了必要条件。制造自动化将在更大程度上模仿人的智能，机器人已在工业生产、海洋开发和宇宙探测等领域得到应用，专家系统在医疗诊断、地质勘探等方面取得显著效果。进入 21 世纪以来，尤其近十年来随着数字化、信息化和网络化技术的快速发展，全球出现了以物联网、云计算、大数据、移动互联网等为代表的新一轮技术创新浪潮，这些新技术的出现推动着制造业朝着智能自动化新时代发展。智能制造是未来制造业的发展方向，也是各工业国家当前发展所瞄准的目标，无论是德国"工业 4.0"，还是美国"工业互联网"以及我国的"中国制造 2025"，都在努力通过具有深度感知、智慧决策、自动执行功能的智能制造装备，应用大数据挖掘分析技术，实现设备控制、工艺优化和分析决策的智能化，以打造一个万物互联、信息互通的智能世界。未来制造自动化技术的发展总趋势是向全球化、网络化、虚拟化、自动化、绿色化、智能化、精密化、极端化、集成化、数字化、柔性化等方向发展。

1. 全球化

全球化是制造自动化技术发展的必然要求和趋势。一方面，国际和国内市场上的竞争越来越激烈，例如，在制造业中，国内外已经有不少企业，甚至是知名度很高的企业，在这种无情的竞争中纷纷落败，有的倒闭，有的被并购，不少企业迫于压力不得不扩展新的市场；另一方面，网络技术的快速发展推动着企业向既竞争又合作的方向发展，这种发展进一步加剧了市场的竞争。这两个因素相互作用，成为制造业全球化发展的动力。

2. 虚拟化

制造过程的虚拟技术是指面向产品生产过程的模拟和检验。虚拟化是以优化产品的制造工艺，保证产品质量、生产周期和最低成本为目标，进行生产过程计划、组织管理、车间调度、供应链和物流设计的建模和仿真，通过仿真软件来模拟真实系统，以保证产品设计和产品工艺的合理性，确保产品制造的成功。

3. 自动化

自动化是为了减轻、强化、延伸、取代人的有关劳动技术或手段。自动化是制造自动化技术的前提条件，目前它的研究主要表现在制造系统中的集成技术和系统技术、人机一体化制造系统、制造单元技术、制造过程的计划和调度、柔性制造技术和适应现代化生产模式的制造环境等方面。

4. 绿色化

绿色制造是通过"绿色"生产过程、"绿色"设计、"绿色"材料、"绿色"设备、"绿色"工艺、"绿色"包装、"绿色"管理等生产出"绿色"产品，产品使用完后再通过"绿色"处理后加以回收利用。采用绿色制造能最大限度地减少生产制造对环境的负面影响，同时使原材料和能源的利用率达到最高。

5. 智能化

与传统制造相比，智能制造系统具有以下特点：人机一体化、自律能力、自组织与超柔性、学习能力与自我维护能力、在未来具有更高级的人类思维能力。可以说，智能制造是一种模式，是集自动化、集成化和智能化于一身，并具有不断向纵深发展的高技术含量的先进制造系统，也是一种由智能机器和人类专家共同组成的人机一体化系统。智能化制造模式的基础是智能制造系统，它既是智能和技术集成的应用环境，也是智能制造模式的载体。

6. 精密化

精密加工制造不仅需要机床的精度、稳定性以及刀具、夹具的精度来保证，同时也需要精密量具仪器来检验、测量。以电力行业为例，发电设备中一些关键零部件，如汽轮机叶片、转子轮槽以及汽轮发电动机转子嵌线槽等的加工与检测，在一定程度上可代表一个国家先进切削技术、数控刀具技术、数字化测量技术的最新成果和水平。

7. 柔性化

制造自动化系统从刚性自动化发展到可编程自动化，再发展到综合自动化，系统柔性程度越来越高。模块化技术是提高制造自动化系统柔性的重要策略和方法。硬件和软件的模块化设计，不仅可以有效地降低生产成本，而且可以大大提高自动化系统的柔性。

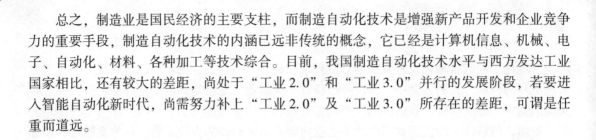

总之，制造业是国民经济的主要支柱，而制造自动化技术是增强新产品开发和企业竞争力的重要手段，制造自动化技术的内涵已远非传统的概念，它已经是计算机信息、机械、电子、自动化、材料、各种加工等技术综合。目前，我国制造自动化技术水平与西方发达工业国家相比，还有较大的差距，尚处于"工业2.0"和"工业3.0"并行的发展阶段，若要进入智能自动化新时代，尚需努力补上"工业2.0"及"工业3.0"所存在的差距，可谓是任重而道远。

4.2 工业机器人技术

4.2.1 工业机器人的基本概念

工业机器人是面向工业领域的多自由度、可编程实现不同动作要求的一种自动操作机器，是集精密化、柔性化、智能化等先进技术于一体，全面延伸人的体力和智力的新一代生产工具，被广泛用于制造、检测、装配以及物流装卸和搬运等作业。

工业机器人由三大部分和六个子系统组成。三大部分是机械部分、传感部分和控制部分。六个子系统是驱动系统、机械结构系统、感受系统、机器人-环境交互系统、人机交互系统和控制系统，其系统组成如图4-2所示。

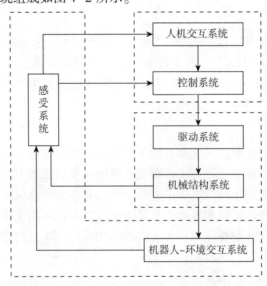

图4-2　工业机器人系统组成

六个子系统的作用分述如下。

1. 驱动系统

要使机器人运行起来，需要给各个关节即每个运动自由度安装传动装置，这就是驱动系统。驱动系统可以是液压传动、气动传动、电动传动或者把它们结合起来应用的综合系统；也可以是直接驱动或者是通过同步带、链条、轮系、谐波齿轮等机械传动机构进行间接驱动。

2. 机械结构系统

工业机器人的机械结构系统由基座、手臂、末端操作器三大件组成，如图 4-3 所示。每一大件都有若干自由度，构成一个多自由度的机械系统。若基座具备行走机构，则构成行走机器人；若基座不具备行走及腰转结构，则构成单机器人臂（Single Robot Arm）。手臂一般由上臂、下臂和手腕组成。末端操作器是直接装在手腕上的一个重要部件，它可以是二手指或多手指的手爪，也可以是喷漆枪、焊具等作业工具。

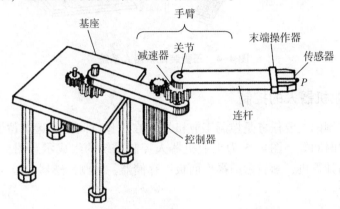

图 4-3 工业机器人的机械结构系统

3. 感受系统

感受系统由内部传感器模块和外部传感器模块组成，用以获取内部和外部环境状态中有意义的信息。智能传感器的使用提高了机器人的机动性、适应性和智能化的水准。人类的感受系统对感知外部世界信息是极其灵巧的，然而，对于一些特殊的信息，传感器比人类的感受系统更有效。

4. 机器人-环境交互系统

机器人-环境交互系统是实现工业机器人与外部环境中的设备相互联系和协调的系统。工业机器人与外部设备集成为一个功能单元，如加工制造单元、焊接单元、装配单元等。当然，也可以是多台机器人、多台机床或设备、多个零件存储装置等集成为一个去执行复杂任务的功能单元。

5. 人机交互系统

人机交互系统是使操作人员参与机器人控制并与机器人进行联系的装置，例如，计算机的标准终端、指令控制台、信息显示板、危险信号报警器、示教盒等。该系统归纳起来分为两大类，即指令给定装置和信息显示装置。

6. 控制系统

控制系统的任务是根据机器人的作业指令程序以及从传感器反馈回来的信号，支配机器人的执行机构去完成规定的运动和功能。根据控制原理，控制系统可分为程序控制系统、适应性控制系统和人工智能控制系统。

图 4-4 为三菱装配机器人系统。该系统由机器人主体、控制器、示教盒和 PC 等构成。可用示教的方式和 PC 编程的方式来控制机器人的动作。

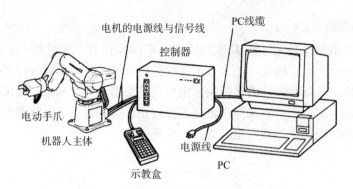

图4-4 三菱装配机器人系统

4.2.2 工业机器人的控制

工业机器人控制的主要任务是控制工业机器人在工作空间中的运动位置、姿态和轨迹、操作顺序及动作的时间等。图4-5为工业机器人控制系统的组成示意图，工业机器人控制系统通常包括控制计算机、示教盒、操作面板、存储器、检测传感器、输入输出接口、通信接口等。

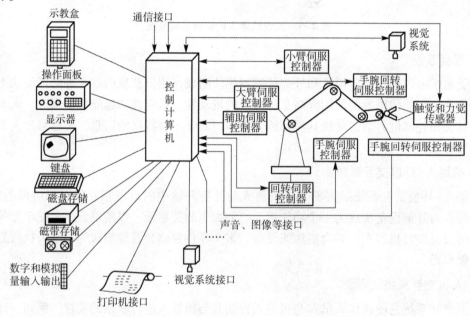

图4-5 工业机器人控制系统的组成示意图

1. 工业机器人控制系统的分类

1）按照控制回路分类

按控制回路的不同，机器人控制系统可分为开环系统和闭环系统。如果机器人不具备信息反馈特征，则该控制系统为开环控制系统；如果机器人具备信息反馈特征，则该控制系统为闭环控制系统。

2）按照控制系统硬件分类

按控制系统硬件的不同，机器人控制系统可分为机械控制系统、液压控制系统、射流控制系统、顺序控制系统和计算机控制系统等。自 20 世纪 80 年代以来，机器人控制系统大多采用计算机控制系统。

3）按照自动化控制程度分类

按自动化控制程度的不同，机器人控制系统可分为顺序控制系统、程序控制系统、自适应控制系统和人工智能控制系统。

4）按照编程方式分类

按编程方式的不同，机器人控制系统可分为物理设置编程控制系统、示教编程控制系统和离线编程控制系统。物理设置编程控制系统是由操作者设置固定的限位开关实现启动、停车的程序操作，用于简单的抓取和放置作业；示教编程控制系统通过操作者的示教来完成操作信息的记忆，然后再现示教阶段的动作过程；离线编程控制系统是通过机器人语言进行编程控制的。

5）按照机器人末端运动控制轨迹分类

按机器人末端运动控制轨迹的不同，机器人控制系统可分为点位控制和连续轮廓控制。点位控制是指机器人的每个运动轴单独驱动，不要求机器人末端操作的速度和运动轨迹，仅要求实现各个坐标的精确控制。连续轮廓控制在机器人控制系统中没有插补器，在示教编程时要求将机器人轮廓轨迹运动中的各个离散坐标点以及运动速度同时存储于控制系统存储器，再实现按照存储的坐标点和速度控制机器人完成规定的动作。

2. 工业机器人的位置伺服控制

对于机器人运动，常关注的是手臂末端的运动，而末端运动往往是以各关节的合成来实现的，因此，必须关注手臂末端的位置和姿态与各关节位移的关系。如图 4-6 所示，在控制装置中，手臂末端运动的指令值与手臂的反馈信息作为伺服系统的输入，无论机器人采用什么样的结构形式，其控制装置都以各关节当前位置 q 和速度 q' 作为检测反馈信号，直接或间接地决定伺服电动机的电压或电流向量，通过各种驱动机构达到位置矢量 r 控制的目的。

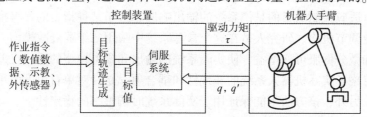

图 4-6　刚性臂控制系统的结构

机器人的位置伺服控制大体上可以分为关节伺服控制和坐标伺服控制两种类型。

1）关节伺服控制

关节伺服控制以大多数非直角坐标机器人为控制对象。如图 4-7 所示，它把每一个关节作为单独的单输出单输入系统来处理。令各关节位移指令目标值为 $q_d = [q_{d1}, q_{d2}, \cdots, q_{dn}]^T$，且独立构成一个个伺服系统。每个指令目标值 q_d 与实际末端位置值 r_d 都存在对应关系 $q_d = R(r_d)$。对于每一个末端位置 r_d，均能求取一个指令值 q_d 与之对应。这种关节伺服系统的结构十分简单，目前大部分关节机器人都是由这种关节伺服系统来控制的。以往这类伺服系统通常由模拟电路构成，而随着电子和信号处理技术的发展，目前已普遍采用数字电路形式。

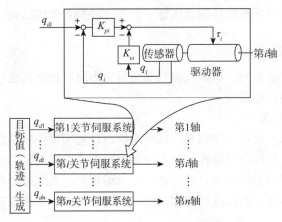

图4-7　关节伺服控制的构成

2）坐标伺服控制

由于在三维空间对机器人手臂进行控制时，很多场合都要求直接给定手臂末端运动的位置和姿态，而且关节伺服控制系统中的各个关节是独立进行控制的，难以预测由各个关节实际控制结果所得到的末端位置状态的响应，且难以调节各关节伺服系统的增益，因此产生了将末端位置矢量 r_d 作为指令目标值所构成的伺服控制系统，即作业坐标伺服系统。这种伺服控制系统是将机器人手臂末端位置矢量 r_d 固定于空间内某一个作业坐标系来描述的。

3. 工业机器人的自适应控制

自适应控制是从1979年开始用于机器人的，到20世纪80年代中期，在机器人控制领域基本形成了模型参考自适应控制和自校正适应控制两种流派。

1）模型参考自适应控制

模型参考自适应控制的目的是使系统的输出响应趋近于某种指定的参考模型，因而必须设计相应的参数调节机构。研究人员在这个参考系统中采用二维弱衰减模型，用最陡下降法调整局部比例和微分伺服可变增益，使实际系统的输出和参考模型的输出之差为最小值。该方法从本质上忽略了实际机器人系统的非线性和耦合项，是针对单自由度的单输入单输出系统进行设计的。另外，该方法不能保证用于实际系统时调整率的稳定性。

2）自校正适应控制

自校正适应控制由表现机器人动力学离散时间模型各参数的估计机构与用其结果来决定控制器增益或控制输入的部分组成，采用输入输出数与机器人自由度相同的模型，应用于机器人控制中。

4.2.3　工业机器人的应用

工业机器人最早应用于汽车制造工业，常用于焊接、喷漆、上下料和搬运工作。工业机器人延伸和扩大了人的手足和大脑功能，它可代替人从事危险、有害、有毒、低温和高热等恶劣环境中的工作；代替人完成繁重、单调的重复劳动，提高劳动生产率，保证产品质量。工业机器人与数控加工中心、自动搬运小车以及自动检测系统可组成柔性制造系统（FMS）和计算机集成制造系统（CIMS），实现生产自动化。

目前，工业机器人主要用于以下几个方面。

1. 恶劣工作环境及危险工作

压铸车间及核工业等领域的作业是一种有害于健康并可能危及生命，或不安全因素很大而不宜于人去从事的作业，此类工作由工业机器人做是最合适的。图4-8为核工业上沸腾水式反应堆（BWR）燃料自动交换机。BWR的燃料是把浓缩的铀丸放在长4 m的护套内，把它们集中在一起作为燃料的集合体，装入反应堆的堆心。每隔一定时期要变更已装入燃料的位置，以提高铀的燃烧效率，并把已充分燃烧的燃料集合体与新的燃料集合体进行交换。这些作业都在定期检查时完成，并且为了冷却使用过的燃料和遮蔽放射线，这种燃料交换的作业是在水中进行的。作业人员到被处理的燃料之间的距离为17～18 m，过去是靠手动进行操作的，难免会产生误操作；另外，如果为了尽可能缩短距离而靠近操作，则容易受到辐射的危害。

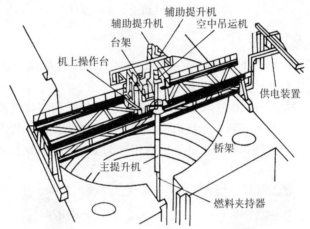

图4-8 沸腾水式反应堆燃料自动交换机

燃料自动交换机是由机上操作台、辅助提升机、台架、空中吊运机、主提升机、燃料夹持器等组成的。采用计算机控制方式，可依据操作人员的运转指令，完成自动运转、半自动运转和手动运转模式下的燃料交换。这种装置的主要特征是：

（1）可以在远距离的操作室中全自动运转；

（2）精密的多重圆筒立柱可提高定位精度；

（3）利用计算机可以控制系统高速运转，防止误操作。

这种交换机的使用不仅提高了效率，降低了对操作人员的辐射，而且由计算机控制的操作自动化可以提高作业的安全性。

2. 特殊作业场合和极限作业

火山探险、深海探秘和空间探索等领域对于人类来说是力所不能及的，只有机器人才能进行作业。如图4-9所示的航天飞机上用来回收卫星的操作臂RMS（Remote Manipulator System），它是由加拿大SPAR航天公司设计并制造的，是世界上最大的关节式机器人。该操作臂额定载荷为15 000 kg，最大载荷为30 000 kg；末端操作器的空载时最大速度为0.6 m/s，承载15 000 kg时为0.06 m/s，承载30 000 kg时为0.03 m/s；定位精度为±0.05 m。这些额定参数是在外层空间抓放飞行体时的参数。

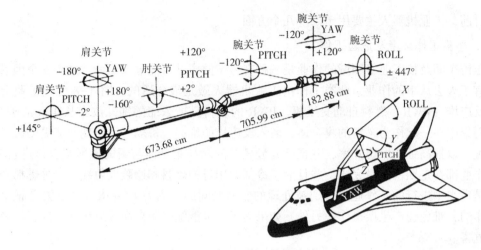

图4-9　航天飞机上的操作臂

3. 自动化生产领域

早期的工业机器人在生产上主要用于机床上下料、点焊和喷漆。随着柔性自动化的出现，机器人在自动化生产领域扮演了更重要的角色。

（1）焊接机器人，如图4-10所示。汽车制造厂已广泛应用焊接机器人进行承重大梁和车身结构的焊接。焊接机器人需要6个自由度，其中3个自由度用来控制焊具跟随焊缝的空间轨迹，另外3个自由度保持焊具与工件表面有正确的姿态关系，这样才能保证良好的焊缝质量。

链接4-1
焊接机器人

图4-10　焊接机器人

（2）搬运机器人，如图4-11所示。搬运机器人可用来上下料、码垛、卸货以及抓取零件定向等作业。一个简单抓放作业机器人只需较少的自由度；一个给零件定向作业的机器人要求有更多的自由度，以增加其灵巧性。

链接4-2
搬运机器人

图4-11　搬运机器人

（3）检测机器人，如图4-12所示。零件制造过程中的检测以及成品检测都是保证产品质量的关键工序。检测机器人主要有两个工作内容：确定零件尺寸是否在允许的公差内；控制零件按质量分类。

链接4-3
检测机器人

图4-12　检测机器人

（4）装配机器人，如图4-13所示。装配是一个比较复杂的作业过程，不仅要检测装配作业过程中的误差，而且要试图纠正这种误差。因此，装配机器人上应用有许多传感器，如接触传感器、视觉传感器、接近传感器和听觉传感器等。

链接4-4
装配机器人

图4-13　装配机器人

（5）喷涂机器人，如图4-14所示。一般在三维表面上进行喷漆和喷涂作业时，至少要有5个自由度。由于可燃环境的存在，驱动装置必须防燃防爆。在大件上作业时，往往把机器人装在一个导轨上，以便行走。

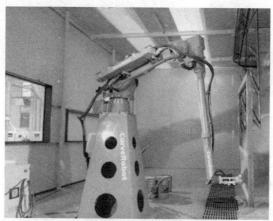

链接4-5
喷涂机器人

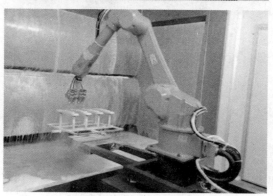

图4-14 喷涂机器人

综上所述，工业机器人的应用给人类带来了许多好处，如减少劳动力费用、提高生产率、改进产品质量、增加制造过程的柔性、减少林料浪费、控制和加快库存的周转、降低生产成本、消除危险和恶劣的劳动岗位。

4.3 柔性制造技术

4.3.1 概述

柔性制造技术也称柔性集成制造技术，是现代先进制造技术的统称。柔性制造技术集自动化技术、信息技术和制作加工技术于一体，把以往工厂企业中相互孤立的工程设计、制造、经营管理等过程，在计算机及其软件和数据库的支持下，构成一个覆盖整个企业的有机系统。传统的自动化生产技术可以显著提高生产效率，然而其局限性也显而易见，即无法很好地适应中小批量生产的要求。随着制造技术的发展，特别是自动控制技术、数控加工技术、工业机器人技术等的迅猛发展，柔性制造技术（FMT）应运而生。

所谓"柔性",即灵活性,主要表现在:

(1) 生产设备的零件、部件可根据所加工产品的需要变换;

(2) 对加工产品的批量可根据需要迅速调整;

(3) 对加工产品的性能参数可迅速改变并及时投入生产;

(4) 可迅速而有效地综合应用新技术;

(5) 对用户、贸易伙伴和供应商的需求变化及特殊要求能迅速做出反应。

采用柔性制造技术的企业,平时能满足品种多变而批量很小的生产需求,战时能迅速扩大生产能力,而且产品质优价廉。柔性制造设备可在无需大量追加投资的条件下提供连续采用新技术、新工艺的能力,也不需要专门的设施,就可生产出特殊的军用产品。

1. 柔性制造技术特点

(1) 柔性制造技术是从成组技术发展起来的,因此,柔性制造技术仍带有成组技术的烙印——零件三相似原则:形状相似、尺寸相似和工艺相似。这三相似原则就成为柔性制造技术的前提条件。凡符合三相似相原则的多品种加工的柔性生产线,都可以做到投资最省(使用设备最少、厂房面积最小),生产效率最高(可以混流生产、无停机损失),经济效益最好(成本最低)。

(2) 品种中小批量生产时,虽然每个品种的批量相对来说是小的,但多个小批量的总和也可构成大批量,因此柔性生产线几乎无停工损失,设计利用率高。

(3) 柔性制造技术组合了当今机床技术、监控技术、检测技术、刀具技术、传输技术、电子技术和计算机技术的精华,具有高质量、高可靠性、高自动化和高效率。

(4) 可缩短新产品的上马时间,转产快,适应瞬息万变的市场需求。

(5) 可减少工厂内零件的库存,改善产品质量和降低产品成本。

(6) 减少工人数量,减轻工人劳动强度。

(7) 一次性投资大。

2. 柔性制造技术规模

柔性制造技术是对各种不同形状加工对象实现程序化柔性制造加工的各种技术的总和。柔性制造技术是技术密集型的技术群,我们认为凡是侧重于柔性,适应多品种、中小批量(包括单件产品)的加工技术都属于柔性制造技术。目前按规模大小划分为以下几种。

1) 柔性制造系统 (FMS)

关于柔性制造系统 (Flexible Manufacturing System, FMS) 的定义很多,美国国家标准局把 FMS 定义为:由一个传输系统联系起来的一些设备,传输装置把工件放在其他联结装置上送到各加工设备,使工件加工准确、迅速和自动化。中央计算机控制机床和传输系统,柔性制造系统有时可同时加工几种不同的零件。国际生产工程研究协会指出柔性制造系统是一个自动化的生产制造系统,在最少人的干预下,能够生产任何范围的产品族,系统的柔性通常受到系统设计时所考虑的产品族的限制。而中国国家军用标准则定义为:柔性制造系统是由数控加工设备、物料运储装置和计算机控制系统组成的自动化制造系统,它包括多个柔性制造单元,能根据制造任务或生产环境的变化迅速进行调整,适用于多品种、中小批量生产。简单地说,FMS 是由若干数控设备、物料运贮装置和计算机控制系统组成的,并能根据制造任务和生产品种变化而迅速进行调整的自动化制造系统。目前常见的组成通常包括 4 台或更多台全自动数控机床(加工中心与车削中心等),由集中的控制系统及物料搬运系统连接起来，可在不停机的情况下实现多品种、中小批量的加工及管理。目前反映工厂整体水平的 FMS 是第一代 FMS，日本从 1991 年开始实施的智能制造系统（IMS）国际性开发项目，属于第二代 FMS；而真正完善的第二代 FMS 预计 21 世纪中叶才会实现。

2）柔性制造单元（FMC）

FMC 的问世并在生产中使用约比 FMS 晚 6～8 年，FMC 可视为一个规模最小的 FMS，是 FMS 向廉价化及小型化方向发展的一种产物。柔性制造单元通常由单台数控机床或加工中心、工件自动装卸装置（铰接臂、机器人或自动托盘交换装置等）、物料暂存装置等组成，能够从事长时间的自动制造。图 4-15 为利用传动带和机器人进行工件输送的柔性制造单元的结构示意图。其特点是实现单机柔性化及自动化，具有适应加工多品种产品的灵活性，迄今已进入普及应用阶段。

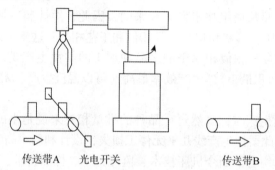

传送带A　光电开关　　　　　传送带B

图 4-15　柔性制造单元的结构示意图

3）柔性制造线（FML）

FML 是处于单一或少品种、大批量非柔性自动线与中小批量、多品种 FMS 之间的生产线。其加工设备可以是通用的加工中心、CNC 机床，亦可采用专用机床；对物料搬运系统柔性的要求低于 FMS，但生产率更高。它是以离散型生产中的柔性制造系统和连续生产过程中的分散型控制系统（DCS）为代表，其特点是实现生产线柔性化及自动化，其技术已日臻成熟，迄今已进入实用化阶段。零件品种、批量与自动化加工方式如图 4-16 所示。

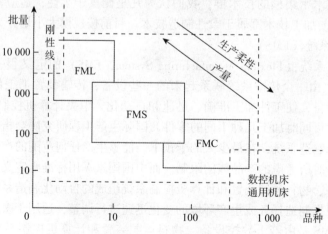

图 4-16　零件品种、批量与自动化加工方式

4）柔性制造工厂（FMF）

FMF 是将多条 FMS 连接起来，配以自动化立体仓库，用计算机系统进行联系，采用从订货、设计、加工、装配、检验、运送至发货的完整柔性制造系统。它包括了 CAD/CAM，并使计算机集成制造系统（CIMS）投入实际，实现生产系统柔性化及自动化，进而实现全厂范围的生产管理、产品加工及物料贮运进程的全盘化。FMF 是自动化生产的最高水平，反映出世界上最先进的自动化应用技术。它是将制造、产品开发及经营管理的自动化连成一个整体，以信息流控制物质流的智能制造系统（IMS）为代表，其特点是实现工厂柔性化及自动化。

3. 柔性制造技术关键技术

1）计算机辅助设计

未来 CAD 技术发展将会引入专家系统，使之智能化，可处理各种复杂的问题。当前设计技术最新的一个突破是光敏立体成形技术，该项新技术是直接利用 CAD 数据，通过计算机控制的激光扫描系统，将三维数字模型分成若干层二维片状图形，并按二维片状图形对池内的光敏树脂液面进行光学扫描，被扫描到的液面则变成固化塑料，如此循环操作，逐层扫描成形，并自动地将分层成形的各片状固化塑料黏合在一起，仅需确定数据，数小时内便可制出精确的原型。它有助于加快开发新产品和研制新结构的速度。

2）模糊控制技术

模糊数学的实际应用是模糊控制器。最近开发出的高性能模糊控制器具有自学习功能，可在控制过程中不断获取新的信息并自动地对控制量作调整，使系统性能大为改善，其中基于人工神经网络的自学方法引起人们极大的关注。

3）人工智能、专家系统及智能传感器技术

迄今，柔性制造技术中所采用的人工智能大多指基于规则的专家系统。专家系统利用专家知识和推理规则进行推理，求解各类问题（如解释、预测、诊断、查找故障、设计、计划、监视、修复、命令及控制等）。由于专家系统能简便地将各种事实及经验证过的理论与通过经验获得的知识相结合，因而专家系统为柔性制造的诸方面工作增强了柔性。展望未来，以知识密集为特征，以知识处理为手段的人工智能（包括专家系统）技术必将在柔性制造业（尤其智能型）中起着日趋重要的关键性的作用。目前用于柔性制造中的各种技术，预计最有发展前途的仍是人工智能。智能制造技术（IMT）旨在将人工智能融入制造过程的各个环节，借助模拟专家的智能活动，取代或延伸制造环境中人的部分脑力劳动。在制造过程中，系统能自动监测其运行状态，在受到外界或内部激励时能自动调节其参数，以达到最佳工作状态，具备自组织能力，故 IMT 被称为未来的制造技术。对未来智能化柔性制造技术具有重要意义的一个正在急速发展的领域是智能传感器技术，该项技术是伴随计算机应用技术和人工智能而产生的，它使传感器具有内在的决策功能。

4）人工神经网络技术

人工神经网络（ANN）是模拟智能生物的神经网络对信息进行并处理的一种方法，故人工神经网络也就是一种人工智能工具。在自动控制领域，神经网络不久将并列于专家系统和模糊控制系统，成为现代自动化系统中的一个组成部分。

4. 柔性制造技术发展趋势

（1）FMC 将成为发展和应用的热门技术，这是因为 FMC 的投资比 FMS 少得多而经济效益相接近，更适用于财力有限的中小型企业。目前国外众多厂家将 FMC 列为发展之重。

（2）发展效率更高的 FML 多品种、大批量的生产企业，如汽车及拖拉机等工厂对 FML 的需求引起了 FMS 制造厂的极大关注。采用价格低廉的专用数控机床替代通用的加工中心将是 FML 的发展趋势。

（3）朝多功能方向发展，由单纯加工型 FMS 进一步开发焊接、装配、检验及钣材加工乃至铸、锻等制造工序兼具的多种功能 FMS。

柔性制造技术是实现未来工厂的新颖概念模式和新的发展趋势，是决定制造企业未来发展前途的具有战略意义的举措。届时，智能化机械与人之间将相互融合，柔性地全面协调从接受订货单至生产、销售等企业生产经营的全部活动。近年来，柔性制造作为一种现代化工业生产的科学"哲理"和工厂自动化的先进模式已为国际上所公认，可以这样认为：柔性制造技术是在自动化技术、信息技术及制造技术的基础上，将以往企业中相互独立的工程设计、生产制造及经营管理等过程，在计算机及其软件的支撑下，构成一个覆盖整个企业的完整而有机的系统，以实现全局动态最优化，总体高效益、高柔性，并进而赢得竞争全胜的智能制造技术。它作为当今世界制造自动化技术发展的前沿科技，为未来机构制造工厂提供了一幅宏伟的蓝图，将成为机构制造业的主要生产模式。

5. 柔性制造技术应用

（1）国外内燃机的制造，对多品种、中小批量生产，大多数采用工序集中的原则，采用加工中心、数控机床、柔性制造单元和柔性制造系统。因此，柔性化较高，更换品种的调整时间比一般生产线减少 75% 以上，尽管初期投资大，但总的经济效益是好的。

（2）多品种、中大批量生产，采用柔性制造线，生产线主要由换箱、转塔、换刀加工中心、数控机床和数控专用机床组成。对换箱加工中心而言，目前自动更换储贮主轴箱的数目很多，可由几个至十几个不等，所以组合起来能满足中大批量、多品种加工。

（3）多品种、大批量生产的柔性生产线。国外不仅在多品种、中大批量的情况下采用柔性生产线，而且在多品种、大批量（十几万到数十万）的情况下也采用柔性生产线，这种多品种、大批量的柔性生产线由计算机控制的三座标模块组成，这些专门化的模块，可以是换刀的、换箱的，也可以是转塔头的。由三座标加工模块代替组合专用机床，提高了生产线的柔性，不仅可以适用多品种的轮番生产，还可以混流生产。该类生产线虽然初期投资大，但由于生产线可以满负荷生产，生产效率高、加工质量可靠、产品质量好、故障少、可靠性高、维修费用少，因此产品成本低，经济效益好。

4.3.2　柔性制造系统

柔性制造系统是以数控机床或加工中心为基础，配以物料自动化传输、装夹、检测、处理以及存储等装置，与电子计算机控制系统所组成的制造系统。各种设备在计算机柔性制造管理系统的控制下，连续、有序、高效地运行。柔性制造系统可同时加工形状相近的一组或一类产品，适合多品种、小批量的高效制造模式。

与柔性制造系统相对应的是刚性制造系统，它是用工件输送系统将各种刚性自动化加工设备和辅助设备按一定的顺序连接起来，在控制系统的作用下完成零件加工的。刚性制造系统一般完成单一规格大批量的生产任务，而柔性制造系统因其拥有控制整个柔性制造系统的计算机管理系统，往往承担多品种、变批量的生产任务。柔性制造系统中，当被加工的零件

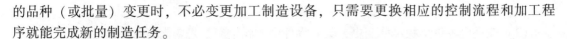

的品种（或批量）变更时，不必变更加工制造设备，只需要更换相应的控制流程和加工程序就能完成新的制造任务。

1. 柔性制造系统的特点

柔性制造实际上是以用户需求为导向的定制生产方式来取代传统的大规模量产式生产模式。在柔性制造中，柔性主要体现在生产能力的柔性反应能力，具体体现在以下几个方面。

（1）机器柔性。当要求生产一系列不同类型的产品时，机器具有随产品变化而加工不同零件的能力。

（2）工艺柔性。当工艺流程不变时，柔性制造系统具有自身适应产品或原材料变化的能力，即当柔性制造系统为适应产品或原材料等变化，可以改变相应工艺的难度。

（3）产品柔性。产品更新后，系统能够非常经济和迅速地生产出新产品的能力；同时，产品更新后，柔性制造系统对老产品有用特性的继承和兼容能力。

（4）维护柔性。柔性制造系统采用多种方式查询、预测和处理故障，保障生产正常进行的能力。

（5）扩展柔性。当生产需要的时候，可以很容易地扩展系统结构、增加模块，构成一个更大系统的能力。

（6）运行柔性。利用不同的机器、材料、工艺流程来生产一系列产品的能力和同样的产品换用不同工序加工的能力。

总之，柔性制造系统是一个技术复杂、高度自动化的制造系统，能够根据需求快速调整，适应多品种、小批量的生产。相比于传统的大规模刚性制造，柔性制造系统具有以下优点。

（1）混流加工。能同时适应多品种的生产，具备多机床下零件的混流加工能力，且无需增加额外费用。

（2）减少设备投资和占地面积。柔性制造系统的机床等设备的利用率高，能够用较少的设备完成同样的工作量。

（3）系统灵活度大，维持生产能力强。系统中个别设备发生故障时，可通过控制系统调度其他设备代替，而不致影响生产。

（4）零件加工质量高且稳定。柔性制造系统具有较高的自动化水平，装夹次数少，高质量的夹具和监控设备都有利于提高零件加工的质量。

2. 柔性装配系统

从产品的生产特征来看，柔性制造系统包含制造和装配两个方面，柔性制造侧重产品的制造，而柔性装配则是利用已有的零部件进行产品装配。实际上，柔性装配系统也是柔性制造系统的一个分支。

柔性装配系统能够柔性地完成多品种、中小批量产品的装配工作。除了具有柔性制造的机器柔性、工艺柔性等一般特征外，柔性装配系统的柔性还体现在计算机软件系统上，对应不同的装配作业，只需更换相应的计算机程序就能完成预定的作业计划。具体来说，柔性装配系统应具备如下功能：

（1）能够适应多品种生产，产品更新换代灵活；

（2）能适应零件形状尺寸变更，具有零件个数和生产工艺变化等的互换性；

（3）具有容易变更作业程序的能力；

（4）具有补偿零件尺寸偏差和定位误差，完成所定目标的能力；

（5）每个构成要素高功能化，且能够有机结合。

通常由熟练技术工人承担多品种、小批量产品的装配作业，而装配流水线完成少品种、大批量生产的装配作业。与工人装配和流水线装配不同，柔性装配系统则主要体现在多品种、中小批量生产中的装配作业。柔性装配系统通常由装配站、物料输送装置和控制系统等组成。装配站可以是可编程的装配机器人、不可编程的自动装配装置或人工装配。在柔性装配系统中，输入的是组成产品或部件的各种零件，输出的是产品或部件。根据装配工艺流程，物料输送装置将不同的零件和已装配成的半成品送到相应的装配站。

4.3.3 柔性制造系统的加工系统

柔性制造系统的加工系统要求机械加工系统能以任意顺序自动加工各种工件，并且能够自动地更换工件和刀具。常见的加工系统由两台以上的数控机床或高度自动化的加工中心以及其他加工设备构成，可完成工件的成型加工。

1. 柔性制造系统加工设备的选择原则

（1）加工工序集中。柔性制造系统是适应多品种、小批量加工的高度自动化制造系统，为提高生产率，要求加工工位数量尽可能少，而且接近满负荷工作。此外，加工工位较少，还可减轻工件流的输出负担，所以同一机床加工工位上的加工工序较为集中，这也就成为柔性制造系统中机床的主要特征。可选择多功能机床、加工中心等，以减少工位数和减轻物流负担，提高生产率，并保证加工质量。

（2）控制能力强、扩展性好。柔性制造系统所采用的机床必须适合纳入整个制造系统，因此，机床的控制系统不仅要能实现自动加工循环，还要能够适应加工对象的改变，易于重新调整，也就是说具有"机器柔性"和"扩展柔性"。数控机床和加工中心等具有较强的外部通信功能和内部管理功能，且内部装有可编程控制器，易于实现与上下料、检测等辅助装置的连续和增加各种辅助功能，方便系统地调整与扩展。

（3）兼顾柔性和生产效率。柔性制造系统具备生产柔性，能完成多种类型工件的加工，但又不能像普通万能机床一样只能单件生产，要保证生产效率。同时，柔性制造系统还要考虑到工作的可靠性和机床的负荷率。通常有三种加工机床的配置方案：互替机床、互补机床和混合机床，其特征如表4-1所示。

表4-1 机床的配置方案及特征

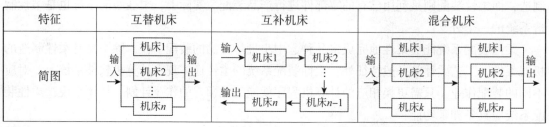

特征	互替机床	互补机床	混合机床
生产柔性	中（多功能机床）	低（专用机床组成）	高
生产率	低	高	中
技术利用率	低	高	高
系统可靠性	高	低	中
价格	高	低	中

互替机床就是纳入系统的机床可以相互替代。例如，由加工中心组成的柔性制造系统，在加工中心上可以完成多种工序的加工，有时一台加工中心就能完成工件的全部工序，工件可随机地输送到系统中恰好空闲的加工工位。互替机床加工系统具有较宽的工艺范围，而且可以达到较高的时间利用率。从系统的输入和输出的角度来看，它是并联环节，因而增加了系统的可靠性，当某台机床发生故障时，系统仍能正常工作。

互补机床就是纳入系统的机床是相互补充的，各自完成某些特定工序，各机床之间不能相互取代，工件在一定程度上必须按照顺序经过工位。它的特点是生产率高，机床利用率较高，可以有效发挥机床的性能，但是柔性较低。由于工艺范围较窄，因而加工负荷率往往不满。从系统输入输出的角度来看，互补机床是串联环节，它减弱了系统的可靠性，即当其中一台机床发生故障时，系统就不能正常工作。

现有的柔性制造系统大多是互替和互补机床混合使用，兼具了两者长处，具有可靠性和加工效率高等优点。

（4）高性能。选择刚度高、速度较高（主轴转速和进给速度）、高精度、切削能力强、加工质量稳定、生产效率高的机床。

（5）具有自保护装置和能力。机床设置有自动检测和补偿功能，有应对突发事件的监视和处理能力，如设有切削力过载保护、功率过载保护、行程与工作区域限制等。

（6）具有必要的辅助设备。机床要具备大流量的切削冷却设备和自动排屑装置以延长刀具使用寿命，维持系统安全、稳定、长时间的无人值守自动运行。

（7）环境的适应性好。对工作环境的温度、湿度、噪声、粉尘等要求不高。

2. 柔性制造系统中的典型加工设备

为满足生产柔性化和提高生产率的需求，近年来，柔性制造系统中机床的类型也越来越多，下面将简单介绍应用于柔性制造系统的两种典型自动化加工设备：数控加工中心和车削中心。

1）数控加工中心

数控加工中心是一种由机械设备和数控系统组成的备有刀库，并能按预定程序自动更换刀具，对工件进行多工序加工的高效自动化机床。其最大特点是工序集中和自动化程度高，可减少工件装夹次数，避免工件多次装夹及定位所产生的累计误差，能进行自动换刀，可节省辅助时间，实现高质量、高效率的加工过程。

数控加工中心具有以下几种主要功能。

（1）刀具存储与自动换刀。带有刀库和自动换刀装置，能够完成多种换刀、选刀功能。

（2）工件自动交换。将完工的工件从加工中心搬走，将代加工的工件送给加工中心。

（3）使用传感器完成工件的自动找正和刀具破损检测。

（4）加工尺寸检测与自动补偿。通过试切和传感器测量加工尺寸，计算测量尺寸与工程尺寸的差值，控制器控制刀具做出相应的补偿动作，然后进行切削加工。

（5）自动监控。实时监控不同切削状态下的主轴电动机功率和主轴振动，并通过自适应控制器将测量值与设定值进行比较分析，根据分析结果迅速调整切削参数，降低刀具和机床的损坏，使加工中心保持最佳的切削状态。

常见的数控加工中心按照不同的规则可以分为以下几种类型。

（1）按加工中心的立柱数量可分为：单柱式加工中心、双柱式加工中心。

（2）按主轴加工时的位置可分为：立式加工中心、卧式加工中心、立卧两用加工中心。

（3）按功能特征可分为：单工作台、双工作台和多工作台加工中心，单轴、双轴、三轴及可换主轴加工中心等。

2）车削中心

车削中心是一种高精度、高效率的自动化机床，它是以车床为基体，并在其基础上进一步增加动力铣、钻、镗，以及副主轴的功能，使工件需要多次加工的工序在车削中心上一次完成；并具有自动交换刀具和工件的功能，能对多种工件实施柔性自动加工。车削中心的主传动系统与数控机床基本相同，采用直流电动机或交流主轴电动机作为主动力源，通过带传动和主轴箱内的减速箱带动主轴旋转，还可以通过增加数控轴的坐标功能，实现车削、铣削、钻孔等状态功能的转换。

常见车削中心的类型有以下几种。

（1）按主轴方位可分为：立式车削中心、卧式车削中心。

（2）按立柱数可分为：单立柱车削中心、双立柱车削中心。

（3）按刀架数可分为：单刀架车削中心、双刀架车削中心。

（4）按控制轴数可分为：三轴控制车削中心、四轴控制车削中心。

4.3.4　柔性制造系统的物料运储系统

物料运储系统是柔性制造系统的重要组成部分。一个工件从毛坯到成品的整个过程中，只有相当小的一部分时间在机床上进行加工，大部分时间消耗在物料的运送和储存过程中。合理地设计物料的储存和运送系统，可以大大减少非加工时间，提高整个系统的效率。柔性制造系统中的物料运储系统通常包括运送和储存两部分。从工件流、刀具流和配套流的形式来看，原材料、半成品、成品构成工件流；刀具、夹具构成工具流；托盘、辅助材料、备件等构成配套流。

柔性制造系统中的物料运储系统与传统的自动线或流水线有很大的区别。它的工件运送系统是不按固定节拍运送工件的，而且没有固定顺序，甚至是几种工件混杂在一起运送。也就是说，整个工件运送和工作状态是可以随机调度的，而且均设置有存储料库以调节各工位加工时间的差异。下面对柔性制造系统中常见的运送装置和储存装置分别进行介绍和说明。

1. 运送系统

在柔性制造系统中，目前比较实用的运送系统主要有传送带运送系统和自动运送小车。

1）传送带运送系统

传送带运送系统是目前制造系统中应用最为广泛的运送系统，其输送能力大、运距长，用来在各加工装置或工位间进行物料、半成品和成品的输送。传送带的使用范围广，除黏度特别大的物料外，一般固态物料或零件等均可用它输送。传送带的运送方式多样，可以水平、倾斜或垂直运送，也可组成空间运送线路，但运送线路一般是固定的。

2）自动运送小车

自动运送小车根据有无轨道可以分为有轨小车和无轨小车，其区别在于有无固定轨道。

有轨小车可按照指令自动移动至指定工位，实现物料的按轨道往返输送。有轨小车有许多优点，其加速过程和移动速度都比较快，适合搬运重型工件，且因为轨道固定，所以行走平稳，停车时定位精度高，运送距离远。有轨小车的控制系统相对无轨小车简单，制造成本低，便于推广。但必须依靠轨道，一旦将轨道铺设好，就不便改动。另外，转弯的角度不能太小。

无轨小车，或称为自动导引小车（Automatic Guided Vehicle，AGV），是目前自动化物流系统中具有较大优势和潜力的物流运送装置。AGV 属于轮式移动机器人的范畴，它装备有电磁或光学等自动导引装置，能够沿导引路径前行，并具有安全保护功能。图 4-17 为 AGV 模块组成。

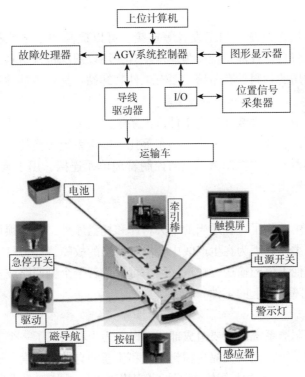

图 4-17 AGV 模块组成

AGV 的导引装置是 AGV 的核心。目前，常见的形式主要有以下几种。

（1）电磁感应引导式。在地面上沿着预设行驶路径埋设电缆，当高频电流流经时，导线周围产生电磁场，AGV 上左右对称安装有两个电磁感应器，它们所接收的电磁信号的强度差异可以反映 AGV 偏离路径的程度。AGV 的自动控制系统根据这种偏差来控制车辆的转向，连续的动态闭环控制能够保证 AGV 对设定路径的稳定自动跟踪。这种电磁感应引导式导航方法在绝大多数商业化的 AGV 上使用，尤其是适用于大中型 AGV。

（2）激光引导式。激光引导式 AGV 上安装有激光扫描器，AGV 依靠激光扫描器发射激光束，然后接收由四周定位标志反射回的激光束，车载计算机计算出车辆当前的位置以及运动的方向，通过和内置的数字地图进行对比来校正方位，从而实现导向和自动搬运。随着激光雷达技术的不断成熟和成本的持续降低，该种 AGV 的应用越来越普遍。

（3）视觉引导式。视觉引导式 AGV 上装有视觉传感器，在车载计算机中设置有 AGV 欲行驶路径周围环境图像数据库。AGV 行驶过程中，视觉传感器动态获取车辆周围环境图像信息并与图像数据库进行比较，从而确定当前位置并对下一步行驶做出决策。这种 AGV 由于不要人为设置任何物理路径，因此在理论上具有最佳的引导柔性。随着计算机图像采集、储存和处理技术的飞速发展，该种 AGV 的实用性越来越强。

目前，无轨小车在柔性制造系统中正大量使用，因为其不需铺设轨道，不占用空间，所以能够灵活靠近机床等加工设备或生产线进行物料的输送。其次，无轨小车的配置灵活，几乎可以完成任意曲线的输送任务，当主机配置有改动或增加时，很容易改变巡行路线及扩展服务对象，适应性强。

2. 储存系统

物料储存系统与运送系统、加工设备等连接，可以提高加工单元和 FMS 的生产能力。对大多数工件来说，将自动存储系统视为库房工具，用以跟踪记录材料、工件和刀具的输入输出、储存。目前常用的物料储存系统主要有工件装卸站、托盘缓冲站和立体仓库。

1）工件装卸站

在物料储存系统中，工件装卸站是工件进出系统的地方。柔性制造系统如果采用托盘装夹和运送工件，则工件装卸站必须有可与小车等托盘输送系统交换托盘的工位。工件装卸站的工位上安装有传感器，与柔性制造系统的控制管理单元连接，用于装卸结束的信息输入，以及要求装卸的指令输出。

2）托盘缓冲站

在物料储存系统中，除了设置适当的中央料库和托盘库外，还必须设置各种形式的缓冲存储区来保证系统的柔性。因为在生产线中会出现偶然的故障，如刀具折断或机床故障，为了不致阻塞工件向其他工位的输送，输送线路中可设置若干个侧回路或多个交叉点的并行物料库，以暂时存放故障工位上的工件。

3）立体仓库

立体仓库是柔性制造系统的重要组成部分，以它为中心组成了一个毛坯、半成品、配套件或成品的自动存储系统，能大大提高物料储存和流通的自动化程度，提高管理水平。

图 4-18 为典型的自动化立体仓库示意图。仓库库房由一些货架组成，货架之间留有巷道，根据需要可以有一到若干条巷道。一般情况下入库和出库都布置在巷道的某一端，有时也可以设计成巷道的两端入库和出库。每个巷道都有自己专用的堆垛起重机，堆垛起重机可以采用有轨和无轨方式，其控制原理与运输小车相似，只是起重的高度比较高。货架通常由一些尺寸一致的货格组成。进入高仓位的工件通常先装入标准的货箱内，然后再将货箱装入高仓位的

货格中，每个货格存放的工件或货箱的质量一般不超过 1 t，其尺寸大小不超过 1 m³，过大的重型工件因搬运提升困难，一般不存储入自动化仓库中。

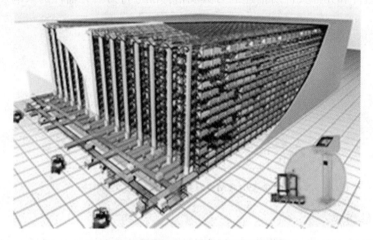

图4-18 典型的自动化立体仓库示意图

立体仓库在计算机控制系统能够利用条形码、二维码或 RFID 等对货箱进行识别，并通过货柜地址编码单元将货箱移进或移出立体仓库。立体仓库的计算机控制单元作为柔性制造系统的子系统，在整个柔性制造控制的作用下工作。

4.3.5 柔性制造系统的刀具管理系统

FMS 所使用的刀具品种多、数量大，所涉及的信息量也很大。例如，我国镗铣类数控机床刀具有 12 大类，45 个品种，674 个规格。一条 FMS 常常有上千把刀具参加工作，每一把进入 FMS 的刀具均需对信息进行管理。为此，FMS 一般配置有专用刀具信息管理系统，专门负责刀具信息的录入、存储、跟踪、查询以及刀具规划等。

FMS 中的刀具信息可分为静态信息和动态信息。所谓静态信息是为加工过程中固定不变的刀具信息，如刀具类型、属性、编码、几何结构参数等。动态信息是指在使用过程中不断变化的刀具参数，如刀具寿命、工作直径和长度以及其他刀具动态参数等，这类信息反映了刀具所使用的时间长短、磨损量大小，直接影响着工件的加工精度和表面质量。

不同的刀具管理系统有各自的结构组成和功能特点。图4-19 所示的某刀具管理系统将刀具信息分为四个不同的层次，每个层次由若干数据文件组成：第一层为刀具实时动态数据文件，每一把在线刀具都有一个相应的动态文件，记载着该刀具的实时动态数据，包括刀具几何尺寸、工作直径及长度、实际参与切削时间等；第二层为刀具静态数据文件，提供每一类刀具的结构组成及其结构参数，它既表示 FMS 中所存在的刀具，又表示可以利用相关刀具组件和元件进行刀具的组装；第三层为刀具组件文件，记载各种刀具组件参数，如刀柄组件、夹紧组件等；第四层为刀具元件文件，为各个刀具元件参数。

这种四层结构的刀具管理系统，为刀具的装配、调试、动态管理、生产调度计划以及物料的采购与订货管理等均可提供有价值的信息和资料。例如，生产调度人员可根据刀具实时动态文件，了解 FMS 当前参与工作的刀具类型、位置分布及使用寿命，合理地进行生产的管理和调度；刀具装配调试人员可根据刀具类型文件组装和调试系统所需要的刀具；采购供应人员可根据组件和元件文件所描述的刀具规格标准进行刀具元器件的采购。

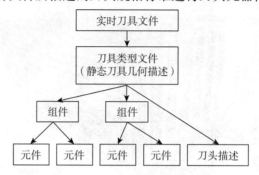

图 4-19　FMS 刀具管理系统层次结构

1. 刀具运储组成

一个典型 FMS 刀具运储通常由刀具预调站、刀具装卸站、刀库系统、刀具运载交换装置以及刀具管理系统组成。刀具预调站是供刀具组装和调试所用，一般设置在 FMS 之外；刀具装卸站是刀具进出 FMS 的门户，多为排架式结构；FMS 刀库系统包括机床刀库和中央刀库，机床刀库存放该机床当前所需用刀具，而中央刀库是各加工单元的共享刀具，容量较大，往往有数百把甚至上千把刀具；刀具运载交换装置是负责在刀具装卸站、中央刀库、各机床刀具库之间进行刀具输运和交换的工具。

刀具运储主要职能是负责刀具的输运、存储和管理，适时地向加工单元提供所需的刀具，监控管理刀具的使用，及时取走已报废或刀具寿命已耗尽的刀具，在保证正常生产的同时，最大限度地降低刀具成本。其作业过程如下。

（1）新刀具组装及调试。新刀具在进入 FMS 之前，首先由人工将刀具与标准刀柄、刀套等进行组装，然后在刀具预调站由人工通过对刀仪对刀具进行调试和检测，并将刀具相关参数输入 FMS 刀具管理系统。

（2）新刀具进入系统。将预调好的刀具放入刀具装卸站排架上，这是刀具进入 FMS 的临时存储点。

（3）新刀具转运至中央刀具库待用。刀具运载交换装置根据系统指令将新刀具从刀具装卸站转运至中央刀具库储存，以供各加工机床调用。

（4）加工机床调用。根据系统工艺规划要求，刀具运载交换装置从中央刀库中将所需刀具取出，送至相应加工机床刀具库，以便新刀具参与切削加工。

（5）取回不用或已磨损报废刀具。若系统检测发现某刀具需要刃磨或报废以及暂时不再使用，将由刀具运载交换装置将该刀具从加工机床刀具库取出，送回至中央刀库，或直接送至刀具装卸站退出 FMS。

2. 刀具运载交换装置

FMS 刀具运载通常由换刀机器人或刀具运载小车完成，负责在刀具装卸站、中央刀库以及各加工机床之间进行刀具的输运和交换。

换刀机器人有地轨式和天轨式结构。若地面空间允许，尽可能采用地轨式换刀机器人。若地面空间狭小，可采用天轨式换刀机器人，它由纵向行走的横梁、横向移动的滑台以及垂直升降的机械手组成，一般平行于加工机床和中央刀库布置，以方便刀具的运送和交换。

刀具运载小车与工件输运小车结构类似，只是刀具运载小车往往设置有一个小型装载刀架，可容纳 5~20 把刀具，某些刀具运载小车还附设有小型机器人，当小车到达某目标位置时，由该小型机器人负责刀具的交换，如图 4-20 所示。

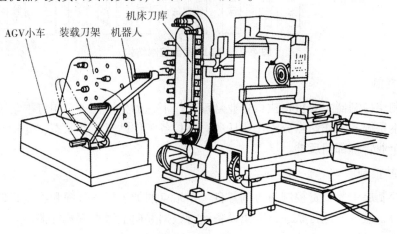

图4-20 刀具运载小车

4.3.6 柔性制造系统的控制系统

控制系统包括加工过程控制系统和加工过程监控系统。加工过程控制系统起到对整个加工系统和物流系统的作业进行协调、控制和管理的功能。加工过程监控系统依靠实时监控技术及装置，对加工和运输过程中动态变化的信息进行自动检测、处理、判断和反馈控制，提高机床和柔性制造系统的可靠性及生产效率，改善和保障加工质量，降低废品率和成本。

控制系统的结构组织形式很多，但一般多采用群控方式的递阶形式。第一级主要是各个工艺设备的计算机数控装置，实现各加工过程的控制；第二级为群控计算机，负责把来自第三级计算机的生产计划和数控指令等信息，分配给第一级中有关设备的数控装置，同时把它们的运转状况信息上报给上级计算机；第三级是 FMS 的主计算机（控制计算机），其功能是制订生产作业计划，实施 FMS 运行状态的管理及各种数据的管理；第四级是全厂的管理计算机。

FMS 控制系统是 FMS 的大脑和神经中枢，负担着 FMS 加工过程的控制、调度、监控和管理等任务，由计算机、可编程序逻辑控制器、通信网络、数据库和相关控制与管理软件组成。FMS 控制系统控制内容多，信息处理量最大，为了便于系统的设计和维护，提高系统的可靠性，一般采用单元控制层、工作站控制层和设备控制层三层递阶控制结构，如图 4-21 所示。

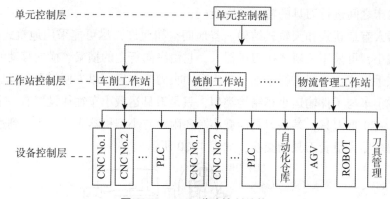

图4-21 FMS 递阶控制结构

1. 单元控制层

单元控制层控制器主要负责执行企业管理部门下达的生产任务，制订本系统生产作业计划，实时为本系统各工作站点分配作业任务，监控各工作站点工作状态，并将本系统的实时状态信息向企业管理部门反馈。

2. 工作站控制层

工作站控制层主要负责控制与协调各自工作站点的加工任务分配和物流管理，控制站点内设备的运行，监控其运行状态，采集设备运行数据并向上级控制器反馈。

3. 设备控制层

设备控制层是由加工机床、搬运机器人、AGV 小车、自动化仓库等现场设备的 CNC 和 PLC 控制元件组成，直接负责控制各类加工设备和物料系统的自动工作循环，接收和执行上级系统的控制指令，并向上级系统反馈现场运行数据和控制信息。

在 FMS 多层递阶控制结构中，每层信息流都是双向流动的，越往底层其控制的实时性要求越高，而处理的信息量则越少；越到上层其处理的信息量越大，而对实时性要求则越低。这种 FMS 控制结构，各控制层信息处理相对独立，易于实现模块化，局部增、删、扩展容易，拓展了系统的开放性和可维护性。

4.3.7 柔性制造在汽车领域的应用

近几十年来，柔性制造技术不断地渗透到汽车制造行业中，广受众多厂家欢迎，在汽车零部件制造业尤为突出。柔性制造系统有效解决了生产效率和柔性之间的矛盾，是企业生产制造的好帮手。

链接4-6
智能汽车生产线

1）柔性制造技术逐渐进入整体工厂阶段

我国工业制造发展至今经历了"工业 1.0——机械制造""工业 2.0——流水线、批量生产，标准化""工业 3.0——高度自动化，无人/少人化生产"和"工业 4.0——网络化生产，虚实融合"等阶段。从传统制造走向大规模个性化定制，由集中式控制向分散式增强型控制的基本模式的转变，要求建立一个高度灵活的个性化、数字化和高度一体化的产品与服务生产体系。汽车整车及零部件制造业要实现个性化产品的高效率、批量化生产，必需综合兼顾物料供应协同、工序协同、生产节拍协同、产品智能输送等诸多环节，围绕智能制造技术的一体化整厂设计是"智慧工厂"建设的必然选择，也是实现"工业4.0"的重要基础和保障。

宝沃：中德智造示范工厂

作为"德国制造"的一个代表，宝沃汽车实现了"工业4.0"智能工厂的部署，以及先进的智能制造体系。如图4-22所示，宝沃智能工厂采用全球先进的八车型柔性化生产线，在具备强大灵活生产性能的同时可实现多车型共线生产，并打造个性定制化车型的生产及开发，集冲压、焊装、涂装、总装、检测和物流六大工艺流程于一身。

图4-22　中德智造示范工厂

宝沃的柔性化生产拥有17种颜色系统，可实现汽油、混合动力、纯电动等左右舵车型生产，并且其柔性制造可实现自行优化整体网络，同时自行适应实时环境变化及客户个性化需求。整个车间拥有先进的自动化技术，近550台机器人完成冲压、传输、车身点焊、油漆喷涂等过程的作业。通过智能化生产体系，物联网化的生产设施，最终实现企业供应链、制造等环节数据化、智慧化，以及达到高效生产及满足个性化需求的目的。

在质量管控方面，宝沃智能工厂在德国DIN、VDA严苛的质量标准下，开发了BQMS宝沃质量管理系统：通过18道在线控制点、34道质量控制点、16个质量门、1 075项整车检验，运用自动化、信息化技术和云平台，实现整车质量保证体系数字化，并在智能物流方面实现了大规模个性化定制生产，订单交付周期最短23天。

2）智能自动化柔性生产技术

随着科学技术的发展，消费者以及社会对产品功能与质量的要求越来越高，产品更新换代的周期越来越短，产品的复杂程度也随之提高。为了提高制造业的柔性与效率，在保证产品质量的前提下，缩短产品生产周期、降低产品成本，智能自动化柔性生产线在行业内得到

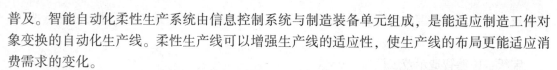

普及。智能自动化柔性生产系统由信息控制系统与制造装备单元组成，是能适应制造工件对象变换的自动化生产线。柔性生产线可以增强生产线的适应性，使生产线的布局更能适应消费需求的变化。

小鹏汽车肇庆工厂：下车身柔性智能焊装线

如图 4-23 所示，小鹏汽车肇庆工厂采用 40JPH 多车型下车身柔性智能焊装生产线，整线有 105 台机器人，每 76 s 生产一个下车身总成，6 车型混线生产。包含工艺伺服点焊、搬运、SPR、弧焊等形式，工位间采用机器人搬运+往复杆输送，机器人料箱内采用视觉抓取，无须外部光源，抓取时采用高速视觉系统解决工件位置定位问题，扫描匹配速度 4 s（识别 1 s），视觉的形式可满足多车型共线生产的柔性化生产需求，配有涂胶视觉自动检测

链接 4-7
小鹏汽车的
自动化工厂

系统，采用夹具库形式进行多车型切换，整线柔性化高、自动化水平高，实现了焊装车间全流程自动化作业。

图 4-23　下车身柔性智能焊装线

3）智能自动化系统控制软件技术和信息技术

智能自动化系统控制软件技术是实现智能化的核心所在，它利用信息技术，通过现场设备总线、现场控制总线、工业以太网、现场无线通信、数据识别处理设备以及其他数据传输设备，将智能自动化装备的各个子系统连接起来，使生产流程进一步由自动化提升到智能化，使智能自动化生产线从本质上实现安全生产、柔性制造。

法士特：智能系统控制技术

如图 4-24 所示，法士特在生产线上引入模块化的理念，实现了控制器、气动门等部件的标准化运作和生产线的灵活运用。将工业自动控制、通信、智能机器人、定扭紧固、信息控制、测试等多项技术结合应用，多工位实现自动化装配。与此同时，法士特还不断推进云端技术，将所有智能机器人和生产线数据进行网络监控和管理，实现后台操作、

调整机器人工况数据，还可进行跨厂之间的信息对比。投入使用后，线上工作人员从 17 人减少到 7 人，从每天最多生产 450 套产品提升至现在的 750 套；不仅生产效率大幅提高，产品一致性也得到进一步保证。此外，投入使用后，一次装箱合格率提高 3%，装配线产能提高 25%，占地面积节约 27%，有效降低工人的劳动强度，大幅提升了产品装配自动化和智能化水平。

图 4-24 智能系统控制技术

4）协作机器人的普及化

随着智能自动化生产线系统行业的持续发展与优化升级，关键环节的协作机器人应用将得到进一步的提高。业内数据统计表明，近几年协作机器人的应用取得了爆发式的增长。这些新推出的协作机器人具有轻巧、廉价的特点，结合了先进的视觉技术，将为生产工作提供更多感知功能。

广汽传祺：智能协作机器人

如图 4-25 所示，广汽传祺杭州工厂秉承"工业 4.0"的智能制造理念，冲压车间采用全自动伺服高速生产线及直线 7 轴高速机器人，实现了深拉延、高品质、高柔性、低噪环保的完美结合；焊装车间首次采用 CO_2 机器人自动弧焊工艺，配备全球领先的机器人及机器视觉 AI 技术，可实现高精度、多车型柔性共线生产；涂装车间采用世界领先的 Ro-Dip 360 度翻转前处理电泳线，壁挂式机器人喷涂系统采用紧凑型两道色漆绿色环保喷涂技术，充分体现传祺的"绿色工厂"理念；总装车间采用 L 型布局，自主设计底盘自动合装设备，实现玻璃自动涂胶、安装及座椅自动抓取安装等技术，构建了具备世界水平的广汽传祺标杆工厂。

图 4-25　广汽传祺智能协作机器人

5）VR 虚拟与现实应用

采用 VR 技术来实现虚拟装配，以发现研发阶段出现的问题。借助 VR 设备，设计人员可以对零件进行预装配，以观测未来实际装配效果。此外，数据眼镜可以对看到的零件进行分析并及时发现缺陷与问题。

奥迪：颠覆传统的汽车工厂

奥迪一直将科技作为产品的卖点，这一次奥迪将科技发挥到了极致，为我们描绘出一座未来汽车工厂——奥迪智能工厂，如图 4-26 所示。在这座工厂中，我们熟悉的生产线消失不见，零件运输由自动驾驶小车甚至是无人机完成，3D 打印技术也得到普及。零件物流是保障整个工厂高效生产的关键，在奥迪智能工厂中，零件物流运输全部由无人驾驶系统完成。转移物资的叉车也实现自动驾驶，实现真正的自动化工厂。在物料运输方面不仅有无人驾驶小车参与，无人机也将发挥重要作用。

奥迪智能工厂借助 VR 技术来实现虚拟装配，以发现研发阶段出现的问题。借助 VR 设备，设计人员可以对零件进行预装配，以观测未来实际装配效果。此外，数据眼镜可以对看到的零件进行分析，这套设备类似装配辅助系统，发现缺陷与问题。数据眼镜可以对员工或者工程师进行针对性支持。

在奥迪智能工厂中，3D 打印技术将得到普及，到时候汽车上的大部分零件都可以通过3D 打印技术得到。目前用粉末塑料制造物体的 3D 打印机已经被制造出来，下一阶段发展的是 3D 金属打印机。奥迪专门设计了金属打印实验室，对此技术进行研发。

图 4-26　奥迪智能工厂

4.4　自动检测与监控技术

4.4.1　传感技术基础

　　传感器（Sensor）技术是现代信息技术的三大核心技术之一，现被列为 21 世纪尖端科学的重要组成部分。它同计算机技术与通信技术一起被称为信息技术的三大支柱。从仿生学观点，如果把计算机看成处理和识别信息的"大脑"，把通信系统看成传递信息的"神经系统"的话，那么传感器就是"感觉器官"。缺少传感器对系统状态和信息精确而可靠的自动检测，系统的信息处理、控制决策等功能就无法实现。传感技术是关于从自然信源获取信息，并对之进行处理（变换）和识别的一门多学科交叉的现代科学与工程技术，它涉及传感器（又称换能器）、信息处理和识别的规划设计、开发、制造、测试、应用及评价改进等活动。传感技术是进行控制和测量的基础，是实现各种自动化的前提，一直受到广大科技工作者的高度重视。传感技术已成为重要的现代科技领域，传感器及其系统生产已成为重要的新兴行业。传感器是将物理、化学、生物等自然科学和机械、土木、化工等工程技术中的非电信号转换成电信号的换能器，相应的英文单词为 Sensor 或 Transducer。按照信息论的凸性定理，传感器的功能与品质决定了传感系统获取自然信息的信息量和信息质量，是高品质传感技术系统构造的第一个关键。信息处理包括信号的预处理、后置处理、特征提取与选择等。识别的主要任务是对经过处理信息进行辨识与分类，它利用被识别（或诊断）对象与特征信息间的关联关系模型对输入的特征信息集进行辨识、比较、分类和判断。因此，传感技术是遵循信息论和系统论的。

从物联网角度看，传感技术是衡量一个国家信息化程度的重要标志。传感技术攻关的目标是：提高传统传感技术等级、可靠性和可应用性水平，增强竞争力；积极创新系统，开发新产品，缩小差距，支持和促进我国先进制造技术的发展，振兴制造业。

1. 发展现状

无论是国内还是国外，与计算机技术和数字控制技术相比，传感技术的发展都相对落后。从 20 世纪 80 年代起才开始重视和投资传感技术的研究开发或将其列为重点攻关项目，不少先进的成果仍停留在研究实验阶段，转化率比较低。

我国从 20 世纪 60 年代开始传感技术的研究与开发，经过从"六五"到"九五"的国家攻关，在传感器研究开发、设计、制造、可靠性改进等方面获得长足的进步，初步形成了传感器研究、开发、生产和应用的体系，并在数控机床攻关中取得了一批可喜的、为世界瞩目的发明专利、工况监控系统或仪器等成果。但从总体上讲，我国的传感技术水平还不能适应经济与科技的迅速发展，不少传感器、信号处理和识别系统仍然依赖进口。同时，我国传感技术产品的市场竞争力优势尚未形成，产品的改进与革新速度慢，生产与应用系统的创新与改进少。

2. 发展趋势

1）传感技术发展的主要趋势

（1）强调传感技术系统的系统性和传感器、处理与识别的协调发展，突破传感器同信息处理与识别技术与系统的研究、开发、生产、应用和改进分离的体制，按照信息论与系统论，应用工程的方法，同计算机技术和通信技术协同发展。

（2）突出创新。传感技术的发展强调以下几方面的创新。

利用新的理论、新的效应研究开发工程和科技发展迫切需求的多种新型传感器和传感技术系统，侧重传感器与传感技术硬件系统与元器件的微小型化。利用集成电路微小型化的经验，从传感技术硬件系统的微小型化中提高其可靠性、质量、处理速度和生产率，降低成本，节约资源与能源，减少对环境的污染。这种充分利用已有微细加工技术与装置的做法已经取得巨大的效益，极大地增强了市场竞争力，例如：20 世纪 80 年代进口一套 AE 传感器及其预处理硬件的成本已被降至原来的百分之几到千分之几，使我国经"七五"和"八五"攻关的产品化系统处于无力竞争的地位。后者采用独创的宽带高精度 AE 传感器和厚膜集成电路预处理硬件，但其成本仍比国外先进的产品高数倍到数十倍。在微小型化中，为世界各国注目的是纳米技术。

集成化。进行硬件与软件两方面的集成，具体包括：传感器阵列的集成和多功能、多传感参数的复合传感器（如汽车用的油量、酒精检测和发动机工作性能的复合传感器），传感系统硬件的集成（如信息处理与传感器的集成，传感器、处理单元、识别单元的集成等），硬件与软件的集成，数据集成与融合等。

（3）研究与开发特殊环境（指高温、高压、水下、腐蚀和辐射等环境）下的传感器与传感技术系统。这类传感器及传感技术系统常常是我国缺少的一类高新传感技术和产品。

（4）对一般工业用途、农业和服务业用的量大面广的传感技术系统，侧重解决如何提高可靠性、可利用性和大幅度降低成本的问题，以适应工农业与服务业的发展，保证这种低技术产品的市场竞争力和市场份额。

（5）彻底改变重研究开发、轻应用与改进的局面，实行需求驱动的全过程、全寿命研究开发、生产、使用和改进的系统工程。

（6）智能化。侧重传感信号的处理和识别技术、方法和装置同自校准、自诊断、自学习、自决策、自适应和自组织等人工智能技术结合，发展支持智能制造、智能机器和智能制造系统的智能传感技术系统。

2）工况监视技术的现状与发展趋势

工况监视主要指对机器装备故障、系统运行过程与过程质量缺陷、刀具/砂轮和工件的工况的监测与控制。

预测工况监视用传感检测技术系统的主要发展趋势如下：

（1）提高系统的可靠性和灵敏度；

（2）侧重发展智能传感技术；

（3）强调改进和提高力/力矩、功率/电流、振动、声振（合声发射与超声及语音）、温度、光视及触针传感系统，使它们有尽可能高的可靠性、灵敏度和可应用性，以适应21世纪工业应用的要求；

（4）强调发展信号处理战略、程序和识别技术，提高硬/软件的集成度和系统的识别速度、精度和动态特性（鲁棒性等）；

（5）发展多传感器数据集成与融合的研究开发，以提高对缺陷和故障的识别精度、可靠性，降低成本，提高系统可应用性。

3）自动化装配对传感技术的研究开发趋势

（1）对现有自动化装配与机器人装配用的传感技术的改进与革新。主要针对：力、触觉、视觉、光学、机械触针、位置传感和顺应装置用应力等传感器与尺寸传感技术系统，提高其可靠性、通用性。

（2）开发新型传感器，如印制电路板装配用的非接触式温度传感器、超声传感器等。

（3）研究开发先进领域用的传感技术系统，如以微机电器件复杂装配等为代表的微型装配（Microassembly）用传感系统，微型控制用的加速度传感器、压电执行器和小型化CCD及其集成等。

（4）特别要重视声振传感技术的研究开发。

（5）开发数据集成、融合与人工智能传感技术，如机器手腕/手指用的多感知传感集成，多个超声与力传感器的组合，高精度零件识别与分类、质量检测与控制用传感技术系统。

（6）研究开发大型易变形件加工、装配用传感技术系统。

（7）改变研究开发战略，把主要在研究中心（院、所）用的过程高技术传感技术与系统转向工业一线过程控制用。

4.4.2　检测与监控系统的组成

检测是制造过程自动化不可或缺的组成部分，是通过不同的检测工具或自动化检测装置，检测产品的尺寸偏差，监控制造系统的生产过程，为产品的质量保证和制造系统安全稳定地运行提供保障。

机械制造过程的检测与监控系统是由一个个基本检测单元组成，每个检测单元包含传感器、前置处理器、数据采集接口和信号特征判别提取模块等组成部分，如图 4-27 所示。传感器和前置处理器包括声光报警器、控制器工作电源等。

图 4-27　检测与监控系统

1. 传感器

传感器是检测与监控系统最基本的组成元件，通常安装于制造系统相关设备上，用于获取所需的制造系统状态信息。根据检测对象的不同，可选用不同类型的传感器，通过这些传感器将制造系统在运行过程中的各类动态信息转换为连续变化的电流或电压信号。

2. 前置处理器

通常传感器所检测的信号比较微弱，且夹杂较多的噪声和干扰信号，需要对之进行放大、滤波及整形处理。前置处理器即为一种对传感信号进行放大和滤波的预处理器，它可将传感器信号进行放大，通过高通、低通、带通或数字式等滤波器去除或抑制信号中的干扰噪声，为后续的信息处理过程提供足够能量和信噪比高的信号源。

3. 数据采集接口

数据采集接口是信息处理器的输入元件，其接口电路与信息处理器的地址总线、控制总线和数据总线相连接，担负端口寻址和数据采集等任务。所谓数据采集即为模数（A/D）转换过程，是将传感器获得的电流或电压信号，经采样、量化处理后转换为离散的数字信号。模拟信号的采样过程应服从香农采样定理，即采样频率大于或等于被采样信号最高频率的两倍，以避免原始信号的丢失或混叠现象。

4. 信号特征判别提取模块

传感器所检测的信号往往是制造系统运行过程中众多信息的综合反映，信号特征判别提取模块即从这些信息源中判别提取能够反映系统状态的有用特征值，判断制造系统是否正常工作，用以作为系统调节和控制的依据。目前，已有较多信息分析处理技术可用于制造系统状态特征的判别和提取，既包括统计分析、时域分析、频域分析、时频分析、功率谱分析等常规分析方法，又包括神经网络、模糊分析、遗传算法等先进智能分析方法。

4.4.3 自动化加工系统中检测与监控

检测与监控系统的功能是保证自动化制造系统的正常运行和加工质量。为维护系统正常工作，并在最佳工作状态下连续不断地生产出合格产品，必须时刻对其运行状态进行监控，通过检测与系统运行状态有关的信息，将其反馈给中央计算机或者控制器，同预先设定的有关参数进行比较，并根据结果做出判断，给出有关的控制、调整信息。

概括起来说，检测与监控系统的功能与作用包括以下几个方面：

（1）确保整个系统按照设定的操作顺序运行；

（2）确保系统生产出的产品符合质量要求；

（3）防止由于系统各组成部分的异常或过程失误引起事故；

（4）监测及分析系统运行状态的发展趋势；

（5）对出现的故障进行分析和诊断。

在制造系统自动化中，所涉及的信息十分广泛。根据所测信号的物理对象和用途的不同，所涉及的主要信息包括以下几个方面：原材料、毛坯、零部件等的检测，工位状况的检测、加工及装配过程的检测，设备工作状况的检测，材料、零件传送中的检测，产品设备试验中的自动检测，整个系统的监视，环境参数的检测与监控，系统的故障诊断与故障统计，保证工作人员安全的监测等。

根据检测信息的物理含义的不同，机械制造系统自动化中所涉及的信号有如下分类。

（1）热工量方面：温度、流量、热量、真空度、比热等。

（2）电工量方面：电压、电流、功率、电荷、频率、电阻、阻抗、磁场强度等。

（3）机械量方面：几何尺寸（位移、角度）、速度、加速度、应力、力矩、质量、振动、噪声、不平衡量、质量参数（粗糙度、垂直度、平面度等）、外形、计数等。

（4）成分量方面：气体、液体的各化学成分含量、浓度、密度、体积分数（比重）等。

1. 自动化加工系统的检测与监控系统的分类

自动化加工系统的检测与监控系统从功能角度可分为系统运行状态检测与监控和加工过程检测与监控。系统运行状态检测与监控功能主要是检测与收集自动化制造系统各基本组成部分（如物流、信息流及系统安全监视）与系统运行状态有关的信息，把这些信息处理后，传送给监控计算机，对异常情况做出相应的处理，保证系统的正常运行。自动化加工系统的检测与监控功能主要是对零件加工精度的检测和加工过程的刀具磨损和破坏情况的检测和监控。图4-28为检测与监控系统的结构图。

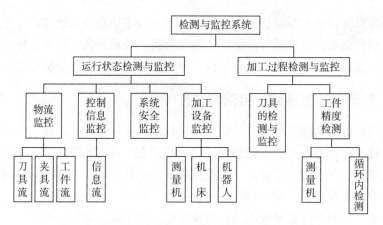

图 4-28　检测与监控系统的结构图

2. 检测与监控系统的工作原理

检测与监控系统主要由传感器、信号处理、模型和决策等模块组成，传感器用于检测加工中某个物理量和机械量的变化，信号处理包括进行数据采集、A/D 转换信号放大及滤波等。模型表示监控对象与检测信号的关系，如某个数学方程。模型有固定模型、自适应模型和自学习模型等。决策是依据模型对状态信息做出正常或异常的判断。图 4-29 为检测与监控系统的基本组成与工作原理。

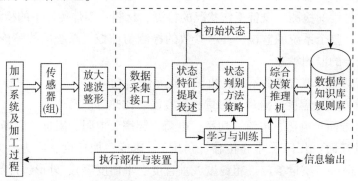

图 4-29　检测与监控系统的基本组成与工作原理

在自动化机械系统运行过程中，为了检测设备和生产过程的运行状况，要在设备及其辅助设备装置的选定部位安装上相应的传感器，来检测机械设备和生产过程的运行状况信息。由于传感器输出的信号复制往往很小，且带有很多噪声和干扰信号，需要对信号进行放大、滤波甚至整形等处理；经预处理之后的信号输入计算机数据采集接口，进行模数转换等，将信号转化为计算机能够接受的格式。由于计算机输入的信号是多种因素综合考虑的结果，难以直接用于被检测对象的状态识别，所以计算机根据要求，采用相应的信号处理方式从信号中提取能够表征被测对象状态变化的特征值。状态判别模块根据相应的判别策略和方法，对输入的状态特征值进行处理，得出被检测项目的状态，最后交给推理机，推理机根据系统初始状态及相关的知识和数据，做出最后决策，并将处理的结果和有关信息上报给系统管理计算机，如果需要对系统进行反馈和调整，则向执行机构发出控制指令和相关参数。

3. 检测与监控系统所涉及的检测与监控软件

自动化制造系统的检测与监控软件包括以下四部分。

（1）数据采集软件：如刀具磨损信号、系统安全信息、工件加工安全精度信号及系统状态信号的采集。

（2）分析处理诊断软件：如系统数据模块、诊断知识库模块、状态信息分析处理、结果显示报警等模块。

（3）图形监控软件：如图形库模块、动画实现模块、接受编译模块、图形报警模块等。

（4）服务管理软件：如屏幕管理分级菜单、系统状态自检查、中断管理模块及中断服务模块。

4. 检测与监控系统的主要性能指标

1）精确度

精确度表示测量结果与被测量真值接近的程度，其指标常用极限误差与满量程之比的百分数表示。

2）灵敏度

定义为检测系统在稳定状态下单位输入变化量与所引起的输出变化量的比值。

3）分辨力

定义为检测系统指示值可以响应或分辨的最小输入量的变化，它表示系统响应或分辨输入量微小变化的能力。

4）线性度

定义为系统输出量与输入量之间的关系曲线与选定的工作直线偏离的程度。

5）漂移

检测系统在保持输入信号不变时，输出信号随时间（或温度）缓慢地变化称为漂移，随时间的漂移称为时漂，随温度的漂移称为温漂。

6）可靠性

可靠性是指在规定工作条件下和工作时间内，检测系统保持原有技术性能的能力。

7）响应时间

检测系统的响应时间定义为当系统输入阶跃信号时，系统输出从一个稳态值到另一个稳态值（有时取其90%）所需要的时间。

本章小结

本章首先介绍了制造自动化技术的内涵，阐述了工业机器人技术的应用，列举出柔性制造系统，着重分析了柔性制造系统的体系结构，分析了柔性制造在汽车领域的应用，介绍了传感器技术及自动化加工系统中的检测应用。本章重点是制造自动化技术内涵、工业机器人概念，以及柔性制造系统的体系结构。

制造自动化技术的发展可分为刚性自动化、柔性自动化、综合自动化以及智能自动化几个发展阶段。学好本章内容需要多看参考资料，对应用有更全面的认识。除此之外，工业机器人技术可以参考工业机器人实操及编程等技术。

思考题与习题 ▶▶ ▶

4-1 简述制造自动化技术的内涵。

4-2 简述制造自动化技术的发展历程。

4-3 简述制造自动化技术的发展趋势。

4-4 简述工业机器人技术的内涵。

4-5 工业机器人的组成包括哪些?

4-6 工业机器人控制系统通常包括哪些?

4-7 简述工业机器人的应用。

4-8 什么是柔性制造技术? 柔性制造技术特点有哪些?

4-9 简述柔性制造技术的规模。

4-10 简述柔性制造技术的发展趋势。

4-11 柔性制造系统的刀具运储组成有哪些?

4-12 简述传感技术的发展趋势。

4-13 自动检测系统组成包括哪些?

4-14 自动检测系统中的每个检测单元的组成部分有哪些?

4-15 简述检测与监控系统的功能与作用。

第 5 章
现代制造企业的信息管理技术

1. 了解制造业信息化及企业管理信息化产生的背景以及国内外的发展情况，深入思考两化融合在制造强国中的作用。

2. 熟悉企业资源计划（ERP），供应链管理（SCM），产品数据管理（PDM），制造执行系统（MES）的功能、原理及应用。

3. 掌握现代企业管理系统的基本组成及信息平台，会用相关信息技术对企业进行管理。

5.1 概　述

5.1.1 制造信息及其特点

制造业，就是指按照市场要求，将能源、物料、设备等通过加工与制造，转化为人类需要的工业产品以及工具装备的行业。按生产流程的职能和流向，制造系统中存在着物质流、信息流和能量流三大主流，如图 5-1 所示。

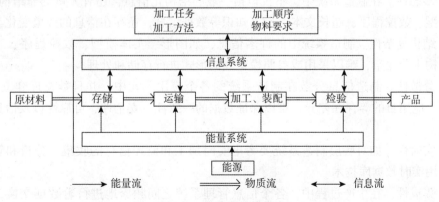

图 5-1　制造系统的组成

"技术是制造的智慧"，制造技术是科学技术物化的基础，现代制造系统是由多学科综合集成的复杂系统。现代制造系统工程学体系结构如图 5-2 所示。科技是第一生产力，信息流已成为制造技术发展最活跃的驱动因素。当前企业间的竞争已从生产规模和资本转向快速获取信息和运用信息的能力，其主要表现是利用信息技术（IT）和互联网技术实现企业的信息化，在信息技术支持下实现企业的先进制造战略，从而使物质、知识、资本以及信息等资源得到最优利用。

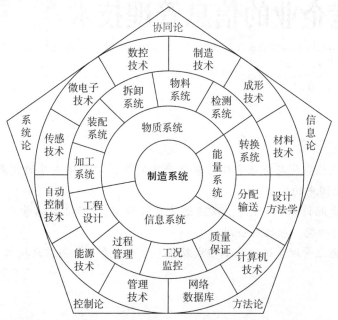

图 5-2　现代制造系统工程学体系结构

制造过程中的制造信息分为设计信息和制造信息，设计信息是指设计人员设计出的具体产品的几何尺寸信息、几何公差信息、表面结构信息，以及几何形体物理信息（如强度、刚度、硬度等）。制造过程就是实现设计信息所描述的产品的过程制造信息，包括制造资源配置以及对制造资源的控制信息，通常表现为加工工艺规程、装配工艺规程等工艺文件。制造信息具有以下特点。

（1）多态性。在制造系统中，不仅包括一般的结构化信息，还有大量的非结构化信息，如实体模型、数控程序、超长文本、专家知识等数据信息，还存在信息的频繁变化与交换。

（2）结构复杂性。制造系统中的许多信息，如图形、实体模型、数控程序、工艺文件等信息结构十分复杂，难以采用或参照模型表的形式进行存储和处理。

（3）分散性。制造信息分散在制造系统的各个应用单元中，并且数据库建立的时间、系统环境、应用目的等存在差异，难以保证数据的一致性、安全性、可靠性以及信息转换和通信。

（4）实时性。如对底层制造系统要考虑实时加工和监控信息的收集、分析和管理，这就要求采用实时数据库技术。

（5）集成性。在生产过程中，各个信息管理系统之间频繁地进行着数据交换，为了实现信息的共享，减少信息的冗余，要求采用统一集成的信息平台。

产品设计和制造过程设计都是信息的处理过程。产品设计过程是把功能和性能要求映射为产品设计信息，制造过程则是把产品设计信息映射为制造过程控制信息。设计信息决定制造信息，是产生制造信息的输入；制造是产品设计的物化过程，制造信息又会制约设计信息，产品设计时必须考虑可制造性。设计信息和制造信息之间具有交互性和统一性。设计和制造的最终目的是生产出能够满足顾客需求的产品。

拓展与思考

看完以下材料，请思考未来智能制造还会有哪些重大变革。

链接5-1
智能制造

5.1.2　制造业信息化的内涵

在传统制造企业中，信息的产生、传递、复制和存储主要依赖于图纸、文件、报表和各种会议，信息传递缓慢，经常中断，不能形成连续的信息流，导致管理层次多、机构重叠，上传下达易出错，各级人员相互推卸责任，工作效率低，而且成本高。

制造业信息化是指将信息化技术与制造技术、现代管理技术、自动化技术等进行有效结合，通过对企业产品的设计、试验、生产、管理等全部过程的信息化（采集、传递、加工、处理、应用），使企业经营管理全生命周期活动中的人、财、物等资源在产、供、销各环节达到优化配置，实现"物流、能量流、信息流和资金流"的集成化管理，从而减少开发时间（T）和成本（C），提高企业的产品（P）、质量（Q）、服务（S）、环境清洁（E）和知识含量（K）。

制造业信息化是一项复杂的系统工程，它的内涵主要体现在以下几点。

（1）信息化的产品设计、试验仿真、工艺设计、数控加工、柔性制造以及快速成形等。

（2）信息化的营销和管理，主要涉及信息管理系统（MIS）、制造资源规划（MRPⅡ）、产品数据管理（PDM）和企业资源计划（ERP）等技术。

（3）制造仿真、虚拟制造和虚拟样机。

（4）基于 Internet 和局域网的网络制造、电子化制造（E-manufacturing）。

（5）智能制造或无人工厂。

（6）虚拟企业和供应链、企业动态联盟。

（7）制造工程数据库及决策支持系统（DSS）。

5.1.3　企业管理及其信息化的内涵

1. 企业管理的内涵

企业管理是指为了适应企业内外部环境变化，对企业的资源进行有效配置和利用，最终达到企业既定目标的动态创造性过程。对制造业来说，人力资源、财务资源和物资资源等三大类资源的信息需要进行管理。这三大类资源信息不仅数量大，而且有异构特点，如果没有成熟、可靠的计算信息处理系统，是很难对其进行管理的。因此，企业管理必须实现信息化。

2. 企业信息化的内涵

企业信息化是指信息技术在企业产品开发设计、生产、管理、商务及办公等领域的全方位应用，即运用信息技术对企业的各种生产经营活动进行全方位的改造，充分开发利用企业的人、财、物等资源及企业内外信息资源，降低生产和管理成本，提高经济效益。企业信息化也就是应用先进的管理思想和方法，以计算机和网络技术为手段，整合企业现有的生产、经营、设计、制造和管理，为企业的决策提供及时、准确和有效的数据信息，以便对顾客要求做出快速反应。企业信息化的本质是加强企业的核心竞争力。

3. 企业信息化的特征

企业信息化是一个动态发展的过程，它主要表现出以下六个方面的特征。

（1）企业信息化的本质特征：企业核心业务的运作过程就是企业的主导流程，这是企业信息化改造的重点。同时，企业各级员工要在心理上和行动中全部投入信息化建设进程，成为信息化的主导力量，企业信息化必须以人为本。

（2）企业信息化的形态特征：在产品设计、工艺过程控制与零件加工、事务处理、供应链管理与辅助决策等领域广泛应用计算机，实现设计自动化、生产自动化、办公自动化、决策辅助自动化和电子商务自动化。

（3）企业信息化的过程特征：企业信息化是从基层班组级计算机联网、部门联网、企业联网、产业链联网不断发展的，具有连续发展的阶段性特征。企业信息化实施必须根据自身需要抓重点，分层次、分阶段地推进，建设和投资也不可能一步到位。

（4）企业信息化的效益隐性特征：应用信息技术对企业的信息资源进行深度开发和广泛利用，从整体上提高企业生产能力和管理水平，但其效益在当前难以定量评估。

（5）企业信息化的内部关联性特征：保持技术创新和体制创新相互促进、有机融合，实施企业改革与业务流程重组，实现组织结构扁平化，建立现代企业制度，将从体制上为信息技术的深耕创造条件。

（6）企业信息化的外部关联性特征：企业信息化有赖于国民经济和社会信息化环境的形成，有赖于社会信息网络的不断进步和企业所处产业链上下游企业信息化的不断完善。

5.1.4 企业信息管理技术体系

企业信息化是一项人机合一、软硬一体、虚实结合的系统工程。企业信息化的目的是要实现企业生产过程的自动化、管理方式的网络化、决策支持的智能化以及商务运营的电子化。为了实现上述目的，目前已有多种企业信息管理技术和系统推向了市场。按管理层次可将企业信息管理技术分为四个层次，如表5-1所示。

表5-1 企业信息管理技术体系

名称	技术和系统	说明
经营管理层	DSS、OA MRP/MRPⅡ/ERP	DSS为企业决策支持系统；OA为办公自动化系统；MRP/MRPⅡ/ERP为企业运营管理信息系统
开发设计层	CAD/CAE/CAPP/CAM PDM	CAD/CAE/CAPP/CAM是设计数字化、信息化的基本工具；PDM是对产品相关设计信息和设计过程管理与集成的软件平台
加工制造层	PLC、CNC、DNC、DCS MES	PLC、CNC、DNC、DCS为数控机床、加工中心、柔性制造单元/系统的基本控制单元，也是实现制造自动化、数字化及柔性化的基本技术；MES为服务于车间层的制造执行系统
商务流通层	SCM、CRM、EC	通过供应链管理SCM、客户关系管理CRM以及电子商务EC等信息管理技术，可实现企业内外资源的集成

1. 经营管理层

主要有企业决策支持系统（DSS）、物料需求计划（MRP）、制造资源计划（MRPⅡ）、企业资源计划（ERP）等各类信息管理系统。这类系统作用于企业领导决策层以及相关的职能管理部门，是辅助企业经营决策、制订企业管理业务流程、提供企业经营管理的方法和工具。

2. 开发设计层

主要有CAD/CAE/CAPP/CAM等辅助企业产品设计和制造的各种软件工具系统，其功能包含产品的结构设计、工程分析、工艺设计和数控加工编程等。利用产品信息数字化及虚拟化技术，可对产品结构、产品性能以及产品制造过程进行动态模拟和仿真，极大地提高了产品开发设计的效率和质量。PDM是一种管理所有与产品相关的信息和过程的技术，可将CAD/CAE/CAPP/CAM等应用系统进行有效的集成，使产品数据在各个应用系统中实现共享。

3. 加工制造层

本层位于企业制造环境的底层，是直接完成制造活动的基本环节，通过PLC、CNC、DNC、DCS、MES等基本控制单元及相关技术，实现数控机床、加工中心、柔性制造单元/系统等加工设备的自动化、数字化和柔性化，实现优质、高效、低成本的生产。

4. 商务流通层

流通层的信息管理技术是借助于企业内部和外部网络以及公共互联网将企业内部的生产管理和外部的供应、销售信息整合在一起。供应链管理（SCM）通过网络及相关信息技术来整合企业和供应商的业务交易和信息流程，以提高企业采购效率；客户关系管理（CRM）则利用信息技术来收集、处理和分析客户信息，以便更好地满足客户的需求；电子商务（EC）技术的发展为整合企业内部的管理和外部的供应、销售提供了新的手段。

企业信息化涉及产品开发、生产和营销过程价值链，它改变了制造商、供应商和客户的单向过程，以及金钱、货物的单纯交易关系。现代企业信息化体系如图5-3所示，通过供应链管理（SCM）使得供应商可以参与产品的制造和运输；通过客户关系管理（CRM）和产品生命周期管理（PLM）使得客户能够参与所购买产品的设计和制造过程，便于企业为客户解决产品的使用、维护和废弃处理中的各种问题。

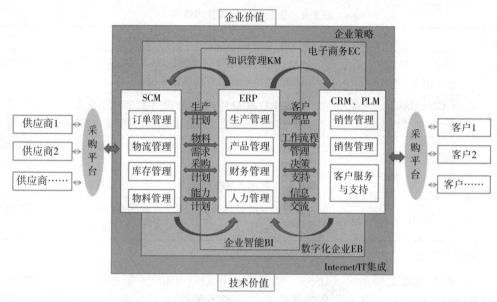

图 5-3　现代企业信息化体系

5.1.5　工业化和信息化的融合

进入 21 世纪，面对信息化带来的难得机遇与挑战，党的十六大提出"要坚持以信息化带动工业化，以工业化促进信息化，走出一条科技含量高、经济效益好、资源消耗低、环境污染少、人力资源优势得到充分发挥的工业化路子。"此后，在国家信息化工作领导小组的统一部署下，我国信息化建设不断提高，走出了一条中国特色的新型工业化道路。

信息化是工业化的加速器，企业要发展必须优先建设信息化。战略上要棋先一步，战术上要棋先十步。将信息技术应用越早、信息化水平越高的企业，在同行业竞争中越占据优势。企业在产品设计、生产过程中加速实现自动化、数字化、网络化、智能化、可视化，能够达到成本清晰透明，质量可控可溯，极大地提高生产效率，降低生产成本，为企业永续发展注入不懈动力。

工业化是信息化的基础，要发展信息化必须依靠工业化提高物质保障。电脑、手机、互联网、物联网等信息技术产品都需要工业化大生产才能变成现实。与此同时，制造业在生产过程中，要实现自动化、数字化、网络化、智能化和可视化等，这些先进技术为信息技术的发展和应用提供了大舞台，为信息技术的发展带来持久需求。

因此，信息化和工业化两者的发展相辅相成，缺一不可。只有实现信息化和工业化的"两化"融合发展，才能实现产能双翼齐飞。工业化、信息化及"两化"融合的比较如表5-2所示。

表 5-2　工业化、信息化及"两化"融合的比较

项目	工业化	信息化	"两化"融合
功能	手的延伸——机器	脑的延伸——电脑	手脑的延伸——硬、软件
发展基础	农业化	工业化	工业化+信息化

项目	工业化	信息化	"两化"融合
发展动力	资本是第一推动力	技术为主要动力	可持续发展
发展手段	竞争	竞争+合作	社会、经济、环境协调
管理模式	物质生产——流水线 信息传递——垂直方向	信息传输——网络化	数字化

目前以信息化为主要特征的"第三次工业革命"正在推动全球制造业的转型升级，推进工业化与信息化深度融合，成为中国新型四化的重要标志。党的十八大提出了"两化"深度融合的新目标，其具体是指信息化与工业化在更大的范围、更细的行业、更广的领域、更高的层次、更深的应用、更多的智能方面实现彼此交融。《中国制造2025》提出加快推动新一代信息技术与制造技术融合发展，把智能制造作为"两化"深度融合的主攻方向，并明确提出"两化"融合的发展目标，如表5-3所示。2017年，《信息化和工业化融合管理体系要求》（GB/T 23001—2017）正式实施，全国信息化和工业化融合管理标准化技术委员会成立。

表5-3　"两化"融合的发展目标

指标	2013 年	2015 年	2020 年	2025 年
宽带普及率/%	37	50	70	82
数字化研发设计工具普及率/%	52	58	72	84
关键工序数控化率/%	27	33	50	64

"十三五"期间，我国工业化和信息化融合步入深化应用、变革创新、引领转型的快速发展轨道，全国两化融合发展结构实现由"金字塔形"升级为中间高、两端低的"纺锤形"结构，工业互联网创新发展、制造业数字化转型、新模式新业态培育等方面均取得显著进展。两化融合总体水平迈上新台阶。截至2019年，达到集成提升以上阶段的企业比例已增至22.8%。同时，融合发展重心由"深化局部应用"转向"突破全面集成"，区域、行业间发展均衡性大幅提升，大中小企业发展日趋协调。

工业互联网从概念普及走向实践深耕。全国具有一定区域和行业影响力的工业互联网平台超过70个，连接工业设备达4 000万台套，工业APP突破25万个，工业互联网平台服务工业企业近40万家。

制造业数字化转型全面推进。"十三五"以来，制造业创新中心、智能制造、绿色制造等工程加速推进，截至2020年6月，全国应用两化融合管理体系标准企业突破2.8万家，企业数字化研发设计工具普及率达71.5%，关键工序数控化率达51.1%，数字化转型成为各行业广泛共识，信息技术加速在全流程、全产业链渗透融合和集成应用，制造业核心竞争能力持续提升。

融合创新新模式新业态持续涌现。"十三五"以来，数字化管理、智能化生产、网络化协同等新模式加快普及，工业电子商务、制造业"双创"等新业态蓬勃发展，促进工业发展方式、增长动力转折性变化。截至2020年6月，全国工业电子商务普及率达63%，制造业重点行业骨干企业"双创"平台普及率超过84%。

拓展与思考

看完以下材料，请思考隆基智能工厂有哪些先进之处。

链接 5-2　　　　　　　　　　链接 5-3
隆基智能化光伏组件工厂　　　隆基智能工厂

5.2　企业资源计划

5.2.1　企业资源计划的发展历程

企业资源计划（Enterprise Resource Planning，ERP）的发展历程与计算机信息技术的发展紧密相关。如表 5-4 所示，企业资源计划大体经历了订货点法、物料需求计划 MRP、闭环 MRP、制造资源计划 MRP Ⅱ、ERP、ERP Ⅱ几个发展阶段。

表 5-4　企业资源计划的发展历程

时间	发展阶段	理论依据	信息技术
20 世纪 40 年代	订货点法	库存管理理论	集成电路
20 世纪 60 年代	物料需求计划 MRP	主生产计划；BOM	集成电路计算机
20 世纪 70 年代	闭环 MRP	能力需求计划；车间作业计划；计划、实施、反馈与控制	大规模集成电路计算机
20 世纪 80 年代	制造资源计划 MRP Ⅱ	决策支持系统 DSS；系统仿真技术；物流管理技术	关系数据库；PC
20 世纪 90 年代	ERP	事前控制；混合生产；供应链管理；及时生产 JIT；敏捷制造 AM	供应链管理；智能计算机
21 世纪	ERP Ⅱ	产业链；客户关系管理；智能化	电子商务；网络通信

1. 订货点法

20 世纪 40 年代订货点法开始提出，并运用于企业的库存计划管理中。订货点法指的是：对生产中需要的各种物料，根据生产需要量及其供应和存储条件，规定一个安全库存及订货点库存，如图 5-4 所示。当库存量降低到某一预先设定的点（订货点库存量）时，即发出订货单来补充库存。直至库存量降低到安全库存时，发出的订单所定购的物料（产品）刚好到达仓库，补充前一时期的消耗。订货点法也称为安全库存法，从订货单发出到所订货物收到这一段时间称为订货提前期。

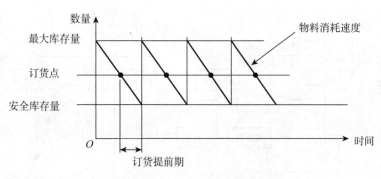

图5-4　订货点法

订货点法根据历史记录和经验确定安全库存，以保证物料的供应，适用于消耗较为稳定的大批量生产的企业库存物料的管理。但订货点法也具有一定的局限性。例如，某种物料库存量虽然降低到了订货点，但是可能在近一段时间企业没有收到新的订单，暂时可以不用考虑补货。故此订货点法也会造成一些较多的库存积压和资金占用。

2. 物料需求计划

20世纪60年代，随着商用小型计算机的出现，电子数据的处理技术开始应用于企业的管理领域，随着数据库技术的发展，出现物料需求计划（Material Requirements Planning，MRP）等。物料需求计划又称基本MRP，是针对订货点法的缺陷，于20世纪70年代初发展起来的一种新的生产管理技术。MRP的基本指导思想是在需要的时间、向需要的部门、按照需要的数量提供所需的物料。当物料短缺影响到整个生产计划时，必须迅速及时地提供物料；当由于生产计划的延迟而推迟物料需求时，物料的供应也随之相应地被延迟。MRP的目标是在为顾客提供最好服务的同时，最大限度地减少库存，以降低库存成本。

基本MRP与订货点法相比，做了以下改进。

（1）通过不同物料需求之间的相互匹配关系，使各种物料的库存趋于合理。

（2）把物料需求分为独立需求和相关需求。独立需求的需求量和时间通常由预测和客户订单等外在因素决定；而相关需求的需求量和时间则与企业内部生产计划相关。

（3）把时间分段概念引入物料的库存状态。时间分段就是给物料的库存状态数据加上时间坐标，即按照具体日期或计划时段记录和储存状态数据，如图5-5所示。

MRP的基本原理是：根据主生产计划（Main Production Scheduling，MPS），推算所有零部件和原材料的需求量，并根据现有库存状态和生产或采购过程所需的提前期，最终确定具体物料的生产或采购时间及其数量。MRP的基本原理框图如图5-6所示。

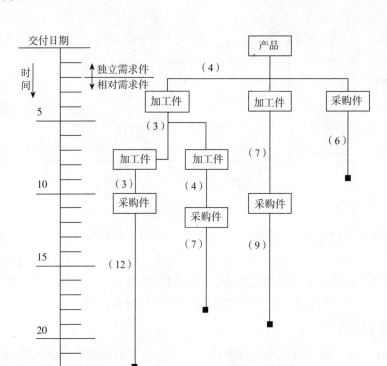

图 5-5　引入时间概念的产品结构模型图

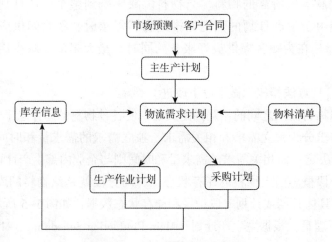

图 5-6　MRP 的基本原理框图

3. 闭环 MRP

基本 MRP 是一个开环系统，建立在企业生产能力无限大（包括人员、资金、设备等）、采购能力无限大的基础之上，而未能考虑物料需求计划的可行性，缺少对完成计划所需的各种资源进行计划和保证的功能，不能对计划实施的情况进行反馈和调整。

20 世纪 70 年代，通过对 MRP 改进，提出了闭环 MRP 系统。如图 5-7 所示，闭环 MRP 中的闭环有两层含义：一是指把生产能力需求、车间作业计划和采购计划模块纳入 MRP，形成一个闭环系统；二是在计划执行过程中，根据来自车间生产、供应商的反馈信息可对生产计划进行调整和平衡，从而使生产过程中各个组成单元能够得到协调和统一。闭环 MRP 的作业过程是"计划-实施-评价-反馈-计划"不断反馈的过程。

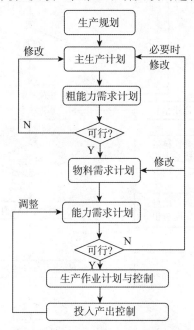

图 5-7　闭环 MRP 的基本原理框图

拓展与思考

看完以下材料，请思考企业管理如何推广优选法和统筹法。

链接 5-4
数学家华罗庚在企业推广优选法和统筹法

---

4. 制造资源计划

20 世纪 80 年代，随着信息技术应用的不断深入，强调信息技术在企业生产资源全面管理中的应用，如制造资源计划（Manufacturing Resources Planning），通常称为 MRP Ⅱ，MRP Ⅱ是将闭环 MRP 与企业的财务系统结合起来，形成一个集计划、物流、财务、销售、供应等各个子系统为一体的企业管理信息系统。

1）MRP Ⅱ的结构组成

MRP Ⅱ的基本原理框图如图 5-8 所示，MRP Ⅱ把企业作为一个有机整体，通过科学管理方法将企业内的各种资源和产、供、销、财各个环节构成了一个一体化的闭环企业管理信息系统。总体上可将之分为计划控制、物流管理和财务管理三大子系统。

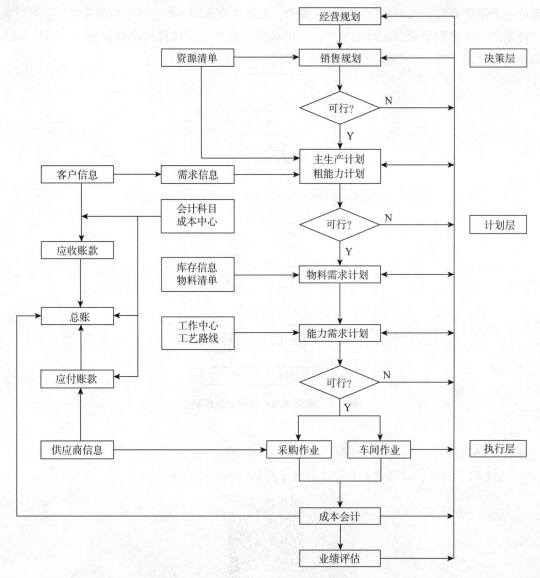

图 5-8　MRPⅡ的基本原理框图

（1）计划控制子系统：包括生产规划、主生产计划、物料需求计划、能力需求计划、生产作业计划、采购计划等各种企业生产管理计划。该子系统按照市场预测和用户订单编制企业生产规划和主生产计划，由主生产计划、物料清单和库存状态编制物料需求计划，并据此计划安排原材料、外购件的采购和零部件的生产，以期将原材料、在制品以及产成品数量控制在最优的水平。此外，根据所制订的物料需求计划结果对生产能力进行核算平衡，并调整主生产计划，尽量维持生产过程的平衡。

（2）物流管理子系统：包括库存管理、物料采购供应、产品销售管理等。物流管理子系统向采购、销售和库房管理部门提供了灵活的日常业务处理功能，并能自动将物料执行信息反馈给生产计划部门和财务部门。

（3）财务管理子系统：负责对各类往来账目和日常发生的货币支付账目进行管理和处

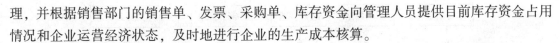

理，并根据销售部门的销售单、发票、采购单、库存资金向管理人员提供目前库存资金占用情况和企业运营经济状态，及时地进行企业的生产成本核算。

2）MRP Ⅱ 的基本思想

MRP Ⅱ 以市场为导向，加强对企业赖以生存的外部信息管理，强化客户订单的管理和市场需求预测管理，形成一个面向市场的决策支持模式；以企业计划调度为重点，通过合理的计划和计划执行的有效控制，提高生产率，缩短生产周期，降低库存及在制品，均衡生产，按时交货，最终获得高额利润；以物料需求为核心，通过继承和强化 MRP 的物料需求计划功能，抓住企业经营中物料需求这一变化最快、最影响生产的环节，合理安排生产和采购，有效控制库存和在制品；以车间作业计划为基础，根据主生产计划控制车间作业计划，使车间生产处于存活状态，保证企业资源有效和合理的使用。

MRP Ⅱ 将经营、财务与生产系统相结合，涵盖了企业生产活动中的设备、物料、资金等多种资源，不仅能对生产过程进行有效的管理和控制，还能对整个企业计划的经济效益进行模拟，这对企业高层管理人员进行经营管理和辅助决策具有重大意义。

MRP Ⅱ 是一个以制造业为中心，集成企业所有内部资源的企业管理信息系统。随着市场竞争空间进一步扩大，制造业的时空不断扩大，产品管理包括从规划到报废全生命周期的全部活动（时间轴扩大），企业经营活动从企业内部扩大到多个企业之间，甚至扩展为全球化企业动态联盟（空间轴扩大），MRP Ⅱ 的局限性也日益突出。

5.2.2　企业资源计划的组成及其主要功能

20 世纪 90 年代以来，在个人计算机、网络通信技术、C/S 及 B/S 体系结构及分布式数据处理技术发展的推动下，面向企业内部资源的 MRP Ⅱ 逐步发展成为面向企业内、外资源的企业资源计划（ERP）。

ERP 在 MRP Ⅱ 基础上进行了改进，摆脱了 MRP Ⅱ 以企业自身为中心的管理模式，而将客户放在了系统的主导地位。ERP 支持企业在世界范围内拥有多个工厂，企业零部件和原材料可来源于全球各地，企业产品可在全球分销，它打破了原有企业的壁垒，把企业信息集成的范围扩大到企业上下游的整个供应链。

1. ERP 结构框架及功能特点

1）ERP 结构框架

ERP 的结构框架如图 5-9 所示，它将所属企业的内部划分成几个相互协同作业的支持子系统，如财务、市场营销、生产制造、质量控制、服务维护、人力资源等。这些子系统紧密联系、相互配合、及时平衡，可对供应链上所有环节进行有效管理和控制。这些环节包括订单、采购、库存、计划、生产制造、质量控制、运输、分销、服务维护、财务管理、人事管理、项目管理等，可将企业所有的制造场所、营销系统、财务系统紧密结合在一起，实现全球范围内的多工厂、多地点的跨国经营运作。

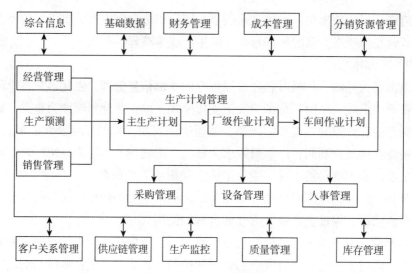

图 5-9 ERP 的结构框架

2）ERP 的功能特点

ERP 是一种现代企业管理的思想与模式，从总体上看，它具有以下的功能特点。

（1）以供应链管理为核心。ERP 在 MRPⅡ 基础上扩展了管理范围，把客户需求和企业内部的制造活动以及供应商的制造资源整合在一起，形成一个完整的供应链，并对供应链上的所有环节进行有效的管理，形成了以供应链为核心的 ERP 管理系统。ERP 适应企业在知识经济时代的激烈竞争市场环境中生存与发展的需要，可给有关企业带来显著的效益。

（2）以客户关系管理为支撑。在以当前客户为中心的市场经济时代，企业关注的焦点逐渐由过去关注产品转移到关注客户关系上来。ERP 系统在以供应链管理核心的基础上，增加了客户关系的管理，将着重解决企业业务活动的自动化和流程的改进，这些工作努力在市场营销、客户服务和客户支持等与客户直接打交道的前台完成。

（3）强调信息的沟通。借助于通信技术和网络技术，ERP 系统能够对企业的物流、资金流和信息流进行全面集成管理，保证上级管理部门及时掌握情况，下情上达获得作为决策基础的准确信息。

（4）支持混合方式的制造环境。ERP 既可支持离散型生产制造环境，又可支持流程型制造环境，按照面向对象的业务模型组合业务过程和国际范围内的应用。

（5）以人为本的竞争机制。ERP 的管理思想要求在企业内部建立以人为本的竞争机制，给员工制订评价标准，并以此对员工进行奖励，调动每个员工的积极性和最大潜能。

（6）信息技术先进。ERP 系统采用最新的信息技术，全面整合企业内外资源，支持 Internet/Intranet、电子商务、电子数据交换和跨平台互动等工作模式。

2. ERPⅡ 的提出及其内涵

进入 21 世纪，网络经济和知识经济为我们带来了前所未有的机遇和挑战，世界市场统一化，市场从短缺经济演变为过剩经济。传统 ERP 所倡导的定型、规范、严格的结构性管理已经难以适应顾客需求的多样化和个性化，产品的生命周期日益缩短，市场价格的透明化，企业的组织变化加快，顾客的质量和服务意识的觉醒，世界各国推行"可持续发展"战略等。企业要在激烈竞争中继续生存，必须做到：产品更新换代加快、质量更好、成本更低、服务越来越好、对环保充分重视。

为了有效地实现企业间的协同管理和适应网络经济时代的新要求，2000年美国Gartner Group咨询集团公司提出了ERPⅡ的概念，并将之定义为：通过支持和优化企业内部和企业之间的业务过程来创造客户和股东价值的一种商务战略，也是一套面向具体行业领域的应用系统。

ERPⅡ是在ERP基础上的提升和拓展，它采用一种新型商业管理战略与开放的应用架构，以支持全球化的业务处理要求，能够支持、整合和优化企业内部以及企业之间的商务处理、协作运营和财务运作流程，从而将客户以及股东的价值得到增值优化。ERP功能的发展历程如图5-10所示。

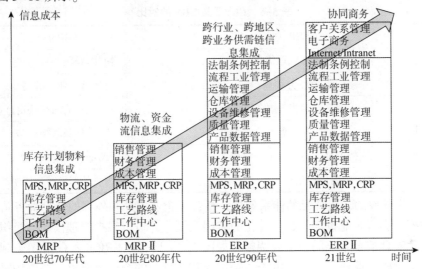

图5-10　ERP功能的发展历程

对比ERP，ERPⅡ新增的管理主要包括对客户管理的任务、对股东管理的任务和对合作企业管理的任务，电子商务和新一代网络技术等。ERPⅡ对企业管理提出了更高的要求，它不仅要求企业能够优化配置企业内部的各种资源，而且把供货商、客户、股东都当成独立的交易实体进行处理，因此供货商、客户、制造企业等可以作为交易对象来获取其中的资源。

1）ERPⅡ的基本特征

（1）应用角色多。ERPⅡ不仅服务于企业内部资源的优化和业务处理，而且还利用企业联盟间协作运营的资源信息，参与整条价值链或电子商务的资源规划，并使整条价值链得到最优。

（2）应用领域广。ERPⅡ的领域已经扩展到非制造业，如金融、政府部门、服务性行业、高科技企业等，而ERP侧重于制造业和分销商。

（3）系统功能强。ERPⅡ的功能不仅包括传统的制造、分销和财务部分，还包括那些针对特定行业或行业段业务所要求的功能，如设备维护、工程项目管理、工厂设计等。

（4）系统流程开放。从注重企业流程管理发展到外部联结。

（5）系统结构开放。传统的ERP系统是封闭的单一整体，而ERPⅡ系统是基于Web、面向对象、可扩展的完全组件式的开放式系统。

（6）系统数据处理方法不同。与ERP系统将所有数据存储在企业内部不同，ERPⅡ面向的是分布在整个协作商务社区的业务数据。存储在企业内部的数据通过 Internet 进行发布，以便整个协作商务社区内能使用同样的信息。

从 ERPⅡ的特征可以看出，ERPⅡ除了结构与 ERP 不同外，其他特征均为 ERP 的延伸和拓展。ERPⅡ更注重"协作商务"，强调未来的企业应注重行业、专业的深度分工和企业间的交流，而不仅仅是企业业务流程的管理。因此，ERPⅡ的系统结构应该是开放的、动态的、集成的和组件式的。

2）ERPⅡ与 ERP 的区别

从技术层面分析，ERPⅡ对传统的 ERP 在作用、领域、功能、过程、构架、数据等各方面进行了扩展，如表 5-5 所示。

表 5-5　ERPⅡ与 ERP 的对比

项目	ERP	ERPⅡ
作用	企业内部管理优化	协作运营、协作商务
领域	制造业/分销商	所有行业、部门
功能	制造、销售、财务	跨行业、行业间和特定行业
过程	内部业务	外部联结
架构	支持 Web、封闭、单一整体	基于 Web、开放式、组件化
数据	内部产生和使用	内、外部发布和使用

ERPⅡ采用开放的、组件化的体系架构，整合了企业内部和外部的全部商务流程，支持企业动态建模，支持企业按需构建个性化的应用系统，并可以根据管理模式、组织结构、业务流程的变化实现信息系统的自适应调整，如图 5-11 所示。ERPⅡ不仅适用于制造业，还能有效地满足金融、商业、物流、电子、轻工等其他行业的个性化要求，能够满足网络经济时代电子商务的发展需求。

图 5-11　ERPⅡ的应用

2017 年中国 ERP 软件应用行业分布如图 5-12 所示。随着信息技术的不断发展，ERP 正与物联网、云技术、人工智能等新技术融合，企业业务能力（EBC）、物联网 ERP、i-ERP、云智慧 ERP、NERP、数字 ERP 等下一代 ERP 正呼之欲出。

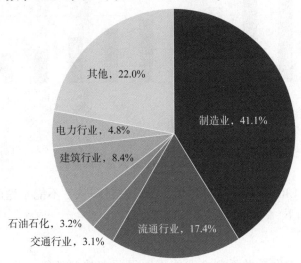

图 5-12　2017 年中国 ERP 软件应用行业分布

5.2.3　企业资源计划的实施流程

据统计，中国 ERP 软件市场规模由 2011 年 97 亿元增长到 2020 年的 346 亿元，年复合增长率为 15.0%，如图 5-13 所示。中国作为全球的制造业中心，但目前 ERP 在中国制造业的普及率仅为 41%，所以中国企业 ERP 市场潜力巨大，业界预测 2022 年，中国 ERP 软件市场规模将达到 410 亿元。

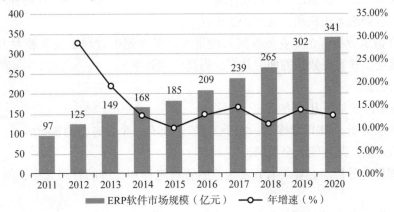

图 5-13　2013—2019 年中国 ERP 软件发展

ERP 系统是一个具有投资大、周期长、系统复杂和高风险等特点的企业管理系统工程。实施 ERP 系统能够给企业带来高效益，但也存在高风险。据德国 SAP 公司和德勤公司评估，在国际上 ERP 实施成功率不到 20%，制约 ERP 实施效果的原因如图 5-14 所示。

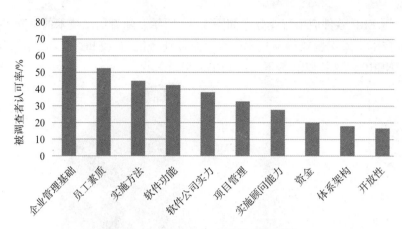

图 5-14　制约 ERP 实施效果的原因

因此，企业引入 ERP 系统一定要谨慎，不可盲目跟从，不能半途而废、虎头蛇尾。典型的 ERP 实施过程如下。

1. 前期工作

ERP 实施的前期工作是关系到企业能否取得预期效益的第一步，在这个阶段的工作如下。

1）需求调研分析

大量的研究与实践表明，ERP 在我国应用的成败并不仅取决于技术、资金、网络、应用软件和软件实施，更取决于企业自身的主体意识。所以，要针对企业的实际情况进行需求调研分析，明确企业对 ERP 项目实施成果的期望和目标，包括以下两点。

（1）外部竞争压力分析。知识经济时代，企业间竞争日益激烈，产品更新换代的速度加快。企业仅靠产品、价格已无法长期保持竞争优势，如不适时引入先进的管理模式，将会在竞争中处于劣势而无法获利，甚至无法生存。

（2）内在需求分析。企业业务数据处理量大，引入先进管理系统能够大大提高数据处理速度和准确度，并实现数据的即时共享，提高管理效率。

2）可行性分析

可行性分析涉及如下几个方面。

（1）管理层分析。ERP 号称"一把手工程"，要有一个强有力的领导班子，决策者要锐意改革，开拓进取，并且能顾全大局。

（2）管理思想分析。企业要有扎实规范的管理规程和先进的管理思想，能适应 ERP 应用的要求。

（3）技术和人员基础分析。企业应具备一定的技术设备和人员配备，各级人员应有较高的文化素质并掌握一定的操作技能。

（4）资金状况分析。引入和实施 ERP 系统需要企业有大量的资金进行长期投入，而初期可能得不到立竿见影的收益，企业实施过程中不可因资金短缺而半途而废。

3）项目总体安排

经过需求分析和可行性分析，明确企业为配合项目能采取的措施和投资的资源之后，在企业内部成立完善的三级组织机构：领导小组、项目实施小组和职能小组。通过决策者和组织机构的科学决策，对 ERP 实施的时间、进度、人员做出总体安排，制订项目总体计划。

4）项目授权

企业要选择合适的咨询公司，签订项目合同，明确双方职责，并对咨询公司进行 ERP 项目管理的授权。

2. 项目选型

这个阶段的目的主要是为企业选择合适的软件系统和硬件平台。选型对企业来说至关重要，要从多个候选供应商中精挑细选。目前 ERP 产品比较多，不同企业的规模、产品结构、市场战略、管理模式也存在较大的差异。比如，世界最大的两家 ERP 软件，Oracle 提倡模块化设计，并率先实现所有模块可独立安装，并带有开放接口；SAP 则是坚持软件系统化，功能强大而细致，但常常令人望而生畏，SAP 现在也将部分功能模块化以适应用户。国内品牌中，"南金蝶，北用友"一直占据主导地位。2019 年中国 ERP 市场份额如图 5-15 所示。

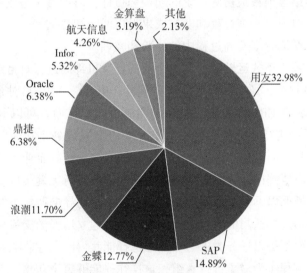

图 5-15　2019 年中国 ERP 市场份额

近年来，一些 ERP 厂商追求规模化，抛弃细分市场需求，转而进行"大而全"的产品研发，华而不实的产品也纷纷用 ERP 的外衣来包装，ERP 被普遍泛化。其危害很大：泛化的 ERP，无法表现出差异化，削弱了 ERP 开发企业自身的竞争力，也导致了企业用户在 ERP 选型时无从下手，造成客户期望越高、失望越高的状况。

企业在选择 ERP 软件的时候，应该着重从企业需求、软件功能的拓展与开放性、二次开发工具及其易用性、完善的软件文档、良好的售后服务与技术支持、系统的稳定性、供应商的实力与信誉、合适的价格等方面进行综合考虑。不必盲目攀比价格和品牌，适合企业需求的才是最好的。

3. 项目计划

确定 ERP 实施的目标、时间、进度、人员、培训、模拟运行、二次开发、预算、风险管控等具体内容，制订项目详细计划。

4. 项目执行

项目执行阶段是实施过程中时间最长的阶段，贯穿 ERP 的模拟测试、系统开发确认和系统转换运行三大步骤。项目执行的好坏与实施的成败息息相关。其主要内容包括：详细计划的执行、时间和成本的控制、项目例会、项目进展报告、实施文档的记录和管理等。

5. 项目评估及更新

本阶段的核心是项目监控，就是利用项目管理工具和技术来衡量和更新项目任务，它同样贯穿 ERP 的模拟测试、系统开发确认和系统转换运行三大步骤。

6. 项目完成

在这个阶段，企业要开展以下工作。

（1）项目验收。结合项目最初对系统的期望和目标，对项目实施成果进行验收。

（2）项目总结。对项目实施过程和实施成果做出回顾和总结。

（3）经验交流。交流分享实施过程中的经验和教训。

（4）正式移交。系统正式运转后，交由企业的计算机部门进行日常维护和技术支援。

在 ERP 实施的过程中，还要做好业务流程重组（BPR）。BPR 是对企业现有业务运行方式的再思考和再设计，在 ERP 项目中，BPR 的实施方式总体而言可以分为两种，一种方法是根据成熟的 ERP 系统进行业务流程再造，即按照 ERP 系统各个功能模块的划分，将企业本身的业务流程进行相应的设计和配置；另一种方法是先设计好企业内部的业务流程，然后根据这些业务中的各职能部门，选择相应的系统模块，再进行无缝集成。

业务流程重组应遵循以下基本原则：必须以企业目标为导向调整组织结构、必须让执行者有决策的权力、必须选择适当的流程进行重组、必须建立通畅的交流渠道、组织结构必须以目标和产出为中心而不是以任务为中心。优先选择能获得阶段性收益或对实现企业战略目标有重要作用的关键流程作为对象进行重组，这样往往能够事半功倍。

▶▶ 5.2.4 ERP 管理软件案例——用友 ERP 管理软件简介

用友网络科技股份有限公司创立于 1988 年，是中国和全球领先的企业与公共组织云服务和软件提供商。用友 U8+经过 20 多年的市场锤炼，以全新 UAP 为平台，为企业提供一整套数智化升级解决方案，构建精细管理、产业链协同、社交化运营为一体的企业互联网经营管理平台。当前，用友公司位居中国企业 ERP 云服务市场第一、企业 APaaS 云服务市场第一、中国企业应用 SaaS 市场占有率第一，是中国企业数智化服务和软件国产化自主创新的主要厂商，在营销、采购、制造、供应链、金融、财务、人力、协同及平台服务等领域为客户提供数字化、智能化、高弹性、安全可信、平台化、生态化、全球化和社会化的企业云服务产品与解决方案。用友 U8+各模块应用功能如表 5-6 所示。

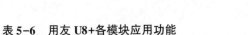

表 5-6　用友 U8+各模块应用功能

模块明细	应用功能
财务管理	总账、出纳管理、应收管理、应付管理、固定资产、UFO 报表、网上银行、网上报销、现金流量表、预算管理、成本管理、项目成本、资金管理、报账中心
集团财务	结算中心、网上结算、集团财务、合并报表、集团预算、行业报表
供应链管理	合同管理、售前分析、销售管理、采购管理、委外管理、库存管理、存货核算、质量管理、进口管理、出口管理、序列号、VMI、售后服务
生产制造	物料清单、主生产计划、需求规划、产能管理、生产订单、车间管理、工序委外、工程变更、设备管理
分销管理	系统管理端：机构设置、基本档案、数据管理、客户化； 机构业务端：订货会业务、销售业务、采购业务、库存业务、应收应付、价格折扣、费用业务、渠道业务、统计查询、基本档案、期末业务； 综合管理端：应收分析、客户分析、销售分析、采购分析、库存分析、价格分析、账套内查询； 客户商务端、供应商自助端、渠道端
零售管理	零售管理端：价格管理、促销管理、VIP 管理、目标管理、店内加工、统计查询； 门店客户端：销售管理、店存管理、店内加工、VIP 管理、储值卡管理、目标管理、日结管理、基础设置、系统管理
人力资源	HR 基础设置、人事管理、薪资管理、计件工资（集体计件）、人事合同、考勤管理、保险福利、招聘管理、培训管理、绩效管理、员工自助、经理自助
决策支持	专家财务评估，商业智能——财务主题、供应链主题、生产制造主题、预算主题、成本主题，运行平台，水晶报表
系统管理与应用集成	内控系统、企业门户、系统管理、远程介入、PDM 接口、金税接口、实施工具、EAI 平台、UAP 平台
MERP	短信通知、短信营销、移动查询、移动审批
即时通信	基本功能：即时消息、联系人管理、联系人搜索、个人状态设置、历史记录、个性化设置； 集成功能：用户集成、单点登录、IM 通知消息、IM 工作流审批

近年来，用友公司构建了全新的商业创新平台——用友 BIP（Business Innovation Platform）。ERP 时代是流程驱动，侧重于企业内部资源计划和经营管理，关注功能和过程；BIP 时代则是数据驱动，关注业务赋能，关注用户体验。从 ERP 到 BIP 将成为行业发展的必然趋势，BIP 让企业云服务随需而用，让数智价值无处不在，让商业创新更加便捷，用友 YonBIP 总架构如图 5-16 和图 5-17 所示。截至 2020 年底，用友网络科技股份有限公司在全球拥有230 多个分支机构和 1 000 多家生态伙伴，入驻云服务产品超过 15 000 个，服务客户超过650 万家。

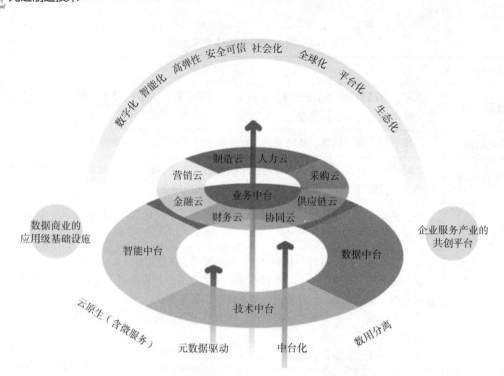

图5-16　用友商业创新平台——YonBIP 总架构图

(图源：用友官网)

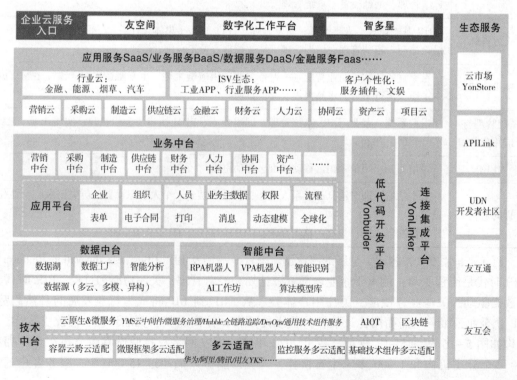

图5-17　用友商业创新平台——YonBIP 服务平台

(图源：用友官网)

如图 5-18 所示，YonBIP 采用 iUAP 作为全新一代商业创新平台的支撑底座，为企业提供了中台化构建能力、多云环境下的混合云开放集成互联互通能力、技术普惠化下的低代码开发和数智能力自助等应用快速构建能力。iUAP 可提供开放共享的生态连接，赋能客户、生态伙伴、社会，共享共创，成就数智企业，推动商业创新。

图 5-18　YonBIP PaaS 平台 iUAP

（图源：用友官网）

拓展与思考

看完用友与 IDC 联合发布的《商业创新平台 BIP 白皮书》，结合以上介绍，请思考用友 ERP 和 BIP 平台各有什么特点。

5.3　供应链管理

5.3.1　供应链管理的概念与产生背景

供应链管理（Supply Chain Management，SCM）是在社会经济全球化，企业经营集团化趋势下提出并形成的。由于市场竞争日益白热化，客户需求多样化，企业逐渐意识到只有从供应商、制造商、客户等多方面共同降低成本，才能增强企业竞争力。自 20 世纪 80 年代以来，企业管理逐渐由"横向一体化"替代了"纵向一体化"的企业经营模式，即把原来由企业自己生产的零部件外包出去，充分利用企业的外部资源。"横向一体化"模式的出现形成了一条从供应商到制造商再到分销商的"供应链"。为了使供应链上的所有加盟企业都能受益，并且使每个企业都有比竞争对手更强的竞争实力，就必须加强对供应链的构成及运作管理方法的研究，由此便形成了"供应链管理"这一新型企业经营与运作模式。

供应链最早来源于德鲁克提出的"经济链"，后经由波特发展成为"价值链"，最终演变为"供应链"。供应链的定义为："围绕核心企业，通过对信息流、物流、资金流的控制，从采购原材料开始，制成中间产品以及最终产品，最后由销售网络把产品送到消费者手中。它是将供应商、制造商、分销商、零售商、用户连成一个整体的功能网链模式。"

企业运作的供应链不仅是条连接供应商到用户的物料链、信息链、资金链，同时更为重要的是它也是一条价值链。因为物料在供应链上进行了加工、包装、运输等过程而增加了其价值，从而给这条链上的相关企业带来了收益。这一点很关键，它是维系这条供应链赖以存在的基础。如果没有创造额外的价值，即增值，相关企业没有得到应有的回报，这条链就难以为继了。

供应链的概念是从扩大生产（Extended Production）的概念发展而来的，它将企业的生产活动进行了前伸和后延。供应链通过计划、获得、存储、分销、服务等一系列活动，在顾客和供应商之间形成的一种衔接（Interface）链，从而使企业能够满足内外部顾客的需求。供应链的发展从初期的企业内部供应链，发展为集成供应链，其包含企业部供应链，以及围绕核心企业包括上游的供应商、下游的客户的供应链。

随着信息技术的发展和产业不确定性的增加，今天的企业间关系日趋网络化。人们对供应链的认识也从线性的单链转向非线性的网链，供应链的概念更加注重围绕核心企业的网链关系，即核心企业与供应商、供应商的供应商等一切向前关系，以及与用户、用户的用户等一切向后的关系。供应链的概念已经不同于传统的销售链，它跨越了企业界限，从全局和整体的角度考虑产品经营的竞争力，从一种运作工具上升为一种管理方法体系和管理思维模式。

供应链管理就是协调企业内外资源来共同满足消费者需求，当我们把供应链上各环节的企业看作一个虚拟企业同盟，而把任一个企业看作这个虚拟企业同盟中的一个部门，同盟的内部管理就是供应链管理。只不过同盟的组成是动态的，根据市场需要随时在发生变化。

5.3.2 供应链管理的体系结构

1. 供应链的基本要素

一般来说，供应链由供应商、制造厂商、分销商、零售企业和消费者等基本要素构成。其中，供应商是为制造厂商提供原材料或零部件的企业；制造厂商是具体负责产品生产制造的企业，也是供应链中的核心环节，担负产品的设计开发、生产制造和售后服务等功能任务；分销商是指把产品从制造商那里承接下来，并送到经营范围每一角落而设置的商品流通代理性企业；零售企业是将产品销售给消费者的企业；消费者是供应链的最后环节，也是整条供应链上唯一的收入来源。

2. 供应链流程

由图 5-19 可以看出，企业的运行过程是包括物流、商业流、信息流、资金流在内的复杂的循环过程。

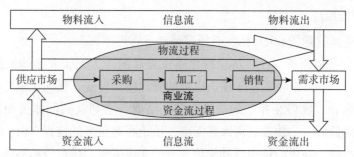

图 5-19 企业运行流程图

（1）物流是指物资或商品在供应链中的流通过程。该流程的流动方向是由供应商经由制造商、分销商、零售商，最终流向消费者。由于长期以来企业经营理论都是围绕着产品实物展开的，因此物流得到人们的普遍重视，许多物流理论均涉及如何使物流在最短时间以最低的成本将货物发送出去。

（2）商业流是指商品买卖的流通过程，包括接受订货、签订合同等商品交易的流程。该流程的方向是在供应商与消费者之间双向流动。当前，商业流形式趋于多元化，既有传统的店铺销售、上门销售等线下交易方式，又有通过互联网新兴媒体进行购物的线上交易形式。

（3）信息流是指商品交易的信息流程。该流程也在供应商与消费者之间双向流动。过去人们往往把注意点放在看得到的实物上，供应链中的信息流往往被忽视。

（4）资金流是指供应链中的货币流通。为了保障企业的正常运作，必须确保资金的及时回收，否则企业就无法建立完善的经营体系。该流程的方向是由消费者经由零售商、分销商、制造商等指向供应商。

5.3.3 供应链管理的原理

1. 供应链管理的概念

所谓供应链管理，就是以市场和客户需求为导向，本着共赢的原则，以提高竞争力、市场占有率、客户满意度，获取最大利润为目标，以协同商务、协同竞争为商业运作模式，运用现代企业管理技术、信息技术和集成技术，达到对整个供应链上的信息流、物流、资金流和商业流的有效规划和控制。

简单地说，供应链管理就是应用集成和协同的方法，优化和改进供应链活动，满足客户的需求，最终提高供应链的整体竞争能力。供应链管理的实质就是将顾客所需的正确产品能够在正确的时间，按照正确的数量、正确的质量和正确的状态送到正确的地点，即"6R 原则"，并使总成本最低。

供应链管理是一种集成的管理思想和方法，它执行供应链中从供应商到最终用户的物流的计划和控制等职能。从单一的企业角度来看，是指企业通过改善上、下游供应链关系，整合和优化供应链中的信息流、物流、资金流，以获得企业的竞争优势。供应链管理是企业的有效性管理，表现了企业在战略和战术上对企业整个作业流程的优化，其整合并优化了供应商、制造商、零售商的业务效率，使商品以"6R 原则"满足客户需求。

2. 供应链管理原理

若要实现供应链管理的 6R 目标，必须遵循如下管理原理。

（1）资源横向集成原理。在经济全球化迅速发展的今天，企业必须放弃传统的基于纵向思维的管理模式，朝着新型的基于横向思维的管理模式转变，横向集成外部相关企业的资源，形成"强强联合，优势互补"的战略联盟，结成一个利益共同体去参与市场竞争，以提高服务质量，降低成本，快速响应顾客需求，给予顾客更多的选择自由。该原理强调的是优势资源的横向集成，在供应链中以其优势业务的完成来参与供应链的整体运作。

（2）系统原理。该原理认为，供应链是由相互作用、相互依赖的若干组成部分结合而成的具有特定功能的有机整体，具体体现在以下几点。

①供应链的整体功能性。这一整体功能是组成供应链的任一成员企业都不具有的特定功能，是供应链合作伙伴间的功能集成，而不是简单叠加。

②供应链的目的性。供应链系统有着明确的目的，这就是在复杂多变的竞争环境下，以最低的成本、最快的速度、最好的质量为用户提供最满意的产品和服务，通过不断提高用户的满意度来赢得市场。

③供应链合作伙伴间的共同利益性。供应链系统目的的实现，受益的不只是一家企业，而是一个企业群体。

④供应链系统对环境的适应性。经济全球化时代是买方市场主导，企业必须对不断变化的市场作出快速反应，不断地开发出符合用户需求的、定制的"个性化产品"，去占领市场。

⑤供应链系统的层次性。相对于传统的、基于单个企业的管理模式而言，供应链管理是一种针对企业群的系统管理模式。

（3）多赢互惠原理。供应链是相关企业为了适应新的竞争环境而组成的一个利益共同体，核心企业通过与供应链中的上、下游企业之间建立战略伙伴关系，以强强联合的方式，使每个企业都发挥各自的优势，在价值增值链上达到多赢互惠的效果。

（4）合作共享原理。企业要想在竞争中获胜，就必须将有限的资源集中在核心业务上，充分发挥各自独特的竞争优势，从而提高供应链系统整体的竞争能力。此外，供应链各组成企业之间的合作意味着管理思想与管理方法的共享、资源的共享、市场机会的共享、信息的共享、先进技术的共享以及风险的共担。

（5）需求驱动原理。供应链的运作是以订单驱动方式进行的：商品采购订单是在用户需求订单的驱动下产生的，商品采购订单驱动产品制造订单，产品制造订单又驱动原材料/零部件采购订单，原材料/零部件采购订单再驱动供应商。这种逐级驱动的订单驱动模式，使供应链系统得以准时响应用户的需求，降低库存成本，提高物流的速度和库存周转率。这是一种"拉式"的运作模式，它以用户为中心，驱动力来源于最终用户。它反映了企业经营理念从"以生产为中心"向"以客户为中心"的转变。

（6）快速响应原理。供应链具有灵活、快速地响应市场的能力，通过各节点企业业务流程的快速组合，加快了对用户需求变化的反应速度。它特别强调准时，即准时采购、准时生产、准时配送和准时结算。

（7）同步运作原理。在供应链形成的准时生产系统中，如果其中任何一个企业不能准时交货，都会导致供应链系统的不稳定或者运作的中断，导致供应链系统对用户的响应能力下降，因此必须保持供应链各成员企业之间的协调一致性。信息的准确无误、畅通无阻，是实现供应链系统同步化运作的关键，只有这样，才能实现供应链系统同步化响应市场需求的变化。

（8）动态重构原理。供应链是动态的、可重构的。当市场环境和用户需求发生较大变化时，围绕着核心企业的供应链必须能够快速响应，能够进行动态快速重构。市场机遇、合作伙伴选择、核心资源集成、业务流程重组以及敏捷性等是供应链动态重构的主要因素。从发展趋势来看，组建基于供应链的虚拟企业将是供应链动态快速重构的核心内容。

3. 供应链管理的四大支点

供应链管理的实现，不仅可以降低成本，减少社会库存，而且使社会资源得到优化的配置。更重要的是，通过信息网络、组织网络，实现了生产及销售的有效链接和物流、信息流、资金流的合理流动，最终以合理价格及时送到消费者手上。

供应链管理具有如下四大支点。

（1）以顾客为中心。顾客价值是供应链管理的核心，企业是根据顾客的需求来组织生产的。以往供应链的动力来自制造环节，先生产再推向市场，是一种"推式"供应链系统，存货不足和销售不佳的风险同时存在。现在，产品从设计开始，企业即让顾客参与，以使产品能真正符合顾客的需求，这种"拉式"的供应链是以顾客的需求为原动力的。

（2）强调企业的核心竞争力。由于企业的资源有限，企业难以在各式各样的行业和领域都获得竞争优势。在供应链管理中，重点强调企业的核心业务和核心竞争力，并在供应链上定位，将非核心业务进行外包。这种使自己成为供应链上的一个不可替代的角色，即企业核心竞争力，它应具有仿不了、买不来、拆不开和带不走的特点。

（3）协作共赢的理念。传统的企业运营中，供和销之间互不相干，是一种敌对争利的关系，系统协调性差。而在供应链管理的模式下，所有环节都看作一个整体，链上的企业除了自身的利益外，还应该一同去追求整体的竞争力和盈利能力。其关键在于企业之间相互信任，把内部供应链与外部的供应商和用户集成起来，形成一个集成化的供应链，信息共享，建立起良好的合作伙伴关系，即供应链合作关系。

（4）优化的信息流程。为了适应供应链管理的优化，必须形成贯穿整个供应链的分布式数据库的信息集成，从而可集中、共享、协调不同企业的关键数据，如各节点企业的订货预测、库存状态、缺货情况、生产计划、运输安排、在途物资等数据，并充分利用电子数据交换（EDI）、Internet等技术手段，实现供应链的分布数据库信息集成，达到共享采购订单的电子接收与发送、多位置库存控制、批量和系列号跟踪、周期盘点等重要信息。

5.3.4 绿色供应链案例——华为绿色供应链简介

2020 年，中国正式提出"2030 碳达峰、2060 碳中和"目标，绿色发展成为当前我国重大发展战略。国内外已经有多家企业实施碳中和计划，如 Google 公司通过碳排放交易，已于 2007 年实现了碳中和，并于 2020 年消除了公司成立时遗留的碳排放。通威公司计划 2023 年实现碳中和，苹果、百度等公司计划 2030 年实现碳中和。

实施绿色供应链管理（Green Supply Chain Management，GSCM）正是将"绿色"或"环境意识"与"经济发展"两者并重的可持续发展的一种有效途径。绿色供应链是绿色发展理论与供应链管理技术结合的产物，侧重于供应链节点上企业的低碳环保、绿色发展。近年来，国际上众多知名制造业企业通过开展绿色供应链管理工作，获得了良好的经济效益和社会效益。为打造绿色供应链，构建绿色制造体系，发挥典型企业的示范引领作用，特以华为技术有限公司绿色供应链管理实施的典型案例，供学习借鉴，以期提升企业绿色供应链管理水平。

1. 绿色供应链管理顶层设计

（1）制定绿色供应链发展规划。华为注重可持续的产品与解决方案，将生态设计和循环经济要素纳入产品全生命周期管理，并建立循环经济商业模式，开展"摇篮到摇篮"的循环经济实践，实现资源可持续利用。华为对标联合国可持续发展目标（UN SDGS），提出公司可持续发展（CSD）四大战略：数字包容、安全可信、绿色环保、和谐生态。华为可持续发展（CSD）管理体系框架如图 5-20 所示。华为在《2013 年可持续发展报告》中明确提出了公司"绿色供应链计划"。

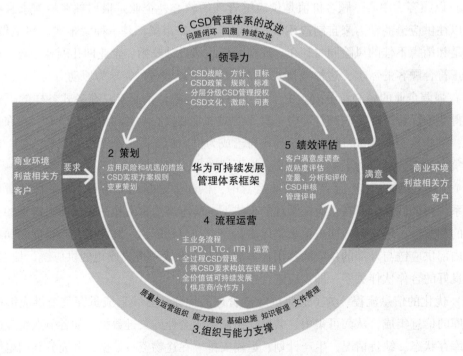

图 5-20 华为可持续发展（CSD）管理体系框架

（图源：华为官网）

（2）绿色供应链管理机构及职责。在绿色供应链管理方面，华为可持续发展委员会和节能减排委员会等一些内设机构参与了相关工作。公司可持续发展委员会的委员来自研发、制造、采购、人力资源、交付等部门，主要负责战略实施、重要问题决策、跨部门问题解决以及设定前瞻性目标等工作，引导公司可持续发展方向。节能减排委员会是华为绿色环保相关工作部署和执行的专业机构。

2. 开展绿色供应链管理

（1）推行绿色采购。华为将绿色理念融入采购业务之中。2006年，华为发布《绿色采购宣言》，向社会承诺在效能相同或相似的条件下，优先采购具有良好环保性能或使用再生材料的产品；建立绿色采购认证管理体系，对采购的产品和服务进行绿色认证；不采购违反环保法律法规企业的产品或服务。2008年，华为同深圳市环保局签署了《深圳市企业绿色采购合作协议》。华为将供应商的可持续发展绩效与采购份额、合作机会挂钩，对绩效表现好的供应商，在同等条件下优先采购其产品或服务，并积极与客户、行业协会、民间环保组织、政府环保部门等利益相关方进行沟通，持续提升绿色供应链透明度。华为连续三年被公众环境研究中心（IPE）评为绿色供应链国内品牌第一名。

（2）开展绿色供应链管理试点。2014年，华为与深圳市人居环境委员会联合发起了"深圳市绿色供应链"试点项目，提出以市场为导向的绿色供应链模式，通过节能、环保改造，提升企业市场竞争力。项目在对供应商进行信息收集、筛选、评估与考核的基础上，针对性地组织了一系列研讨培训及专家现场技术辅导活动，交流行业中的先进环保技术，帮助供应商挖掘节能减排潜力。对主动实施污染防治设施升级改造的供应商，在资金扶持上给予倾斜。

同时，项目帮助华为完善了绿色采购基准，健全了绿色供应链管理体系，让企业的环境管理模式从被动转变为主动，实现从原有末端治理的管理模式转变为全生命周期管理模式，从产品的开发、生产、分销、使用及回收到废弃物管理等全过程实现环境友好。在此基础上，委托第三方技术机构开展绿色供应链课题研究，总结华为试点经验，编写《深圳绿色供应链指南》。

（3）开展绿色供应商管理。华为的绿色供应商管理，分为供应商选择、绩效评估、合作三方面内容。在绩效评估过程中，建立了问题处理和退出机制。在供应商选择过程中，华为将可持续发展要求纳入供应商认证和审核流程，所有正式供应商都要通过供应商认证。华为主要采用公众环境研究中心（IPE）全国企业环境表现数据库调查供应商，进行供应商认证及选择。华为基于电子行业行为准则（EICC），与正式供应商签署包括劳工标准、安全健康、环境保护、商业道德、管理体系及供应商管理等要素在内的《供应商企业社会责任（CSR）协议》。

对供应商的绩效评估，一是采用IPE的蔚蓝地图数据库定期检索近500家重点供应商在中国的环境表现，推动供应商自我管理；二是对供应商进行风险评估和分类管理，将供应商分为高、中、低三级风险，对于高风险供应商进行现场审核，中风险供应商进行抽样现场审核；三是根据供应商现场审核及整改情况评估供应商可持续发展绩效，将供应商分为A（优秀）、B（良好）、C（合格）、D（不合格）四个等级，评估结果内部公布，并由采购经理向供应商高层传达，推动供应商整改。如果供应商持续低绩效，将降低供应商采购份额直至在供应商目录中剔除。截至2020年底，全球2 500多家供应商CEO签署了CSR&EHS承诺函。2020年，华为供应商社会责任（CSR）审核问题分布及占比情况是：安全与健康占比46%，劳工标准占比28%，管理体系占比15%，环保占比11%，商业道德占比1%。可见，华为供应商的环保问题控制得力。

（4）从源头减少产品全生命周期碳排放。华为的产品涉及智能终端、无线接入、固定接入、数据通信、光传输等各个产业。对自产设备进行碳足迹分析评估，如图5-21所示，可从源头降低ICT产品能耗，并加大使用可再生能源，将大幅减少产品碳排放。为此，华为坚持通过节能技术创新从源头不断改进产品能效，并且推动Top100供应商中的93家完成碳减排目标设定，借助ICT产品推动节能减排，共建绿色世界。

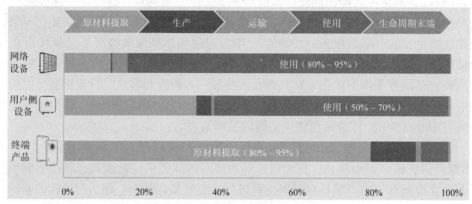

图5-21　华为产品的全生命周期碳足迹评估图

（来源：华为官网）

此外，华为积极利用清洁高效、无污染、可再生的光伏发电为生产提供能源。据了解，华为在位于东莞松山湖的南方工厂自建的屋顶光伏发电项目总容量17.5 MW，预计每年发电量约1 800万kW·h，直接供给南方工厂基地使用，可"无人值班、少人值守"，智能运维，每年可供电量占整个南方基地总用电量的10%，如图5-22所示。整个电站带来的环保收益相当于种植树木1 670 560棵，减少二氧化碳排放量30 570 t，节约标准煤12 260 t。通过绿色发电，大大降低了企业的能源消耗，还吸引了大量记者现场参观，具有良好的社会效益。

图5-22　华为南方工厂自建的分布式智能光伏电站

（图源：网络）

3．实施成果

自2008年华为发布了《可持续发展报告》以来，截至2020年，华为连续13年发布了《可持续发展报告》。2020年华为绿色发展成果如图5-23所示。

数字包容　技术普惠，接力致远

6+万
全球200多所学校、逾6万名师生从TECH4ALL项目中受益

22
运用数字技术，帮助18个国家的22个自然保护地提升资源管理和生物多样性保护效率

15
华为智能手机涵盖15种无障碍功能，全场景覆盖有需要的终端用户，每月约有1,000万人次使用

5,000+万
RuralStar系列解决方案累计为超过60个国家和地区提供移动互联网服务，覆盖5,000多万偏远区域人口

安全可信　恪尽职守，夯实信任

4,000+
对全球超过4,000家供应商进行网络安全风险评估和跟踪管理

5,000+
与超过5,000家供应商签署了数据处理协议并作了数据处理尽职调查

6
在全球建立6个网络安全与隐私保护透明中心，加强同利益相关方沟通与合作

200+
对全球200多起突发灾害及重大事件进行网络安全保障

绿色环保　清洁高效，低碳循环

93
推动Top100生产供应商中的93家完成碳减排目标设定

2.2亿
华为中国区使用可再生能源电力达2.2亿度，相当于减少二氧化碳排放约18.8万吨*

33.2%
华为单位销收入二氧化碳排放量相比基准年（2012年）下降33.2%，超额达成2016年承诺的减排目标（30%）

4,500+
华为自有渠道全年收集并处理的终端电子废弃物超过4,500吨

和谐生态　同心共筑，为善至乐

118.9亿
华为全球员工保障投入118.9亿人民币

10+万
华为全球共持有有效授权专利4万余族（超过10万件），90%以上专利为发明专利

2,500+
全球2,500多家工程供应商CEO签署了CSR&EHS承诺函

650+
在全球开展了650多项公益活动，为近90个国家科技抗疫提供援助，共克时艰

图5-23　2020年华为绿色发展成果

（图源：华为官网）

拓展与思考

看完公众环境研究中心（IPE）发布的《2021绿色供应链CITI指数年度评价报告——绿色供应链协同减污降碳》，结合华为经验，请思考企业该如何建立绿色供应链。

5.4　产品数据管理技术

5.4.1　产品数据管理的概念与发展

1．产品数据管理的概念

20世纪60—70年代，CAD、CAE、CAM等计算机辅助技术开始应用于企业产品的设计

开发和生产制造过程。新技术的应用在促进企业发展的同时也为企业带来了新的挑战：对于制造企业而言，虽然各单元的计算机辅助技术已经日益成熟，但都自成体系，彼此之间缺少有效的信息共享和利用，形成所谓的"信息孤岛"。如 1994 年以前，波音的销售势头良好，市场份额巨大，但是使波音决策层头痛的是：没法提供一架波音飞机的准确交货日期，也不能清楚地计算出一架飞机的实际生产成本。这是因为一架波音飞机有 800～1 000 个计算机子系统，大多数系统并不兼容，每架飞机最多可能用到 14 套 BOM 表，系统之间的数据交换要靠手工来完成。这种情况对企业来说是十分不利的。

产品数据管理（Product Data Management，PDM）正是在这一背景下应运而生的一项新的管理思想和技术。PDM 可以定义为以软件技术为基础，以产品为核心，实现对产品相关的数据、过程、资源一体化集成管理的技术。PDM 进行信息管理的两条主线是静态的产品结构和动态的产品设计流程，所有的信息组织和资源管理都是围绕产品设计展开的，这也是 PDM 系统有别于其他的信息管理系统，如企业信息管理系统（MIS）、制造资源计划（MRPⅡ）、项目管理系统（PM）、企业资源计划（ERP）的关键所在。

PDM 明确定位为面向制造企业，以产品为管理的核心，以数据、过程和资源为管理信息的三大要素，如图 5-24 所示。PDM 的核心思想是设计数据的有序、设计过程的优化和设计资源的共享。

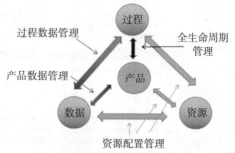

图 5-24　PDM 管理信息三要素

作为 20 世纪末出现的技术，PDM 继承并发展了 CIM（Computer Integrated Manufacturing）的核心思想，在系统工程思想的指导下，用整体化的概念对产品设计数据和设计过程进行描述，规范产品生命周期的管理，保持产品数据的一致性和可跟踪性。PDM 将与产品相关的信息以及与产品相关的过程集成起来，方便相关人员包括产品设计者、企业管理者、财务工作者以及销售人员使用相关的产品数据。

2. 产品数据管理的发展

自 PDM 面世以来，经过 30 余年的发展与应用，其技术和功能都得到不断的扩展和延伸，可将 PDM 技术的发展分为如下三个阶段，即配合 CAD 的 PDM、专业化的 PDM 以及标准化的 PDM。

（1）配合 CAD 的 PDM。早期的 PDM 产品诞生于 20 世纪 80 年代初，当时 CAD 已经在企业中得到了广泛应用，设计人员在享受 CAD 带来的好处的同时，不得不将大量时间浪费在查找设计所需的信息上，对于电子文档的存储和获取新方法的需求变得越来越迫切。针对这种需求，各 CAD 厂家配合自身的 CAD 软件系统推出了第一代 PDM 产品，这些产品的目标主要是解决大量电子数据的存储和管理问题，提供了"电子图样仓库"的功能。第一代 PDM 产品仅在一定程度上缓解了"信息孤岛"问题，但普遍存在系统功能不强、集成能力和开放程度较低等问题。

（2）专业化的 PDM。随着 PDM 产品功能的不断扩展，20 世纪 90 年代出现了专业化的 PDM 产品，如 SDRC 公司的 Metaphase、EDS 公司的 IMAN、IBM 公司的 PM 等。与第一代

PDM 产品相比，在第二代 PDM 产品中出现了许多新功能，例如：对产品生命周期内各种形式的产品数据的管理能力；对产品结构与配置的管理；对电子数据的发布和更改的控制；基于成组技术的零件分类管理与查询等。

第二代 PDM 软件集成能力和开放程度也有较大的提高，少数优秀的 PDM 产品可以实现企业级的信息集成和过程集成。第二代 PDM 产品在取得巨大进步的同时，在商业上也获得了很大的成功，PDM 开始成为一个产业，出现了许多专业开发、销售和实施 PDM 的公司。

（3）标准化的 PDM。1997 年 2 月，OMG 组织公布了作为 PDM 领域的第一个国际标准的 PDM Enabier 标准草案，该草案由许多 PDM 领域的主导厂商参与制订，如 IBM、SDRC、PTC 等。PDM Enabier 的公布标志着 PDM 技术在标准化方面迈出了坚实的一步。PDM Enabier 是基于 CORBA 技术，就 PDM 的系统功能、逻辑模型以及多个 PDM 系统间的互操作性提出了一个标准，为新一代标准化 PDM 产品的发展奠定了基础。

5.4.2　产品数据管理系统的结构

PDM 系统是建立在关系型数据库管理系统平台上的面向对象的应用系统，其体系结构为图 5-25 所示的四层结构。

图 5-25　PDM 的系统结构

第一层是系统支撑层。以目前流行的关系数据库系统为 PDM 的支持平台，通过关系数据库提供的数据操作功能，支持 PDM 系统对象在底层数据库的管理，如存储、读取、删除、更改、查询等操作。

第二层是核心框架层。提供实现 PDM 各种功能的核心结构与架构，由于 PDM 系统的对象管理框架具有屏蔽异构操作系统、网络、数据库的特性，用户在应用 PDM 系统的各种功能时，实现了对数据的透明化操作、应用的透明化调用和过程的透明化管理等。在 PDM 系统中采用若干个二维关系数表来描述产品数据的动态变化。PDM 系统将其管理动态变化数据的功能转换成若干个二维关系型数表，通过多张数表可以清楚地描述产品设计图形的更改流程，实现面向产品对象的管理要求。

第三层是功能模块及开发工具层。PDM 系统中的功能模块可以分成两大类，一类是包括系统管理和工作环境管理的功能模块。系统管理主要是针对系统管理员如何维护系统，确保数据的安全与系统的正常运行；工作环境管理是使各类不同的用户能够正常、安全、可靠地使用 PDM 系统，既要方便快捷，又要安全可靠。另一类是基本功能模块，包括文档管理、产品配置管理、工作流程管理、零件分类和检索管理、项目管理、集成工具等。

第四层是用户界面层。向用户提供交互式的图形界面，包括图示化的浏览器、各种菜单、对话框等，用于支持命令的操作与信息的输入输出。通过 PDM 提供的图视化用户界面，用户可以直观方便地完成管理整个系统中各种对象的操作。它是实现 PDM 各种功能的手段、媒介，处于最上层。为了满足操作者的个性化需要，PDM 除了提供标准的人机界面外，还要提供用户化人机界面的二次开发工具，以满足各类用户专门的特殊要求。

PDM 的体系结构有以下特点。

（1）对计算机基础环境的适应性。一般而言，PDM 系统以分布式网络技术、客户机/服务器结构、图形化用户接口及数据库管理等技术作为它的环境支持，与底层环境的连接是通过不同接口来实现的，如中性的操作系统接口、中性的数据库接口、中性的图形化用户接口以及中性的网络接口等，从而保证了一种 PDM 系统可支持多种类型的硬件平台、操作系统、数据库、图形界面及网络协议。

（2）PDM 内核的开放性。越来越多的 PDM 产品采用面向对象的建模方法和技术来建立系统的管理模型与信息模型，并提供对象管理机制以实现产品信息的管理。在此基础上，提供一系列开发工具与应用接口帮助用户方便地定制或扩展原有数据模型，存取相关信息，并增加新的应用功能，以满足用户对 PDM 系统不同的应用要求。

（3）PDM 功能模块的可变性。由于 PDM 系统采用客户机/服务器结构，并且有分布式功能，企业在实施时，可从单服务器开始，逐渐扩展到几个、几十个，甚至几百个。

（4）PDM 的插件功能。为了更有效地管理由应用系统产生的各种数据，并方便地提供给用户和应用系统使用，就必须建立基于 PDM 系统的应用集成。这就要求 PDM 系统提供中性的应用接口，把外部应用系统封装或集成到 PDM 系统中，作为 PDM 新增的一个子模块，并可以在 PDM 环境下方便地运行。

基于 PDM 系统的应用集成的现代企业管理信息系统如图 5-26 所示。

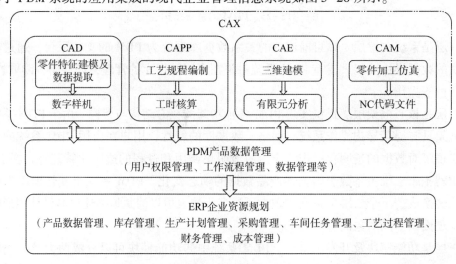

图 5-26 基于 PDM 系统的应用集成的现代企业管理信息系统

5.4.3 产品数据管理系统的功能分析

PDM 技术的开发与应用在国内外已经较为普及。各种 PDM 产品在功能上虽有差异，但一般来说具有以下主要功能。

1. 电子仓库及文档管理

PDM 最初出现就是为了处理大量的电子数据，电子仓库和文档管理功能是 PDM 的核心功能之一，PDM 管理的是产品整个生命周期中所包含的全部数据。这些数据包括：工程设计与分析数据、产品模型数据、产品图形数据、专家知识与推理规则及产品的加工数据等。文档管理功能包括以下内容。

（1）原始档案。包括合同、产品设计任务书、需求分析、可行性论证报告和产品设计说明书等文件。

（2）设计文档。包括工程设计与分析数据。在工程设计数据中，一部分是各种设计过程的规范和标准以及产品的技术参数，另一部分是设计过程中生成的数据。另外，还有产品模型数据、产品图形信息、各类工作报告、验收标准及数控机床加工代码等。

（3）工艺文档。包括工艺数据和工艺知识。工艺数据是指 CAPP 系统在工艺设计过程中所使用和产生的数据，分为静态与动态两类。静态工艺数据主要是指工艺设计手册上已经标准化和规范化的工艺数据，以及标准工艺规程等；动态工艺数据主要指在工艺规划过程中所产生的相关信息。工艺知识是指支持 CAPP 系统工艺决策所需的规则。工艺知识主要分为选择性规则和决策性规则两大类。

（4）生产管理。生产计划与管理指的是对产品生产过程的计划与管理。生产中的数据可分为两类：一类是基础数据，这类数据比较稳定；另一类是动态数据，这类数据有一定的时间性，且相对比较独立，不受其他数据存在与否的影响。无论是哪类数据，都要求准确、完整，一般其准确度应在93%以上，物料清单的准确度应更高，为98%~99%。

（5）维修服务。如常用备件清单、维修记录和使用手册等说明文件。

（6）专用文档。如电子行业的电气原理图或布线图、印刷电路板图和零件插件图等。

（7）图文批注功能。支持使用各种用于批注的实体，用户可以选取批注工具，选择批注图层名称、颜色和批注文件名。批注文件可放在独立的文件夹中，充分保护原始文件，批注中允许复原（UNDO）等操作。

（8）电子资料室（Data Vault）。它是 PDM 的核心，一般建立在关系型数据库系统的基础上，主要保证数据的安全性和完整性，并支持各种查询和检索功能。通过建立在数据库之上的相关联指针，建立不同类型的或异构的产品数据之间的联系，实现文档的层次与联系控制。用户可以利用电子资料室来管理存储于异构介质上的产品电子文档。电子资料室通过权限控制来保证产品数据的安全性，面向对象的数据组织方式能够提供快速有效的信息访问，实现信息透明、过程透明，而无须了解应用软件的运行路径、安装版本以及文档的物理位置等信息。所有描述产品、部件或零件的数据都由 PDM 统一管理，自动集中修改。

2. 产品结构与配置管理

产品结构与配置管理也是 PDM 的核心功能之一，产品配置管理（Product Configuration

Managemant）以电子资料室为底层支持，以材料清单（Bill of Material，BOM）为组织核心，把定义最终产品的所有工程数据和文档联系起来，对产品对象及其相互之间的联系进行维护和管理。产品对象之间的联系不仅包括产品、部件、组件、零件之间的多对多的装配联系，而且包括其他的相关数据，如制造数据、成本数据、维护数据等。产品配置管理能够建立完善的 BOM 表，实现其版本控制，高效、灵活地检索与查询最新的产品数据，实现产品数据的安全性和完整性控制。

产品按照部件、零件进行分解，直到不能再分为止，这种树状的分层结构为产品结构树，如图 5-27 所示。在 PDM 系统中，用反映产品结构树的 BOM 表管理产品的结构信息，各节点存放着产品图样、设计任务书、工装图档等文档资料，便于用户快速访问，而 BOM 表可根据产品或部件装配图中的零件明细栏内容自动产生。根据 BOM 可以汇总出产品图纸清单、分类汇总清单、材料消耗定额以及工时定额等，也可从产品 BOM 表中产生工艺路线，可对工艺路线及各类汇总表进行编辑。

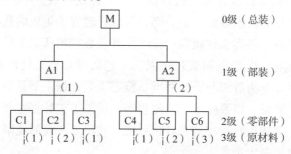

图 5-27　产品结构树模型

对产品结构进行管理，主要包括对产品本身装配结构的管理和对其相关支持数据的管理，通过编辑、浏览、查询/导航、比较产品结构树等方式有效地管理产品结构。对产品结构树的查询/导航有两种方式，一种是以图形化界面展开关系方式，一种是对产品属性值（如产品号、名称等）的查询。

PDM 系统不同于工程文档管理（EDM）等系统最主要的一个方面，在于产品配置管理包括对各种 BOM 视图的管理、对基于有效性变化的产品配置的管理以及有关创建、定型、变更等过程的管理。产品配置管理可以使企业中的各个部门在产品的整个生命周期内共享统一的产品配置，并对应不同阶段的产品定义，生成相应的产品结构视图，如设计视图、装配视图、工艺视图、采购视图和生产视图等。

3. 产品生命周期（工作流程）管理

所谓产品生命周期管理（Product Life-cycle Management，PLM），就是指从人们对产品的需求开始，到产品淘汰报废的全部生命历程的管理。产品生命周期具有以下两层含义。

（1）针对一种产品而言，即指一种产品从出现到消失经历的 4 个阶段：引入期、成长期、成熟期和衰退期。目前由于竞争日益激烈，产品的生命周期越来越短。在不同的阶段，要采取不同的管理策略，如引入阶段为产品打开市场；成长阶段为建立品牌偏好，增加市场份额；成熟阶段为公司维护市场份额，实现利润最大化；衰退阶段为产品退市，需要对产品方向进行决策，做好产品迭代，如图 5-28 所示。

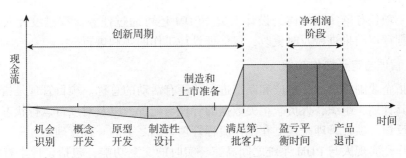

图 5-28　基于产品生命周期的管理策略

（2）针对一个产品而言，即指一个产品从设计、生产、组装、质检、物流、销售、使用、维修、召回、报废、回收等全过程。现在随着绿色发展理念的深入，产品的绿色设计、绿色制造、绿色供应链、绿色物流等过程，都需要采用产品生命周期方法进行分析，对生命周期的各个环节进行监控，力求可追溯、可回收、可再生，打造低碳绿色的循环经济。循环经济的"10R"原则如图 5-29 所示。它改变了以前工业产品生产"从资源到垃圾"的单向经济过程，在资源开采、选材阶段尽量采用可再生资源，产品阶段通过可复用、可充填、可维修、可移植等方法力求最大化利用，报废阶段力求可降解，而产品整个生命周期都力求减量化，多做减法，省材节能，同时闭环生产，构建循环回路。

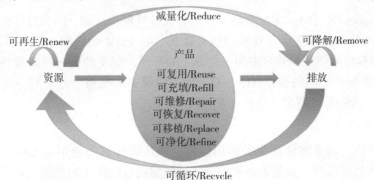

图 5-29　循环经济的"10R"原则

PDM 的生命周期管理模块，管理着整个产品生命周期内的产品数据动态变化过程，其中包括产品生命周期的宏观过程以及如图样审批等各种工作流程的微观过程。对产品生命周期的管理包括从产品的概念设计、产品开发、产品变更以及产品制造、产品回收，直至停止生产该产品过程中所有的历史记录。管理员可以通过对产品数据的各个基本处理步骤的组合来构造产品设计或更改流程，这些基本的处理步骤包括指定任务、审批和通知相关人员等。流程的构造是建立在对企业生产过程中各种业务流程的分析结果之上的。

工作流程的管理主要实现产品设计与修改过程的跟踪与控制，包括工程图样的提交、修改控制、监视审批、文档分布、自动通知等控制过程。它是项目管理的基础，主要管理当一个用户对数据进行操作时会发生什么、人与人之间的数据流动以及在一个项目的生命周期内跟踪所有事务和数据的活动。修改后的产品数据经提交、审批及最后登记变为新版本的产品数据。PDM 这一功能为产品开发过程的自动管理提供了保证，并支持企业产品开发过程的重组，以获得最大的经济效益。

PDM 软件系统一般支持定制各类可视化的流程界面，按照任务流程节点，逐级分配任

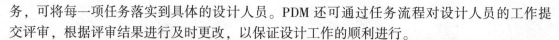

务，可将每一项任务落实到具体的设计人员。PDM 还可通过任务流程对设计人员的工作提交评审，根据评审结果进行及时更改，以保证设计工作的顺利进行。

4. 项目管理与电子协作功能

项目是指企业围绕设计、生产和制造进行的所有活动的总称。项目管理是指在项目实施过程中实现其计划、组织、人员、相关数据的管理与配置，以及对项目运行状态和项目完成情况的信息反馈。项目管理是建立在工作流程管理基础之上的一种管理。

电子协作是实现人与 PDM 系统之间高速、实时的交互功能，包括设计审查时的在线操作、电子会议等，较为理想的电子协作技术能够无缝地与 PDM 系统一起工作，允许交互访问 PDM 对象，采用消息发布和签注机制把 PDM 对象紧密结合起来。特别是在 Internet/Intranet 广泛使用的今天，网络浏览技术（Web）也被引入 PDM 系统。通过 Internet/Intranet 网络，人们可以在世界各地对分布式 PDM 系统进行有效操作。

PDM 系统中的项目管理与电子协作建立在产品数据集成环境之中。由于在同一平台上实现与具体产品数据结合的数据共享，因此可实现真正意义的电子协作。但到目前为止，许多 PDM 系统只能提供工作流程活动的状态信息，项目管理在 PDM 系统中的集成化有待提高。

5. 组织与资源管理

在进行产品数据管理时，常常会涉及人员和设备等资源问题，因此对这些组织和资源进行建模，也是对产品数据进行有效管理所必需的。在 PDM 系统中，将人员划分为一定的"组或团队"或单独的用户，并可根据各自分工的不同，赋予他们一定的角色，同时赋予各种人员在 PDM 系统中不同的操作权限。对资源的建模主要是将企业中与一定产品相关的设备、材料等以"元数据"的形式反映在 PDM 系统中。

6. 集成开发接口

在一个企业内，通常将使用多种应用软件，如从设计部门使用的 CAD、CAM 等软件，到办公系统的字处理软件、数据表格软件等，这些应用软件产生的数据大多是需要统一管理的。由于应用软件的种类及版本具有多样性，一个 PDM 系统无法同时与各种应用系统进行互操作，因此 PDM 系统需向用户提供可与应用软件进行集成的能力。

目前，PDM 系统与应用软件集成应做到将数据进行封装，使应用软件生成或输入的数据成为 PDM 系统"可识"数据，以便对其进行管理。此外，还应进行工具封装，最好能够实现软件之间的互操作。PDM 系统对集成接口的支持主要包括与 CAD/CAE/CAPP/CAM 的集成接口，与 MRP Ⅱ/ERP 的接口以及与 Office 等文档工具的集成接口等。最后是 PDM 跟踪应用软件的能力，或者说是应用软件厂家对某种集成的在线支持。随着 PDM 技术和各种软件技术的不断发展，PDM 系统与应用系统之间的集成也逐步向基于规则机制和标准数据转换的方向发展，集成技术会越来越方便简洁。

PDM 在企业管理信息化管理平台的作用如图 5-30 所示。对于制造业，如何转变增长方式、培育行业内生力是当务之急。提升企业内生产力、提升企业产品竞争力、提升产品质量、降低产品成本，其源头在技术设计。提升企业技术管理水平、做好企业技术管理信息化尤为重要，而其中产品数据管理是技术管理的关键，必须得到高度重视。

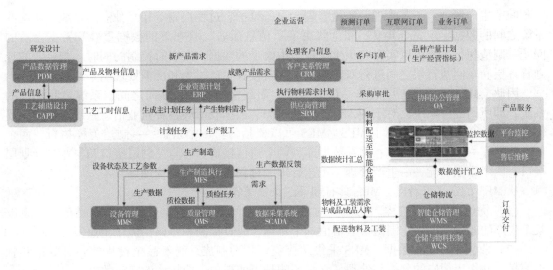

图5-30　PDM在企业管理信息化管理平台的作用

5.5　制造执行系统

5.5.1　制造执行系统的产生与定义

信息技术和网络技术的发展极大地推动了制造业信息化的进程。在企业管理层，以ERP为代表的信息管理系统实现了对企业产、供、销、财务等企业资源的有效计划和控制；在企业生产车间底层，以PLC、CNC、DCS、SCADA（数据采集与监视控制系统）等为代表的生产过程控制系统PCS，实现了企业生产过程的自动化，大大提高了企业生产经营的效率和质量。然而，在企业的计划管理层与车间执行层之间还无法进行良好的双向信息交流，导致企业上层的计划缺乏有效的生产底层实时信息的支持，而底层生产过程自动化也难以实现优化调度和协调。

为此，美国先进制造研究中心（Advanced Manufacturing Research，AMR）于1990年首次提出了制造执行系统（Manufacturing Execution System，MES）的概念，将其定义为："位于上层的计划管理系统与底层的工业控制之间的面向车间层的信息管理系统。"该系统集成了车间中生产调度、工艺管理、质量管理、设备维护、过程控制等相互独立的系统，使这些系统之间的数据实现完全共享，完全解决了"信息孤岛"状态下的数据重叠和数据矛盾的问题。制造执行系统可以实时收集生产过程中大量的数据，在实时控制的同时，与企业的计划管理层和车间执行层之间进行双向通信，实时接收生产指令和反馈处理结果。

因此，MES 不只是工厂的单一信息系统，而是横向之间、纵向之间、系统之间集成的系统，即所谓经营系统，对于 SCM、ERP、CRM、数据仓库等各种企业信息系统来说，只要包含工厂这个对象，就离不了 MES。MES 可以概括为：一个宗旨——制造怎样执行，两个核心数据库——实时数据库、关系数据库，两个通信接口——与控制层接口和与业务计划层接口，四个重点功能——生产管理、工艺管理、过程管理和质量管理等。

从 MES 的定义可看出，MES 具有如下三个显著特征。

（1）优化车间生产过程。MES 是对整个生产车间制造过程的优化，而不是单一地解决某个生产的瓶颈问题。它围绕价值增值这个目标，通过控制和协调，优化企业生产过程。

（2）收集生产过程数据。MES 采集从接受订货到制成最终产品全过程的各种数据和状态信息，并作出相应的分析和处理。它强调的是当前视角，即精确的实时数据。

（3）连接企业计划与车间控制层。MES 需要与企业计划层和车间生产控制层进行信息交互，承上启下，通过连续的企业信息流实现企业信息的集成。

5.5.2 制造执行系统的典型结构

传统的企业信息管理是按照企业现有的物理层次进行划分和配置的，一般为四层模型结构，从上到下依次为经营管理层、计划调度层、过程监控层和设备控制层。这种四层管理模型结构对生产过程中的物料、资源、能源、设备等在线的控制和管理显得无能为力。

MES 概念出现后，实现了一种扁平化的三层企业管理模型，如图 5-31 所示，从上到下依次为计划层、制造执行层和控制层。这种三层的企业结构模型，结合了先进的工艺制造技术、现代管理技术和控制技术，将企业的经营管理、过程控制、执行监控等作为一个整体进行控制与管理，以实现企业整体的优化运行、控制与管理。

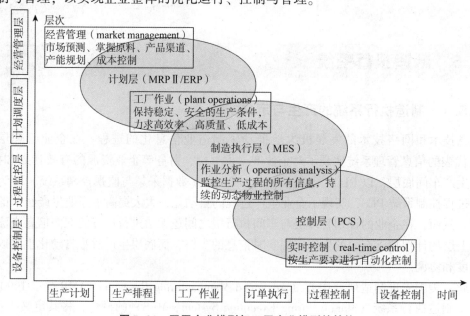

图 5-31　四层企业模型与三层企业模型的转换

在这种三层企业模型中，计划层强调企业的计划性，它面向客户订单和市场需求，以整个企业范围内的资源优化为目标，负责企业的生产计划管理、财务管理和人力资源管理等任务。控制层是指车间生产过程自动化系统，利用基础自动化装置与系统，如 PLC、DCS 或现场总线控制系统对生产设备进行自动控制，对生产过程进行实时监控，采用先进的控制技术实现生产过程的优化控制。制造执行层位于计划层与控制层中间，在两者之间架起了一座桥梁，填补了两者之间的空隙。三层企业管理模型的信息流如图 5-32 所示。

图 5-32　三层企业管理模型的信息流

这种三层结构提供了开放的工业标准、增强的区域功能以及公共的开发平台。一方面，对 MES 来自 ERP 系统的生产管理信息进行细化分解，向控制层传送操作指令和工作参数；另一方面，MES 采集生产设备的状态数据，实时监控底层 PCS 的运行状态，经分析、计算与处理，反馈给上层计划管理系统，从而将底层控制系统与上层信息管理系统整合在一起。

从时间尺度分析，在 MES 之上的 MRPⅡ/ERP 考虑的时间域是中长期生产计划（时间因子=100 倍），MES 是近期生产任务的协调安排（时间因子=10 倍），PCS 必须实时地接收生产指令，使设备正常的运作（时间因子=1 倍），三者紧密配合，实现企业生产从长期计划到近期任务、实时指令的互相衔接，如图 5-33 所示。

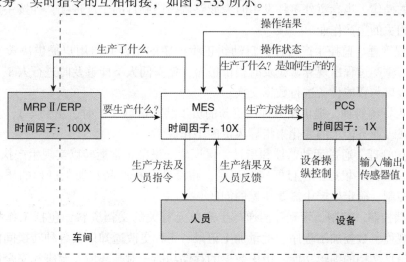

图 5-33　计划/执行/控制三层模型的时间尺度

5.5.3 制造执行系统的功能模型以及与其他信息系统的关系

1. 制造执行系统的功能

1997 年，国际制造执行系统协会 MESA 通过下属众多 MES 供应商和成员企业的实践，归纳了 MES 应具备的如下 11 个主要功能模块，并指出只要具备其中某一个或几个功能，也属 MES 系列的单一功能产品，如图 5-34 所示。

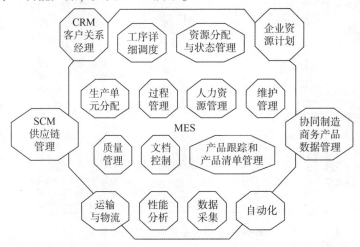

图 5-34 MES 的功能模块

（1）资源分配和状态管理。该模块管理机床、工具、人员、物料、辅助设备以及工艺文件、数控程序等文档资料，提供设备资源的实时状态及历史记录，用以保证企业生产的正常运行，确保设备正确安装和运转。

（2）工序详细调度。包括基于有限能力的作业计划和动态流程的调度，通过生产中的交错、重叠、并行操作等良好作业计划的调度，最大限度地减少生产准备时间。

（3）生产单元分配。通过生产指令将物料或加工命令送到某生产单元，启动该单元的工序或工步的操作。当有意外事件发生时，能够调整已制订的生产进度，并按一定顺序的调度信息进行相关的生产作业。

（4）过程管理。监控生产过程，自动纠正生产中的错误并向用户提供决策支持以提高生产效率。若生产过程出现异常，及时提供报警，使车间人员能够及时进行人工干预，或通过数据采集接口与智能设备进行数据交换。

（5）人力资源管理。提供按分钟级更新的员工状态信息（工时、出勤等），基于人员资历、工作模式、业务需求的变化来指导人员的工作。

（6）维护管理。通过活动监控和指导，保证生产设备正常运转以实现生产执行目标。

（7）质量管理。根据工程目标实时记录、跟踪和分析产品和加工过程的质量，以保证产品的质量控制，确定生产中需要注意的问题。

（8）文档控制。控制、管理并传递与生产单元有关的文档资料，包括工作指令、工程图样、工艺规程、数控加工程序、批量加工记录、工程更改通知以及各种转换间的通信记录等，并提供信息文档的编辑功能、历史数据的存储功能，对与环境、健康和安全制度等有关的重要数据进行控制与维护。

（9）产品跟踪和产品清单管理。通过监视工件在任意时刻的位置和状态来获取每一个产品的历史记录，该记录向用户提供产品组及每个最终产品使用情况的可追溯性。

（10）数据采集。通过数据采集接口获取并更新与生产管理功能相关的各种数据和参数，包括产品跟踪、维护产品历史记录及其他参数。

（11）性能分析。将实际制造过程测定的结果与过去历史记录、企业目标以及客户的要求进行汇总分析，以离线或在线的形式对当前生产产品的性能和生产绩效进行评价，以辅助生产过程的改进和提高。

据统计，MES系统实施后，能显著提高企业效益，如表5-7所示。

表5-7 实施MES系统的效益

改善项目	统计数据
缩短制造周期时间	平均缩短45%，降低的幅度：10%～60%
降低或消除资料录入的时间	平均降低75%，降低的幅度：20%～90%
减少在制品（WIP）	平均减少24%，降低的幅度：20%～50%
降低或排除转换间的文件工作	平均降低61%，降低的幅度：50%～80%
缩短订货至交货的时间	平均缩短27%，降低的幅度：10%～40%
改善产品质量	平均提升23%，提升的幅度：10%～45%
排除书面作业和蓝图作业的浪费	平均减少56%，降低的幅度：30%～80%

2. 制造执行系统与其他信息系统的关系

MES是面向车间范围的信息管理系统，在其外部通常有企业资源计划ERP、供应链管理SCM、销售和服务管理（Sell & Service Management，SSM）、产品和工艺设计系统P&PE、过程控制系统（Progress Control System，PCS）等面向制造企业的几个主流的信息系统，这些信息系统都有各自的功能和定位，在功能上又有一定的重叠。

ERP——包括财务、订单管理、生产和物料计划管理以及其他管理功能。

SCM——包括市场预测、配送和后勤、运输管理、电子商务等。

SSM——包括销售自动化、产品配置、服务报价、售后服务、产品召回等。

P&PE——包括CAD/CAE/CAM/CAPP、零件清单（BOM）、逆向工程、产品生命周期管理（PLM）等。

PCS——包括DCS、PLC、DNC、SCADA等设备控制以及产品制造的过程控制。

MES作为车间范围的信息系统，是生产制造系统的核心，它与其他信息系统有着紧密的联系，负有向其他信息系统提供有关生产现场数据的职能，比如：向ERP提供生产成本、生产周期、生产量、生产性能等现场生产数据；向SCM提供实际订货状态、生产能力和容量、班次间的约束等信息；向SSM提供在一定时间内根据生产设备和能力成功进行报价和交货期的数据；向P&PE提供有关产品产出和质量的实际数据，以便于CAD/CAM/CAPP修改和调整；向PCS提供在一定时间内使整个生产设备以优化的方式进行生产的工艺规程、配置和工作指令、高级排产（策略揉单）等。

同时，MES也需要从其他子系统得到相关的数据，例如：ERP计划为MES分配任务；SCM的主计划和调度驱动MES车间活动时间的选择；SSM产品的组织和报价为MES提供生产订单信息的基准；P&PE驱动MES工作指令、物料清单和运行参数；从PCS来的数据用于测量产品实际性能和自动化过程运行情况。

MES 与其他信息系统也有交叉和重叠。例如，ERP 和 MES 都可给车间分配工作；SCM 和 MES 都包括详细的调度功能；工艺计划和文档可来自 P&PE 或 MES；PCS 和 MES 都包括数据收集功能。但是，没有其他信息系统可替代 MES 功能，虽然它们有些类似 MES 的功能，但 MES 通常更关注于车间生产的性能，并致力于车间运行的优化，从全车间角度对生产状态和运行物流、人力资源、设备和工具等总体把握。

综合集成企业资源计划 ERP、供应链管理 SCM/SRM、客户关系管理 CRM、物流管理 TMS、产品工程 CAX、产品生命周期管理 PLM、制造执行系统 MES、过程控制系统 PCS 等功能的智能工厂整体架构如图 5-35 所示。

图 5-35　智能工厂整体架构

拓展与思考

看完以下材料，请思考 MES 在现代智能工厂中的作用是什么。

链接 5-7
MES 系统

本章小结

本章在分析制造业信息化及企业管理信息化的基础上，重点介绍了企业资源计划（ERP）、供应链管理（SCM）、产品数据管理（PDM）、制造执行系统（MES）。难点是根据企业自身情况，综合运用现代各种信息技术对企业进行科学高效的管理。学生在学习完机械专业基础课程后，通过本章的学习，可以对现代企业信息管理技术和企业管理过程有一个较为全面的了解，为后续课程"现代企业管理"的学习、毕业实习和参加工作打下坚实的基础。

 思考题与习题

5-1　简述企业信息化的内涵、目的和技术体系。

5-2　简述 ERP 的内涵及其发展历程。

5-3　分析比较订货点法、MRP、闭环 MRP、MRP Ⅱ、ERP 以及 ERP Ⅱ 的功能和原理。

5-4　SCM 管理的八大原理、四大支点分别是什么？

5-5　PDM 的系统结构有哪几层？PDM 系统的功能有哪些？

5-6　产品生命周期的两层含义是什么？

5-7　简述制造执行系统（MES）的功能以及与其他信息系统的关系。

5-8　选择当地某典型制造类企业进行调研，完成一篇调研报告。主要内容包括：该企业信息化进程是如何实施的？已经覆盖企业哪些部门？具体信息化内容是什么？使用哪些管理软件系统？这些软件具有哪些管理功能？目前实施效果如何？还存在哪些问题？应该如何改进等？

第6章
先进制造模式

🎯 学习目标 ▶▶ ▶

1. 了解先进制造模式的内涵，熟知各种先进制造模式出现的背景。
2. 明晰各种先进制造模式的特征。
3. 掌握计算机集成制造系统各组成部分的功能。
4. 融会贯通大批量定制的原理，掌握大批量定制的关键技术。
5. 理解精益生产的特征，掌握精益生产的精髓。
6. 懂得敏捷制造的内涵，掌握敏捷制造的三大要素。

6.1 概　述

6.1.1　制造模式的概念与演化

1. 制造模式的含义

制造模式（Manufacturing Mode）是指企业体制、经营、管理、生产组织和技术系统的形态和运作的模式。制造模式可以理解为"制造系统实现生产的典型方式"。

制造模式与管理的区别是：制造模式是制造系统某些特性的集中体现，也是制造企业所有管理方法与工程技术融合的结晶；管理是一门学科，也是企业界的一项职能。制造模式是表征制造企业管理方式和技术形态的一种状态，而管理是面向一切组织的一种过程。

2. 制造模式的演化

人类制造业及制造系统生产模式的发展已有了漫长的历史。但长期以来，人类社会处于手工技术和手工业的水平，制造业及制造生产模式的真正形成与发展，还只有近两百年的历史。回顾历史，人类制造业的生产方式的发展大致经历了四个主要阶段。

（1）手工与单件生产方式。1765年，瓦特改良了蒸汽动力机，促使制造业取得了革命性的变化，引发了工业革命，出现了工厂式的制造厂。到 1900 年，制造业已成为一个重要的产业。当时处于世界领先地位的轿车公司 P&L，每年只制造几百辆汽车，而且所造的汽车没有两辆是完全相同的，这种生产模式当然无法满足市场需求。福特时代来临之后，这家公司在苦苦挣扎以后还是倒闭了。

（2）大批量生产方式。从 19 世纪中叶—20 世纪中叶，E. Whitney 提出"互换性"与大批量生产，Oliver Evans 将传送带引入生产系统，F. W. Taylor 提出"科学管理"，H. Ford 开创汽车装配自动流水生产线，使制造业开始了第一次生产方式的转换。刚性生产线大大提高了生产效率，从而降低了产品成本，但这是以损失产品的多样性为代价的。这种模式推动了工业化进程，为社会提供了大量的经济产品，促进了市场经济的高度发展，成为各国仿效的生产方式。到 20 世纪 50 年代，大批量生产方式达到顶峰。一方面，大批量生产方式的规模效益使企业受益匪浅；另一方面，人们也认识到刚性自动流水线存在许多自身难以克服的缺点，市场的多变性和产品品种、过程的多样性对刚性生产线提出了挑战，为此人们从技术角度形成成组技术和以计算机与系统技术为基础的制造自动化，试图改进这一模式的不足。到 20 世纪 80 年代，人们已经将少品种、大批量生产模式的优点发挥到了极限，同时这种生产模式同市场需求变化间的矛盾愈来愈明显，并且成为制约制造业发展的重要因素。解决这个矛盾的出路只能是进行制造生产模式的转换。

（3）柔性自动化生产方式。1952 年，美国麻省理工学院试制成功世界上第一台数控铣床，揭开了柔性自动化的序幕；1958 年，研制成功自动换刀镗、铣加工中心；1962 年，在数控技术基础上，研制成功第一台工业机器人、自动化仓库和自动导引小车；1966 年，出现用一台大型通用计算机集中控制多台数控机床的 CNC 系统；1968 年，英国莫林公司和美国辛辛那提公司建造第一条由计算机集中控制的自动化制造系统，定名为柔性制造系统；20 世纪 70 年代，出现各种微型机数控系统、柔性制造单元、柔性生产线和自动化工厂。

与刚性自动化的工序分散、固定节拍和流水生产的特征相反，柔性自动化的共同特征是：工序相对集中，没有固定的节拍，物料非顺序输送；将高效率和高柔性融于一体，生产成本低；具有较强的灵活性和适应性。

（4）高效、敏捷与集成经营生产方式。自 20 世纪 70 年代以来，不同时期不同国家的经济增长、繁荣与停滞、衰退交替出现，企业所处的外部环境日趋复杂多变，使得世纪之交的企业面临一系列前所未有的挑战。

在工业发达国家，有关制造模式的新概念层出不穷，如大批量定制、并行工程、精益生产、敏捷制造、绿色制造、智能制造等，这些新模式的出现彻底动摇了原有的管理理论和生产方式。制造模式的发展过程如图 6-1 所示。

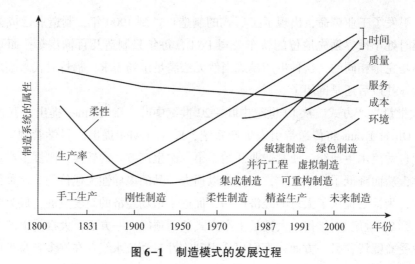

图6-1　制造模式的发展过程

6.1.2　先进制造模式的内涵与类型

1. 先进制造模式的内涵

从广义上讲，先进制造模式（Advanced Manufacturing Mode，AMM）是指作用于制造系统的具有相似特点的一类先进方式方法的总称。它以获取生产有效性为首要目标，以制造资源快速有效集成为基本原则，以人、组织、技术相互结合为实施途径，使制造系统获得精益、敏捷、优质与高效的特征，以适应市场变化对时间、质量、成本、服务和环境的新要求。

先进制造模式与先进制造技术应是制造系统中两个不同的概念。过去之所以没有明确区别，是因为二者具有十分密切的相关性，并把先进制造模式归为先进制造技术的系统管理技术。事实上，先进制造技术是实现先进制造模式的基础。先进制造技术强调功能的发挥，形成了技术群；先进制造模式强调制造哲理的体现，偏重于管理，强调环境、战略的协同。

2. 先进制造模式的类型

制造模式具有鲜明的时代性。先进制造模式是在传统的制造模式中发展、深化和逐步创新的过程中形成的。工业化时代的福特大批量生产模式是以提供廉价的产品为主要目的；信息化时代的柔性生产模式、精益生产模式、敏捷制造模式等是以快速满足顾客的多样化需求为主要目的；未来发展趋势是知识化时代的绿色制造生产模式，它是以产品的整个生命周期中有利于环境保护、减少能源消耗为主要目的。在传统制造技术逐步向现代高新技术发展、渗透、交汇和演变，形成先进制造技术的同时，出现了一系列先进制造模式。

（1）柔性生产模式。这种模式由英国莫林公司首次提出，于20世纪70年代末得到推广应用。该模式主要依靠具有高度柔性的以 CNC 为主的制造设备来实现多品种、小批量的生产，以增强制造业的灵活性和应变能力，可缩短产品生产周期，提高设备利用率和员工劳动生产率。

（2）计算机集成制造。计算机集成制造的突出特点是强调制造过程的整体性，将需求分析、销售和服务等都纳入制造系统范畴，充分面向市场和用户；计算机辅助手段提高了产品研制和生产能力，加速了产品更新换代；物流集成提高了制造过程的柔性、设备利用率和生产率；信息集成促进了经营决策与生产管理的科学化等。

（3）智能制造模式。该模式是在制造生产的各个环节中，应用智能制造技术和系统，以一种高度柔性和高度集成的方式，通过计算机模拟专家的智能活动，进行分析、判断、推理、构思和决策，以便取代或延伸制造过程中人的部分脑力劳动，并对人类专家的制造智能进行了完善、继承和发展。

（4）精益生产模式。该模式是由美国麻省理工学院于1990年在总结日本丰田汽车生产经验时提出的。其基本特点是可消除制造企业因采用大量生产方式所造成的过于臃肿和浪费的缺点，实施"精简、消肿"的对策，以及"精益求精"的管理思想。该模式要求产品优质，且充分考虑人的因素，采用灵活的小组工作方式和强调合作的并行工作方式；采用适度的自动化技术，使制造企业的资源能够得到合理配置与充分利用。

（5）敏捷制造模式。该模式是将柔性制造的先进技术、有素质的劳动力，以及促进企业内部和企业之间的灵活管理三者集成在一起，利用信息技术对千变万化的市场机遇进行快速响应，最大限度地满足顾客的要求。

（6）虚拟制造模式。该模式是利用制造过程的计算机仿真来实现产品的设计和研制。在产品投入制造之前，先在虚拟制造环境中以软产品原型代替传统的硬样品进行试验，并对其性能进行预测和评估，从而大大缩短产品设计与制造周期，降低产品开发成本，提高其快速响应市场变化的能力，以便更可靠地决策产品研制，更经济地投入、更有效地组织生产，从而实现制造系统全面最优的制造生产模式。

（7）极端制造模式。极端制造是指在极端环境下制造极端尺度或极高功能的器件和系统。当前，极端制造集中表现在微细制造、超精密制造、巨系统制造等，例如：制造航天飞行器、超常规动力装备、微纳电子器件、微纳光机电系统等极端尺度和极高精度的产品。

（8）绿色制造模式。绿色制造是综合运用生物技术、绿色化学、信息技术和环境科学等方面的成果，使制造过程中没有或极少产生废料和污染物的工艺或制造系统的综合集成生态型制造技术。日趋严格的环境与资源约束，使绿色制造显得越来越重要。绿色制造是实现制造业可持续发展的制造模式。

6.1.3　先进制造模式的特征

表6-1列出了传统制造生产模式和先进制造生产模式的主要特征对比。

表6-1　传统制造模式和先进制造模式的主要特征对比

主要特征	制造模式				
	大批量生产	制造自动化	柔性生产	精益生产	敏捷制造
制造企业定向	产品	产品	顾客	顾客	顾客
制造战略重点	成本	质量	品种	质量	时间
制造指导思想	技术主导	技术主导	技术主导	组织精益	组织变革
竞争优势	低成本	高效率	柔性	精益性	敏捷
手段或动因	机器	技术	技术进步	人因发挥	组织创新
原则或机制	分工与专业化	自动化	高技术集成	生产过程管理	资源快速集成
制造经济性	规模经济性	规模经济性	范围经济性	范围经济性	集成经济性

制造是一种多人协作的生产过程，这就决定了"分工"与"集成"是一对相互依存的

组织制造的基本形式。制造分工与专业化可大大提高生产效率，但同时却造成了制造资源（技术、组织和人员）的严重割裂，前者曾使大批量生产模式获得过巨大成功，而后者则使大批量生产模式在新的市场环境下陷入困境。先进制造模式的经济性体现在制造资源快速有效集成所表现出的制造技术的充分运用、各种形式浪费的减少、人的积极性的发挥、供货时间的缩短和顾客满意程度的提高等。

6.2　计算机集成制造系统

20 世纪 70 年代以来，随着市场的全球化，市场竞争不断加剧，给企业带来了巨大的压力，迫使企业纷纷寻求有效方法，加速推出高性能、高可靠性、低成本的产品，以期更有力地参与市场竞争。与此同时，随着计算机在设计、制造、管理等领域的广泛应用，相继出现了许多单一目标的计算机辅助自动化技术，如 CAD、CAPP、CAM、CAPM、FMS、MRP Ⅱ等。由于缺少整体规划，这些单元技术的应用是相对独立的，彼此之间的数据不能共享，往往还会产生诸如数据不一致之类的矛盾和冲突，出现所谓的"自动化孤岛"现象，从而降低系统运行的整体效率，甚至造成资源浪费。显然，只有把这些单项应用通过计算机网络和系统集成技术连接成一个整体，才能消除企业内部信息和数据的矛盾和冗余。由此出现了计算机集成制造系统（Computer Integrated Manufacturing Systems，CIMS）。

6.2.1　计算机集成制造系统的内涵

计算机集成制造（Computer Integrated Manufacturing，CIM）的概念最早是由美国的约瑟夫·哈林顿（Joseph Harrington）博士于 1973 年在《计算机集成制造》一书中首先提出的。他强调了两个观点，即：系统观点——企业各个生产环节是不可分割的，需要统一安排与组织；信息化观点——产品制造过程实质上是信息采集、传递、加工处理的过程。计算机集成制造是一种先进的哲理，其内涵是借助计算机，将企业中各种与制造有关的技术系统集成起来，进而提高企业适应市场竞争的能力。但由于受当时条件的限制，计算机集成制造思想未能立即引起足够的注意，进入 20 世纪 80 年代后，才逐渐被制造领域重视并采用。

至今计算机集成制造和计算机集成制造系统还没有一个公认的定义，不同的国家在不同时期对计算机集成制造系统有各自的认识和理解。1991 年，日本能源协会认为：计算机集成制造系统是以信息为媒介，用计算机把企业活动中多种业务领域及其职能集成起来，追求整体效益的新型生产系统。1992 年，国际标准化组织认为：计算机集成制造系统是将企业所有的人员、功能、信息和组织诸方面集成为一个整体的生产方式。1993 年，美国 SME 提出 CIM 的新版轮图，如图 6-2 所示，它由 6 个层次组成。第 1 层是驱动轮子的轴心——顾客。潜在的顾客就是市场，市场是企业获得利润和求得发展的基点。第 2 层是企业组织中的人员和群体工作方法。第 3 层是信息、知识共享系统，它以计算机网络为基础，使信息流动起来，形成一个连续信息流，以提高企业的运行效率。第 4 层是企业的活动层，共分为 3 个部门和 15 个功能区。第 5 层是企业管理层，它的功能是合理配置资源，承担企业经营的责任。第 6 层是企业的外部环境。企业是社会中的经济实体，受到用户、竞争者、合作者和其他市场因素的影响。企业管理人员不能孤立地只看到企业内部，必须置身于市场环境中做出适合本企业的发展决策。该轮图将顾客作为制造业一切活动的核心，强调了人、组织和协同工作，以及基于制造基础设施、资源和企业责任之下的组织、管理生产的全面考虑。

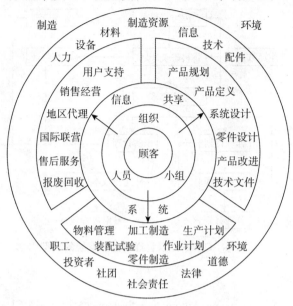

图6-2 计算机集成制造系统组成轮图

6.2.2 计算机集成制造系统的基本组成

从系统功能考虑，计算机集成制造系统通常由4个功能分系统和2个支撑分系统组成，如图6-3所示。每个分系统都有其特有的结构、功能和目标。

1. 管理信息系统

管理信息系统（Management Information System，MIS）是计算机集成制造系统的神经中枢，指挥与控制着其他各个部分有条不紊地工作。管理信息系统通常是以 MRP Ⅱ 为核心，包括预测、经营决策、各级生产计划、生产技术准备、销售、供应、财务、成本、设备、工具、人力资源等各项管理信息功能。图6-4为 CIMS 经营管理信息分系统的模型。它集生产经营与管理于一体，各个功能模块可在统一的数据环境下工作，以实现管理信息的集成，从而缩短产品生产周期、减少库存、降低流动资金、提高企业应变能力。

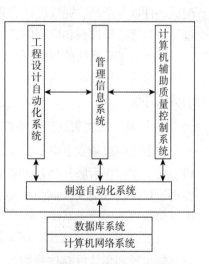

图6-3 CIMS 功能子系统构成

2. 工程设计自动化系统

工程设计自动化系统（Engineering Design Automation System，EDAS）实质上是指在产品开发过程中运用计算机技术，使产品开发活动更高效、更优质、更自动地进行。产品开发活动包括产品的概念设计、工程与结构分析、详细设计、工艺设计以及数控编程等设计和制造准备阶段的一系列工作，即通常所说的 CAD、CAPP、CAM 三大部分。

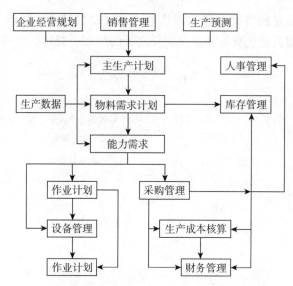

图 6-4　CIMS 经营管理信息分系统的模型

3. 制造自动化系统

制造自动化系统（Manufacturing Automation System，MAS）是 CIMS 的信息流和物料流的结合点和最终产生经济效益的聚集地，通常由数控机床、加工中心、FMC 或 FMS 等组成。MAS 是在计算机的控制与调度下，按照数控机床代码将一个个毛坯加工成合格的零件并装配成部件以至产品，完成设计和管理部门下达的任务；并将制造现场的各种信息实时地或经过初步处理后反馈到相应部门，以便及时地进行调度和控制。

制造自动化系统的目标可归纳为：实现多品种、小批量产品制造的柔性自动化；实现优质、低成本、短周期及高效率生产，提高企业的市场竞争能力；为作业人员创造舒适而安全的劳动环境。

4. 计算机辅助质量控制系统

在激烈的市场竞争中，质量是企业求得生存的关键。要赢得市场，必须在产品性能、价格、交货期、售后服务等方面满足顾客要求。因此，需要一套完整的质量保证体系，计算机辅助质量控制系统（Computer Aided Quality System，CAQS）覆盖产品生命周期的各个阶段，主要包括以下四个子系统。

（1）质量计划子系统：用来确定改进质量目标，建立质量标准和技术标准，计划可能达到的途径和预计可能达到的改进效果，并根据生产计划及质量要求制定检测计划及检测规程。

（2）质量检测管理子系统：管理进厂材料、外购件和外协件的质量检验数据；采用自动或手动的方法对零件进行检验，对产品进行试验，采集各项质量数据并进行校验和预处理；建立成品出厂档案，改善售后服务质量。

（3）质量分析评价子系统：对产品设计质量、外购外协件质量、供货商能力、工序控制点质量、质量成本等进行分析，评价各种因素造成质量问题的影响，查明主要原因。

（4）质量信息综合管理与反馈控制子系统：包括质量报表生成、质量综合查询、产品使用过程质量综合管理，以及针对各类质量问题所采取的各种措施及信息反馈。

5. 数据库系统

数据库系统（Database System，DBS）是一个支撑系统，它是 CIMS 信息集成的关键之一。CIMS 环境下的经营管理信息、工程技术、制造自动化、质量保证四个功能系统的信息数据都要在一个结构合理的数据库系统里进行存储和调用，以满足各系统信息的交换和共享。

CIMS 的数据库系统通常采用集中与分布相结合的体系结构，以保证数据的安全性、一致性和易维护性。此外，CIMS 数据库系统往往还建立一个专用的工程数据库系统，用来处理大量的工程数据。工程数据类型复杂，它包含有图形、加工工艺规程、数控机床代码等各种类型的数据。工程数据库系统中的数据与生产管理、经营管理等系统的数据均按统一规范进行交换，从而实现整个 CIMS 中数据的集成和共享。

6. 计算机网络系统

计算机网络系统（Network System，NETS）是 CIMS 的一个支撑系统，通过计算机通信网络将物理上分布的 CIMS 各个功能分系统的信息联系起来，以达到共享的目的。依照企业覆盖地理范围的大小，有两种计算机网络可供 CIMS 采用，一种为局域网，另一种为广域网。目前，CIMS 一般以互联的局域网为主，如果工厂厂区的地理范围相当大，局域网可能要通过远程网进行互联，从而使 CIMS 同时兼有局域网和广域网的特点。

CIMS 在数据库和计算机网络的支持下，可方便地实现各个功能分系统之间的通信，从而有效地完成全系统的集成，各分系统之间的信息交换如图 6-5 所示。

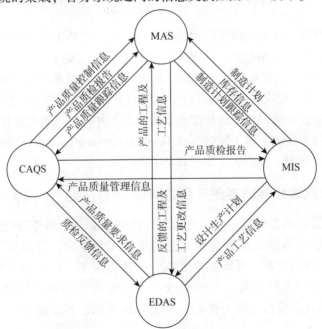

图 6-5 CIMS 各分系统之间的信息交换

6.2.3 CIMS 的技术优势

从 CIMS 技术发展的角度看，CIMS 共经历了三个阶段，即信息集成（以早期计算机集成制造为代表）、过程集成（以并行工程为代表）和企业集成（以敏捷制造为代表）。前者是后者的基础，同时，三类集成技术也还在不断发展之中。

1. 信息集成

信息集成主要解决企业中各个"自动化孤岛"之间的信息交换与共享，其主要内容如下。

（1）企业建模、系统设计方法、软件工具和规范。这是系统总体设计的基础。企业建模及设计方法构建了一个制造企业的物流、信息流、资金流、决策流的关系，这是信息集成的基础。

（2）异构环境和子系统的信息集成。所谓异构是指系统中包含了不同的操作系统、控制系统、数据库及应用软件。如果各个部分的信息不能自动地进行交换，则很难保证信息传送和交换的效率和质量。早期信息集成的实现方法主要通过局域网和数据库来实现。近期采用企业网、外联网、产品数据管理（PDM）、集成平台和框架技术来实施。值得指出，基于面向对象技术、软构件技术和 Web 技术的集成框架已成为系统信息集成的重要支撑工具。

2. 过程集成

传统的产品开发模式采用串行产品开发流程，设计与加工是两个独立的功能部门，缺乏数字化产品定义和产品数据管理，缺乏支持群组协同工作的计算机与网络环境，这无疑使产品开发周期延长，成本增加。而采用并行工程可很好地解决这些问题。

3. 企业集成

企业间集成优化是企业内外部资源的优化利用，其目的是实现敏捷制造，以适应知识经济、全球经济、全球制造的新形势。从管理的角度，企业间实现企业动态联盟（Virtual Enterprise，VE），形成扁平式企业的组织管理结构和"哑铃型企业"，克服"小而全""大而全"，实现产品型企业，增强新产品的设计开发能力和市场开拓能力，发挥人在系统中的重要作用等。企业间集成的关键技术包括信息集成技术、并行工程的关键技术、虚拟制造、支持敏捷工程的使能技术系统、基于网络（如 Internet/Intranet/Extranet）的敏捷制造，以及资源优化（如企业资源规划、供应链、电子商务）等。

6.2.4 计算机集成制造系统应用案例

某电器设备制造公司是国家定点生产电器元件与成套设备的综合电器制造企业。随着信息化技术的发展，企业原先的管理模式已经很难满足需求，并出现一列问题，具体表现为：传统的 CAD 各自为政，无法共享数据，导致标准不一；产品开发项目进度难以有效控制；信息的查询与维护困难，工作低效；信息流动不畅导致设计更改或变形频繁；制造资源规划与 CAD 数据会出现不协调，导致管理烦琐，甚至难以对生产成本实施科学定量化管理。

公司领导一致认为，要想在市场竞争中占据有利位置，就得实施信息化管理，于是决定实施 CIMS 制造模式，采用 CAX/PDM/ERP 整体解决方案。其中，CAX 系统用于产品的设计和分析；PDM 系统用于产品全生命周期的数据和过程管理；ERP 系统用于企业人、财、物等资源的管理，系统集成框架如图 6-6 所示。

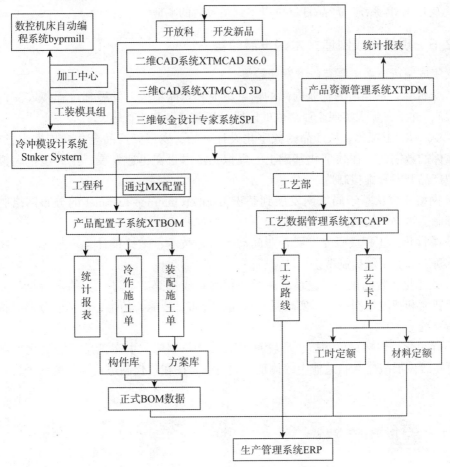

图 6-6 CAX/CAM/CAPP/PDM/ERP 系统集成框架

公司成立由领域专家和公司技术人员组成的专门小组着手实施。经过大量调研和分析，结合公司实际，实施小组将实施工作分成以下七个主要方面分阶段实施。

（1）CAD 绘图系统平台的统一及数据的规范整理。

（2）实施 CAX 系统的集成，实现 CAD/CAM 一体化。

（3）实施 CAPP，实现工艺设计的规范化、自动化。

（4）实施产品结构树管理，为实施 PDM 系统做准备。

（5）实现以企业资源规划（ERP）系统为核心的信息管理。

（6）以 PDM 和 ERP 为基础，实施 CAX/CAPP/PDM/ERP 的系统集成。

（7）基于 Intranet 平台，实现工程信息发布和工程变更处理的电子信息化。

实施 CIMS 后，公司取得的效果明显，主要表现如下。

（1）实现了 CAD 数据的有效管理，大大提高了产品开发速度。

（2）可以按客户要求实现快速工程配置和输出施工单，大大缩短了技术准备时间。

（3）工艺部门可以方便、快速地进行工艺设计及工时定额的报表统计。

（4）应用 ERP 系统可以自动、合理安排生产计划，且由定性管理变为定量管理，由单

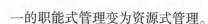

一的职能式管理变为资源式管理。

（5）应用 ERP 系统，产品订单可以得到最及时的响应。

6.2.5　现代集成制造技术的发展趋势

现代集成制造技术主要有以下发展趋势。

（1）集成化。从当前的企业内部的信息集成和功能集成，发展到过程集成（以并行工程为代表），并正在步入实现企业集成的阶段（以敏捷制造为代表）。

（2）数字化/虚拟化。从产品的数字化设计开始，发展到产品全生命周期中各类活动、设备及实体的数字化。在数字化基础上，虚拟化技术正在迅速发展，主要包括虚拟现实应用、虚拟产品开发和虚拟制造。

（3）网络化。从基于局域网发展到基于 Intranet/Internet/Extranet 的分布网络制造，以支持全球制造策略的实施。

（4）柔性化。正积极研究发展企业间动态联盟技术、敏捷设计生产技术、柔性可重组机器技术等，以实现敏捷制造。

（5）智能化。智能化是制造系统在柔性化和集成化基础上进一步的发展与延伸，引入各类人工智能和智能控制技术，实现具有自律、分布、智能、仿生、敏捷、分形等特点的新一代制造系统。

（6）绿色化。包括绿色制造、环境意识的设计与制造、生态工厂、清洁化生产等。它是全球可持续发展战略在制造业中的体现，同时也是摆在现代制造业面前的一个崭新课题。

6.3　大批量定制

6.3.1　大批量定制的由来

随着现代科学技术的迅猛发展和人们生活水平的日益提高，用户需求日趋多样化、个性化，以及企业竞争的日趋激烈，使得原先传统的大批量生产方式已不能适应快速多变市场的需要。在新的市场环境中，企业迫切需要一种新的大批量生产模式，由此大批量定制（Mass Customization，MC）生产方式应运而生。

大批量定制概念最初曾在 1970 年预言家阿尔文·托夫勒（Alvin Toffler）《未来的冲击》（*Future Shock*）一书中预言到，后在 1987 年斯坦·戴维斯（Stan Davis）《完美的未来》（*Future Perfect*）中也曾提到，直到 1993 年约瑟夫·派恩二世（Joseph Pine Ⅱ）在《大批量定制》中才对这个概念有了相对完整的描述，但至今仍没有形成一个公认的定义。

大批量定制是对定制产品和服务进行个别的大批量生产，它把大批量生产融入完全定制中，使大批量生产和完全定制的优势有机地结合起来，其最终目标或理想目标是以大批量生产的效率和速度来设计和生产定制产品。对客户而言，所得到的产品是定制的、个性化的；对厂家而言，产品主要是以大批量生产方式生产的。大批量定制的基本思想是：通过产品结构和制造过程的重组，运用现代信息技术、柔性制造技术等手段，把定制生产问题转化为批量生产问题，以大批量生产的成本和速度，为单个客户或小批量、多品种市场定制任意数量的产品。

大批量定制是一种集企业、客户、供应商和环境于一体，在系统思想指导下，用整体优化的思想，充分利用企业已有的各种资源，在标准化技术、现代设计方法学、信息技术和先进制造技术等的支持下，根据客户的个性化需求，以大批量生产的低成本、高质量和高效率提供定制产品和服务的生产方式。

6.3.2　大批量定制的分类

针对不同的定制市场需求，企业可以采取协同定制、装饰定制、调整定制和预测定制等四种不同的定制方式，也可以采用这四种方式的组合定制模式。

协同定制是客户参与的定制，通过企业与客户的协同共同确定定制的产品和服务，因此能够满足客户的特定需求。由于供应链被需求链所代替，"推"的生产方式被"拉"的生产方式所替代，从而消除了成品库存，减少了中间环节。对于那些客户必须进行大量选择才能确定功能和性能的产品定制，协同定制是一种正确的选择，如个人计算机、工业汽轮机的定制等。

装饰定制是在一种能够满足客户共同需求的标准产品的基础上，根据客户的不同需求，改变包装和表面装饰的定制，如个性画面的挂历、个人图案T恤衫、手机的个性化彩壳等。

调整定制也称适应定制，是企业提供一种可调节的标准定制产品，用户根据自己的需求进行适应性修改和重新配置。调整定制的实现通常需要嵌入式技术的支持，使得多种变化集成于一个产品之中，如可调亮度的灯具、可调汽车座椅等。

预测定制也称透明定制，是在深入研究客户需求的基础上，根据预测为客户分别提供所需的个性化产品，而客户并不参与定制过程，也不知道这些产品和服务就是专门为他们定制的，如为左撇子的个人计算机用户配备左撇子鼠标，网站为不同兴趣和爱好的用户提供个性化界面等。

通常所指的大批量定制主要是协同定制。协同定制中用户参与的程度也是不同的，企业可采取按订单装配（Assemble-to-Order，ATO）、按订单制造（Make-to-Order，MTO）、按订单设计（Engineer-to-Order，ETO）等策略。有效实现大批量定制的关键在于客户订单分离点的后移，客户订单分离点指企业生产活动中由基于预测的标准化生产转向响应客户需求的定制生产的转换点。

按订单装配是将预测生产的库存零部件装配成客户需要的定制产品。在这种方式下，装配和销售活动是由客户订货驱动的。模块化程度高的产品，如计算机、轿车等，比较适合采用按订单装配的方式。

按订单制造是指企业接到客户订单后，根据已有的零部件模型（必要时，根据客户的特殊要求，对少量零部件进行变形设计），对零部件进行制造和装配后向客户提供定制产品。其采购、部分零部件制造、装配和销售是由客户订货驱动的，如服装的定制。

按订单设计是指根据客户订单中的特殊需求，必须重新设计某些新零部件才能满足客户订单的需求，进行制造和装配后向客户提供定制产品。其全部或部分产品的设计、采购、零部件制造、装配和分销等都是由客户订单驱动的。一些大型设备（如飞机、工业汽轮机等）、特质纪念品等可以采用这种定制方式。

6.3.3 大批量定制的基本原理

1. 相似性原理

大批量定制的关键是识别和利用大量不同产品和过程中的相似性。通过充分识别和挖掘存在于产品和过程中的几何相似性、结构相似性、功能相似性和过程相似性，利用标准化、模块化和系列化等方法，减少产品的内部多样化，提高零部件和生产过程的可重用性。

在不同产品和过程中，存在大量相似的信息和活动，需要对这些相似的信息和活动进行归纳和统一处理。例如，通过采用标准化、模块化和系列化等方法，建立典型产品模型和典型工艺文件等。这样，在向客户提供个性化的产品和服务时，就可以方便地参考已有的相似信息和活动。

产品和过程中的相似性有各种不同的形式。例如，有零件的几何形状之间的相似性，称为几何相似性；有产品结构之间的相似性，称为结构相似性；有部件或产品功能之间的相似性，称为功能相似性。

2. 重用性原理

在定制产品和服务中存在着大量可重新组合和可重复使用的单元（包括可重复使用的零部件和可重复使用的生产过程）。通过采用标准化、模块化和系列化等方法，充分挖掘和利用这些单元，将定制产品的生产问题通过产品重组和过程重组，全部或部分转化为批量生产问题，从而以较低的成本、较高的质量和较快的速度生产出个性化的产品。

3. 全局性原理

实施大批量定制，不仅与制造技术和管理技术有关，还与人们的思维方式和价值观念有关。除了从精益生产、敏捷制造、现代集成制造和成组技术等方式中吸取有益的思想以外，还要吸取一些特别重要的基本思想和方法，即定制点后移方法、总成本思想和产品全生命周期管理等。

6.3.4 大批量定制的关键技术

1. 面向大批量定制的开发设计技术

为了获得全面实施大批量定制的综合经济效益，首先应该在开发设计阶段应用大批量定制的原理。面向大批量定制的开发设计技术包括产品的开发设计技术与过程（制造与装配过程）的开发设计技术。

完整的面向大批量定制开发设计过程由"面向大批量定制的开发"和"面向大批量定制的设计"两个过程组成，这两个过程的目的与任务虽不相同，但具有十分紧密的联系。

2. 面向大批量定制的管理技术

面向大批量定制的管理技术是实现大批量定制的关键技术。为此，应该针对大批量定制在管理方面的特点，采用相应的管理技术，包括各种客户需求获取技术、面向大批量定制的生产管理技术、企业协同技术、知识管理和企业文化等。这些技术形成了一个完整的体系，分别在不同的阶段，从不同的层次，支持企业实现大批量定制。

3. 面向大批量定制的制造技术

为了全面实现大批量定制，对制造技术及系统也提出了较高的要求。总而言之，面向大批量定制的制造技术应该具有足够的物理和逻辑的灵活性，能够根据被加工对象的特点，方便、高效、低成本地改变系统的布局、控制结构、制造过程及生产批量等，有效地支持大批量定制。另外，为了有效地实现面向大批量定制的制造，在产品设计及工艺设计方面必须做到标准化、规范化及通用化，便于在制造过程中可以利用标准的制造方法和标准的制造工具（刀具和夹具等），优质、高效、快速地制造出客户定制的产品。

6.3.5　应用案例——大批量定制

针对不同的客户要求，存在两种不同的定制生产，即完全定制和大批量定制生产。当生产产品的流程及产品本身的变化较大时，宜采用完全定制生产；当产品生产流程相对稳定，而产品相对变化较大时，宜采用大批量定制。当客户提出定制化要求时，完全定制方法通过改变或修改设计以及工艺流程来满足定制化需求。通常在企业中设置一个客户工程部来满足客户提出的不同的定制要求，其中修改或改变标准的设计和工艺流程将使标准件的份额下降，使定制的成本大为提高并大大延长研发制造周期。这种采用客户工程制的定制实际上是一种效率极低的体制，因为它是一种被动的反应方式。完全定制的主要缺陷是敏捷性差和成本高，这对采用成本领先策略的企业来说是无法接受的。大批量定制则可以避免这一问题。其基本思想是采取主动的反应策略。首先是大大压缩修改或改变标准设计与工艺的比例，即通常所说的尽可能压缩非标件或非标工艺的比例。与此同时，最大限度地增加标准件或标准流程的比重。

以一种家具——旋转座椅（图6-7）为例，不同的客户会有不同的需求。如酒吧椅要高一些，家用儿童书桌椅要低一些，此外对椅子的面料、颜色、有无扶手及扶手式样、是否弹性靠背和是否带滚轮等均会有不同的要求。当然，用户可以向生产商去专门定制一把款式、大小、颜色都很个性化的转椅，但那样，可能会因为生产商要重新设计转椅、重新制作模具、重新安排生产流程等，导致价格很高，供货期可能较长。

图6-7　旋转座椅

但是，若在设计之初，制造商通过大量、细致的调查，了解顾客的需求及其变化趋势，将转椅设计模块化，分成表6-2所示部分，并尽可能将它们设计成标准结构，使椅背、椅座、扶手和升降组件成为可选定制件，且生产工艺标准化，区别仅在椅背、椅座蒙皮可以有不同材质和颜色，扶手形状有方形、弧形，升降组件有螺旋杆式或气压缸式，其余部件均为标准件。它们可以分别由不同生产商进行大批量生产。然后，各个部件运至销售商处，在出售过程中由销售商按客户要求现场组装成不同材质、不同颜色、不同升降方式的转椅。假如某一客户要的是红色皮质椅背和椅座、弧形扶手、气压缸升降的转椅，并要求在扶手外侧加个挂钩以便挂放文具袋，销售商则可根据客户需求，利用经过模块化设计的部件拼装客户转椅。当然，椅子上的挂钩事先没有设计，只能现做。幸好这种定制工作并不难，只需用一些简单工具如螺丝刀、电钻等，通过钻孔、攻丝等工序很快就可以完成客户的定制任务，而客户只需付少量的因定制而发生的费用。这是一种典型的既满足了客户的定制要求又不增加太多成本的大批量定制生产模式，因为各个部件大多可采用大批量生产的易定制件和标准件，少量定制工作可在销售中完成。

表6-2 旋转座椅部件分类

标准件	易定制件	定制部分
轮架	椅背	客户的临时要求
椅轮	椅座	
紧固件	扶手	
	升降组件	

也许是受到科技的限制，现在大批量定制还不是特别流行。但是有些大的公司在这方面做得非常好，如戴尔（DELL）公司的订单定制和网上直销。顾客在向DELL下订单的时候，可根据需要自由组合各种配置，如CPU、内存、硬盘、光驱、显示器等单元，从而装配出完全符合自己需要的计算机系统。通常DELL系统中的原材料和零部件库存量大概只能维持四天的生产，而其同行业竞争者的库存量大多在30~40天。在我国，大批量定制的代表当属海尔公司。作为一个世界级的品牌，海尔集团从1999年开始转变经营思路，将定制化的思想引入家电产品的生产中，始终根据订单实施大量定制。海尔建立了一个可供顾客进行个性化定制的电子商务平台，把研制开发出的冰箱、洗衣机、空调等58个门类9 200多种基本产品类型放到平台上，顾客可以在这些平台上进行模块化操作。在前端面向用户的电子商务平台以及后端面向生产的柔性制造系统的紧密集成下，海尔不但完成家电产品的按需生产，同时还可以保证低成本和快速交货。

6.4 精益生产

6.4.1 精益生产产生的背景

20世纪50年代初，制造技术的发展突飞猛进，数控、机器人、可编程序控制器、自动物料搬运器、工厂局域网、基于成组技术的柔性制造系统等先进制造技术和系统迅速发展，但它们只是着眼于提高制造的效率，减少生产准备时间，却忽略了可能增加的库存而带来的成本的增加。当时日本丰田汽车公司副总裁大野耐一先生开始注意到制造过程中的浪费是造成生产率低下和增加成本的根结，他从美国的超级市场受到启迪，形成了看板系统的构想，提出了准时制生产（Just in Time，JIT）。

丰田汽车在1953年先通过一个车间看板系统的试验，不断加以改进，逐步进行推广，经过 10 年的努力，发展为准时生产制，同时又在该公司早期发明的自动断丝检测装置的启示下研制出声动故障检报系统，从而形成了丰田生产系统。这种方式先在公司范围内实施，然后又推广到其他协作厂、供应商、代理商以及汽车以外的各个行业，各行业也因此全面实现丰田生产系统。到 20 世纪 80 年代初，日本的小汽车、计算机、照相机、电视机以及各种机电产品自然而然地占领了英国和西方发达国家的市场，从而引起了美国为首的西方发达国家的惊恐和思考。

1985 年，美国麻省理工学院启动了一个重要的国际汽车计划（International Motor Vehicle Program，IMVP），整个计划耗资 500 万美元，历时 5 年对美国、日本以及西欧共 90 多家汽车制造厂进行了全面、深刻地对比分析与研究。1990 年，该项目的主要负责人詹姆斯等编著了《改变世界的机器》一书。该书深入系统地分析了造成日本和美国汽车工业差距的主要原因，将丰田生产方式定义为精益生产方式（Lean Production，LP），并对其管理思想的特点和内涵进行了详细的描述。他们认为，大量生产（Mass Production，MP）是旧时代工业化的象征——高效率、低成本、高质量；而精益生产是新时代工业化的标志，它只需要"一半人的努力，一半的生产空间，一半的投资，一半的设计、工艺编制时间，一半的新产品开发时间和少得多的库存"，同样能够实现大量生产的目标。

6.4.2 精益生产的内涵与特征

1. 精益生产的基本概念

詹姆斯在《改变世界的机器》一书中，并未给精益生产一个确切定义，只是认为精益生产基于四条原则：消除一切浪费，完美质量和零缺陷，柔性生产系统，不断改进。

大量生产实行严格的劳动分工，主要利用机器精度保证产品质量，从而缩短了产品生产周期，降低了生产成本。但这种生产方式存在设备多、人员多、库存多、占用资金多等弊病，而且生产设备和生产组织都是刚性的，变化困难，而精益生产的精髓是没有冗余、精打细算。精益生产要求生产线上没有一个多余的人，没有一样多余的物品，没有一点多余的时间：岗位设置必须是增值的，不增值岗位一律撤除；工人应是多面手，可以互相顶替。精益生产将生产过程中一切不增值的东西（人、物、时间、空间、活动等）均视为"垃圾"，认为只有清除垃圾，才能实现完美生产。

由此可见，精益生产的"精"，即少而精，不投入多余的生产要素，只是在适当的时间生产出必要数量的市场急需产品；"益"指所有的生产活动都要有效有益。为此，可把精益生产定义为：精益生产是通过系统结构、人员组织、运行方式和市场供求关系等方面的变革，使生产系统能快速适应用户需求的不断变化，并能使生产过程中一切无用的、多余的或不增加附加值的环节被精简，以达到产品生命周期内的各方面最佳效果。

2. 精益生产的特征

在《改变世界的机器》一书中，作者从工厂组织、产品设计、供货环节、顾客和企业管理这五个方面论述了精益生产企业的特征。归纳起来，精益生产的主要特征如下。

（1）以用户为"上帝"。产品面向用户，不仅要向用户提供周到的服务，而且要熟悉用户的思想和要求，生产出适销对路的产品。产品的适销性、适宜的价格、优良的质量、快的交货速度、优质的服务是面向用户的基本内容。

（2）以"人"为中心。企业对职工进行爱厂如家的教育，并从制度上保证职工的利益与企业的利益挂钩。企业应下放部分权力，使人人有权、有责任、有义务随时解决碰到的问题，还要满足人们学习新知识和实现自我价值的愿望，形成独特的、具有竞争意识的企业文化。

（3）以"精简"为手段。在组织机构方面实行精简化，去掉一切多余的环节和人员。在生产过程中，采用先进的柔性加工设备，减少非直接生产工人的数量，使每个工人都真正对产品实现增值。另外，采用 JIT 和 Kanban 方式管理物流，大幅度减少甚至实现零库存。

（4）Team Work 和并行设计。Team Work 是指由企业各部门专业人员组成的多功能设计组，对产品的开发和生产具有很强的指导和集成能力。该设计组全面负责一个产品型号的开发和生产，包括产品设计、工艺设计、编制预算、材料购置、生产准备及投产等工作，并根据实际情况调整原有的设计和计划。

（5）JIT 供货方式。JIT 供货方式可以保证最小的库存和最少在制品数。为了实现这种供货方式，应与供货商建立起良好的合作关系，实现共赢。

（6）"零缺陷"工作目标。精益生产所追求的目标不是"尽可能好一些"，而是"零缺陷"。当然，这样的境界只是一种理想境界，但应无止境地去追求这一目标，才会使企业永远保持进步，永远走在前列。

为进一步理解精益生产的本质特征，表 6-3 列出了精益生产与大量生产的比较结果。

表 6-3　精益生产与大量生产的比较结果

比较项目	大量生产	精益生产
追求目标	高效率、高质量、低成本	完善生产，消除一切浪费
工作方式	专业分工、专门化、互相封闭	责权利统一的工作小组，协同工作，团队精神
组织管理	宝塔式，组织机构庞大	权力下放，精简一切多余环节，扁平式组织结构
产品特征	标准化产品	面向用户的多样化产品
设计方式	串行模式	并行模式
生产特征	大批量，高效率	小批量，柔性化生产，生产周期短
供货方式	大库存缓冲	JIT 方式，接近零库存
质量保证	主要靠机床设备，检验部门事后把关，返修率高	依靠生产人员保证，追求"零缺陷"，返修率接近零
雇员关系	合同关系，短期行为	终身雇用，风雨同舟
用户关系	用户满意，主要靠产品质量、成本取胜	用户满意，需求驱动，主动销售
供应商	合同关系，短期行为	长期合作伙伴关系，利益共享，风险共担

6.4.3　精益生产的体系结构

1. 准时制生产

准时制生产又称为准时生产或及时生产，它原本是物流管理中的一个概念，指的是把必要的零件，以必要的数量在必要的时间送到生产位置，并且只把所需要的零件、只以所需要的数量、只在正好需要的时间送到生产位置。

1）准时生产的管理方式

制造系统中的物流方向是从毛坯到零件，从零件到组装再到总装。要组织这样的生产，可以采用两种不同的生产组织与控制方式。

一种是推动式的生产组织与控制方式。该方式从正方向看物流，即首先由一个计划部门按零部件展开，计算出每种零部件的需要量和各个生产阶段的提前期，确定每个零部件的生产计划，然后将生产计划同时下达给各个车间和工序，各个工序按生产计划开工生产，同时把生产出来的零部件推送到下一工序，直到零部件被装配成产品。这时，各工序的生产由生产计划推动，零部件由前工序推送到后工序。

另一种是拉动式的生产组织与控制方式。该方式则是从反方向看物流，即从总装到组装，再到零件，再到毛坯。当后一道工序需要运行时，才到前一道工序去拿取所需的部件、零件或毛坯，同时下达下一段时间的需求量。对于整个系统的总装线来说，由市场需求来适时、适量地控制，总装线根据自身需要给前一道工序下达生产指标，而前一道工序根据自身的需要给再前一道工序下达生产指标，依次类推。在这种方式下，各工序的生产由后工序的需要拉动，同时各工序的零部件由后工序领取，所以这种方式被称之为拉动式生产组织与控制方式。

对于推动式生产系统，如果市场需求发生变化，企业需要对所有工序的生产计划（产品数量）进行修改，但是通过修改生产计划来做出反应很困难，因此，为了保证最终产品的交货日期，一般采用增加在制品储备量的方法，以应付生产中的失调和故障导致的需求变化。在这种生产方式下，各工序之间是孤立的，前工序只需按自己的计划生产即可，而不管后工序是否需要，即使后工序出现故障情况也如此。其结果必然是过量生产，常常造成在制品的过剩和积压，使生产缺乏弹性和适应能力。

JIT 采用了拉动式生产组织与控制方式。生产计划只下达给最后的工序，明确需要生产的产品种类、需要的数量以及时间。最后工序根据生产计划，在必要的时刻到前工序领取必要数量的必要零部件用来按计划生产。在最后工序领走零部件后，其前工序即开始生产，生产的零部件种类及其数量就是最后工序领走的部分。这样依次类推，直到最前工序。也就是说，各后工序在需要的时候到前工序领取需要的零部件，同时也就把生产计划的信息传递到前工序。各前工序根据后工序传递来的生产计划信息进行生产，而且只生产被后工序领走的零部件。这样，就保证各工序在必要的时刻，按必要的数量，生产必要的零部件，实现准时化生产。

JIT 以消除生产过程中的一切浪费，包括过量生产、库存等，作为其根本目标。

2）准时生产管理方式的实现方法

JIT 的构造体系如图 6-8 所示，其中包括 JIT 的基本目标，实施手段、方法及其与看板管理之间的联系。为了消除或降低各种浪费，JIT 采取的主要措施是适时适量地生产产品、最大限度地减少操作工人、全面及时地进行质量检测与控制。JIT 的具体方法包括以下几种。

（1）适时适量生产。

①均衡化生产。所谓均衡化生产，是指企业生产尽可能地减少投入批量的不均衡性，使生产线每日平均地生产各种产品。在实施过程中，可通过制订合理生产计划，控制产品投产顺序；在专用设备上增加工夹具，使得专用设备通用化，以加工多种不同的零部件或产成品；制定标准作业、合理的操作顺序和操作规范等措施，实现均衡化生产。

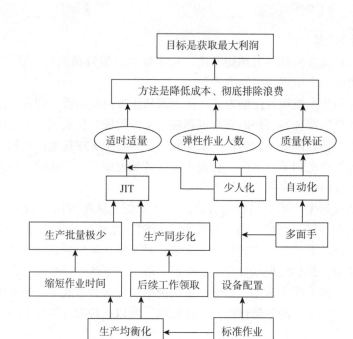

图 6-8　丰田准时制生产的构造体系

②生产过程同步化。生产过程同步化的理想状态是前一道工序加工结束后，立即转入下一道工序，工序间不设置仓库，使工序间在制品储存接近于零。为接近理想状态，采取的措施包括：合理地布置设备、缩短作业更换时间、制定合理的生产节拍、采取后工序领取的控制流程。

（2）最大限度地减少操作工人。员工实行弹性作业，采取的主要方法如下。

①适当的设备配置。把几条 U 型生产线作为一条统一的生产线联结起来，使原先各条生产线的非整数人工互相吸收或化零为整，使每个操作人员工作范围可简单地扩大或缩小，实施一人多机、多种操作。将特定的人工分配到尽量少的人员身上，从而将人数降下来。

②培养训练有素、具有多种技能的操作人员。采取职务定期轮换的方法，主要内容有定期调动、班内定期轮换、岗位定期轮换、制订或改善标准作业组合。

（3）全面及时地进行质量检测与控制。对产品质量进行及时的检测与处理，实现提高质量与降低成本的一致性。采取的措施：将产品质量差的原因消除在萌芽状态；生产一线操作人员发现产品或设备问题，可自行停止生产。

2. 精益生产体系

精益生产的核心内容是准时制生产方式。该种方式通过看板管理，成功地制止了过量生产，实现了"在必要的时刻生产必要数量的必要产品"，从而彻底消除产品制造过程中的浪费，以及由之衍生出来的种种间接浪费，实现生产过程的合理性、高效性和灵活性。JIT 方式是一个完整的技术综合体，包括经营理念、生产组织、物流控制、质量管理、成本控制、库存管理、现场管理等在内的较为完整的生产管理技术与方法体系，如图 6-9 所示。

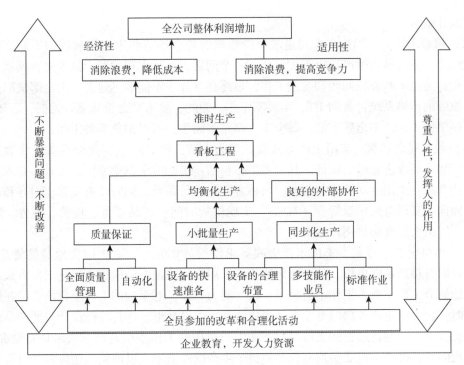

图6-9 丰田准时制生产方式的技术体系结构

精益生产是在 JIT 生产方式、成组技术 GT 以及全面质量管理 TQC 的基础上逐步完善的，构造了一幅以 LP 为屋顶，以 JIT、GT、TQC 为三根支柱，以 CE 和小组化工作方式为基础的建筑画面，如图 6-10 所示。它强调以社会需求为驱动，以人为中心，以简化为手段，以技术为支撑，以"尽善尽美"为目标。主张消除一切不产生附加价值的活动和资源，从系统观点出发将企业中所有的功能合理地加以组合，以利用最少的资源、最低的成本向顾客提供高质量的产品服务，使企业获得最大利润和最佳应变能力。

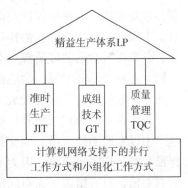

图6-10 精益生产的体系结构

6.4.4 丰田汽车公司精益生产的要点

精益是一种全新的企业文化，而不是最新的管理时尚。精益生产方式只有在生产秩序良好、各道工序设置合理、产品质量稳定的企业才有可能推行和实施。传统企业向精益企业转变，不仅要具有良好的内部环境，也需要一定的外部条件，因此不能一蹴而就，需要付出一定的代价。学习丰田汽车公司的经验，有必要掌握丰田精益生产的要点。

（1）以人为本。丰田生产方式认为生产活动的核心是人，而不是机器。要想完善生产过程，必须调动所有员工（特别是生产一线人员）的积极性和创造性。其主要措施有：以股东和员工一致满意作为企业经营目标，采用终身聘用和工龄工资制度，使雇员的利益与公司的利益紧密结合起来，使雇员心甘情愿为公司拼命工作；责任和权利同时下放，将人员工作责任转移到生产一线人员身上，同时赋予他们相应的权利，使他们成为生产真正的主人；任人唯贤，采用多种形式和奖励方法，鼓励生产一线人员揭露生产问题，为了不断改进生产过程而献计献策。

(2) 精益求精。丰田生产方式追求生产活动的各个环节和生产全过程的不断完善，其主要做法是：宁肯停止生产，也不放过任何一个问题，一旦出现问题，就要追查到底，直至解决为止；通过不断查找问题和改进工作，最终建立起一个能够迅速追查出全部缺陷并找出其最终原因的检测系统；贯彻 JIT，实现零库存。为此，要求每台设备完好无损、运转正常，每个工序工作正常，不出残次品，每个工人都是多面手，可以担负多种工作。

(3) 顾客完全满意。丰田生产方式视顾客为上帝，将"使顾客完全满意"作为企业的业务目标和不断改进业绩的保证。其主要工作包括：贯彻需求驱动原则，按顾客需求生产适销对路的产品；采用主动销售的策略，与顾客直接进行联系，同时注意发掘、引导和影响顾客消费倾向；实行全面质量管理（TQC），实现供货时间、产品质量、售价、服务、环保综合优化，以最大限度满足用户需求。

(4) 小组化工作方式。丰田生产方式要求消灭一切冗余，最大限度地精简管理机构，将管理权限转移到基层单位。其主要做法是：采用矩阵式组织结构、小组化工作方式，按任务和功能划分工作小组，工作小组集责、权、利为一体，对承担的工作全权负责；在进行产品开发时，建立由企业各部门专业人员组成的多功能设计组，进行并行设计，使产品设计时充分考虑到下游的制造过程和支持过程；在生产现场的工作小组对产品质量负有全面责任。一旦发现问题，每个小组成员均有权利使整个生产线停下来，以便使问题得到及时解决。

(5) 与供应商关系。与供应商和协作厂建立长期、稳定的合作伙伴关系，实现利益共享，风险共担。有些协作厂与丰田公司互相拥有对方的股份，达到互相依赖、生死与共的程度。丰田公司将供应商和协作厂视为协同工作的一部分，与他们及时交流和充分沟通各种信息，必要时派自己的雇员参与对方工作，使双方经营策略、管理方法、质量标准等达到完全一致。在新产品开发时，供应商与协作厂密切关注并积极参与，有利于保证新产品开发一次成功，并能以最快的速度投放市场。

如今在丰田公司的组装厂里，实际上已经不设返修场地，几乎没有返修作业，且在组装线上不设专职质检人员，而交到用户手中的汽车质量，据美国的报告，丰田汽车的缺陷是世界最少的。理由很简单，因为不管专职质检人员如何努力，也不可能发现复杂产品组装中的所有差错，只有组装工人对问题最为清楚。

精益生产的最终目标是追求"零缺陷"。这是一个追求完美和卓越的过程，是支撑个人和企业生命的精神力量。在丰田汽车公司有这样一句名言："价格是可以商量的，但质量是没有商量余地的。"

6.5　敏捷制造

6.5.1　敏捷制造的产生与含义

1991 年，理海大学（Lehigh University）在研究和总结美国制造业的现状和潜力后，发表了具有划时代意义的《21 世纪制造企业发展战略》报告，提出了敏捷制造（Agile Manufacturing，AM）的概念。敏捷制造是在具有创新精神的组织和管理结构、先进制造技术、有技术有知识的管理人员这三大支柱的支撑下得以实施的，通过所建立的共同基础结构，对迅速改变的市场需求和市场进度做出快速响应。敏捷制造比起其他制造方式具有更灵敏、更快捷的反应能力。

敏捷制造是以"竞争-合作（协同）"的方式，提高企业竞争能力，实现对市场需求做出灵活快速反应的一种新的制造模式。它要求企业采用现代通信技术，以敏捷动态优化的形式组织新产品开发，通过动态联盟、先进柔性生产技术和高素质人员的全面集成，迅速响应客户需求，及时交付新产品并投入市场，从而赢得竞争优势。下面从市场、企业能力和合作伙伴三个方面理解敏捷制造的内涵，如图 6-11 所示。

（1）敏捷制造的着眼点是快速响应市场/用户的需求。产品市场总的发展趋势是多样化和个性化，传统的大批量生产方式已不能满足瞬息万变的市场需求。敏捷制造思想的出发点是在对产品和市场进行综合分析时，首先明确用户是谁，用户的需求是什么，企业对市场做出快速响应是否值得。只有这样，企业才能对市场/用户的需求做出响应，迅速设计和制造高质量的新产品，以满足用户的要求。

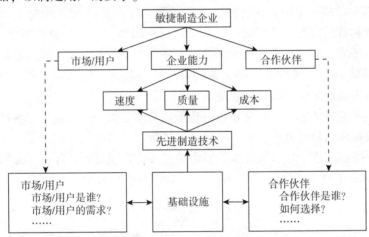

图 6-11　敏捷制造概念示意图

（2）敏捷制造的关键因素是企业的应变能力。企业要在激烈的市场竞争中生存和发展，必须具有敏捷性，即能够适时抓住各种机遇，把握各种变化的挑战，不断通过技术创新来引导市场潮流。敏捷企业能够以最快的速度、最好的质量和最低的成本，迅速、灵活地响应市场和用户需求，从而赢得竞争。

（3）敏捷制造强调"竞争-合作（协同）"。为了赢得竞争优势，必须采用灵活多变的动态组织结构，以最快的速度从企业内部某些部门和企业外部不同公司中选出设计、制造该产品的优势部分，组成一个单一的经营实体。在竞争-合作（协同）的前提下，企业需要考虑的问题包括：①哪些企业能成为合作伙伴？②怎样选择合作伙伴？③选择一家还是多家合作伙伴？④采取何种合作方式？⑤合作伙伴是否愿意共享数据和信息？⑥合作伙伴是否愿意持续不断地改进？

6.5.2　敏捷制造的组成

敏捷制造主要由基础结构和虚拟企业两个部分组成。基础结构为虚拟企业提供环境和条

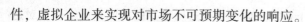

件，虚拟企业来实现对市场不可预期变化的响应。

1. 基础结构

敏捷制造需要有基础结构（Infrastructure）的支持。物理、法律、社会和信息构成了敏捷制造的四个基础结构。

（1）物理基础结构。它是指虚拟企业运行所必需的厂房、设施、资源等必要的物理条件，是指一个国家乃至全球范围内的物理设施。这样考虑的目的是当一个机会出现时，为了抓住机会，尽快占领市场，只需要添置少量必需的设备，集中优势开发关键部分，而多数的物理设施可以通过选择合作伙伴得到，以实现敏捷制造。

（2）法律基础结构。它也称为规则基础结构，主要是指国家关于虚拟企业的法律、合同和政策。具体来说，它应规定出如何组成一个法律上承认的虚拟企业，这涉及如何交易、利益如何分享、资本如何流动和获得、如何纳税、虚拟企业破产后如何还债、虚拟企业解散后如何保证产品质量的全程服务及人员如何流动等问题。虚拟企业是一种新的概念，它给法律界带来了许多新的研究课题。

（3）社会基础结构。虚拟企业要能生存和发展，还需要社会环境的支持。例如，虚拟企业经常会解散和重组，人员的流动是一个非常自然的事。人员需要不断地接受职业培训，不断地更换工作环境，这些都需要社会来提供职业培训、职业介绍的服务环境。

（4）信息基础结构。这是指敏捷制造的信息支持环境，包括能提供各种服务的网点、中介机构等一切为虚拟企业服务的信息手段。

敏捷制造的基本特征之一就是企业在信息集成基础上的合作与竞争。参加敏捷制造环境的企业可以分布在全国乃至世界各地。随着计算机技术在制造业中的应用，企业一般都建立了内部的局域网络，连接管理、设计和控制系统。要建设敏捷制造环境，必须将各企业内部局域网络通过 Internet（或 Intranet）连接起来，如图 6-12 所示。

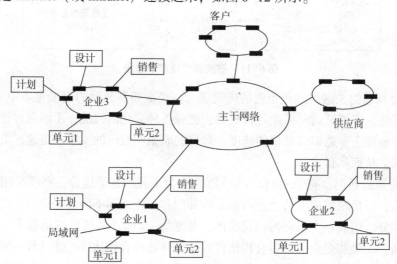

图 6-12 敏捷制造计算机网络环境

图 6-13 是一个典型的信息集成基础结构框架，其中有 4 个层次：网络通信层，连接异构设备和资源，进行结构和目标描述、定义节点在网络中的位置；数据服务层，向计算机网络节点发送和从计算机网络节点请求信息，进行数据格式转换，在计算机网络节点间进行信息交换；信息管理层，提供通用软件包和程序库，具有信息导航功能，支持电子邮件和超文本文件的传送；应用服务层，提供支持企业经营、电子化贸易和加工制造活动的标准、协议、系统模型和接口等。

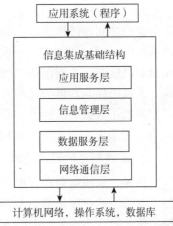

图 6-13　信息集成基础结构框架

2. 虚拟企业

虚拟企业（Virtual Enterprises，VE）又称动态联盟（Virtual Orgnization，VO），是面向产品经营过程的一种动态组织结构和企业群体集成方式。它是依靠电子信息手段联系的一个动态组成的合作竞争组织结构，它将分布在不同地区的不同公司的人力资源和物质资源组织起来，以快速响应某一市场需求。只要市场机会存在，虚拟企业就会继续存在，市场机会消失，虚拟企业就将解体。参加虚拟制造环境的企业将在通信网络上提供标准的、模块化的和柔性的设计与制造服务。各类服务经过资格认证就可以入网。另外，在虚拟制造环境中，若干企业可以提供相同或类似服务，系统可以从最优的目标出发，在竞争的基础上择优录用。敏捷制造主要采用合作竞争的策略，分布在网络上的每个企业都缺乏足够的资源和能力来单独满足用户需求，各企业之间必须进行合作，各自求解一定的子问题，每个企业所得出的子问题解的集合构成原问题的解。敏捷制造可以连接各种规模的生产资源，根据用户需求和虚拟制造环境中各企业现有能力，在合作竞争的基础上组成面向任务的虚拟企业。

6.5.3　敏捷制造关键因素

敏捷制造的目的可概括为：将柔性生产技术，有技术、有知识的劳动力与能够促进企业内部和企业之间合作的灵活管理集成在一起，通过所建立的共同基础结构，对迅速改变的市场需求做出快速响应。由此可见，敏捷制造主要包括三个要素：生产技术、管理技术和人力资源。

1. 敏捷制造的生产技术

敏捷性是通过将技术、管理和人员三种资源集成为一个协调的、相互关联的系统来实现的。首先，具有高度柔性的生产设备是创建敏捷制造企业的必要条件（但不是充分条件）。所必需的生产技术在设备上的具体体现是：由可改变结构、可测量的模块化制造单元构成的可编程的柔性机床组；智能制造过程控制装置；用传感器、采样器、分析仪与智能诊断软件相配合，对制造过程进行闭环监视等。其次，在产品开发和制造过程中，能运用计算机能力和制造过程的知识基础，用数字计算方法设计复杂产品；可靠地模拟产品的特性和状态，精确地模拟产品制造过程。各项工作是同时进行的，而不是按顺序进行的。同时，开发新产品，编制生产工艺规程，进行产品销售。设计工作不仅仅属于工程领域，也不只是工程与制造的结合。从用材料制造成品到产品最终报废的整个产品生命周期内，每一个阶段的代表都要参加产品设计。技术在缩短新产品的开发与生产周期上可充分发挥作用。再次，敏捷制造企业是一种高度集成的组织。信息在制造、工程、市场研究、采购、财务、仓储、销售、研究等部门之间连续地流动，而且还要在敏捷制造企业与其供应厂家之间连续流动。在敏捷制造系统中，用户和供应厂家在产品设计和开发中都应起到积极作用。每一个产品都可能要使用具有高度交互性的网络。同一家公司的、在实际上分散、在组织上分离的人员可以彼此合作，并且可以与其他公司的人员合作。最后，把企业中分散的各个部门集中在一起，靠的是严密的通用数据交换标准、坚固的组件（许多人能够同时使用同一文件的软件）、宽带通信通道（传递需要交换的大量信息）。

2. 敏捷制造的管理技术

首先，敏捷制造在管理上所提出的最创新的思想之一是虚拟企业。敏捷制造认为，新产品投放市场的速度是当今最重要的竞争优势。推出新产品最快的办法是利用不同公司的资源，使分布在不同公司内的人力资源和物资资源能随意互换，然后把它们综合成单一的靠电子手段联系的经营实体——虚拟企业，以完成特定的任务。也就是说，虚拟企业就像专门完成特定计划的一家企业一样，只要市场机会存在，虚拟企业就存在；该计划完成了，市场机会消失了，虚拟企业就解体。能够经常形成虚拟企业的能力将成为企业一种强有力的竞争武器。

有些企业总觉得独立生产比合作要好，这种观念必须要破除。应当把克服与其他企业合作的组织障碍作为首要任务，而不是作为最后任务。此外，需要解决因为合作而产生的知识产权问题，需要开发管理企业、调动人员工作主动性的技术，寻找建立与管理项目组的方法，以及建立衡量项目组绩效的标准，这些都是艰巨任务。

其次，敏捷制造企业应具有组织上的柔性，因为先进工业产品及服务的激烈竞争环境已经开始形成，越来越多的产品要投入瞬息万变的世界市场上去参与竞争。产品的设计、制造、分配、服务将用分布在世界各地的资源（企业、人才、设备、物料等）来完成。制造企业日益需要满足各个地区的客观条件。这些客观条件不仅反映社会、政治和经济价值，而且还反映人们对环境安全、能源供应能力等问题的关心。在这种环境中，采用传统的纵向集成形式，企图"关起门来"什么都自己做是注定要失败的，必须采用具有高度柔性的动态组织结构。根据工作任务的不同，有时可以采取内部多功能团队形式，请供应者和用户参加团队；有时可以采用与其他企业合作的形式；有时可以采取虚拟企业形式。有效地运用这些手段，就能充分利用企业的资源。

3. 敏捷制造的人力资源

敏捷制造在人力资源上的基本思想是，在动态竞争的环境中，关键的因素是人员。柔性生产技术和柔性管理要使敏捷制造企业的人员能够实现他们自己提出的发明和合理化建议。没有一个一成不变的原则来指导此类企业的运行。唯一可行的长期指导原则，是提供必要的物质资源和组织资源，支持人员的创造性和主动性。

在敏捷制造时代，产品和服务的不断创新和发展，制造过程的不断改进，是竞争优势的同义语。敏捷制造企业能够最大限度地发挥人的主动性。有知识的人员是敏捷制造企业中唯一最宝贵的财富。因此，不断对人员进行教育，不断提高人员素质，是企业管理层应该积极支持的一项长期投资。每一个雇员消化吸收信息、对信息中提出的可能性做出创造性响应的能力越强，企业可能取得的成功就越大。对于管理人员和生产线上具有技术专长的工人都是如此。科学家和工程师参加战略规划和业务活动，对敏捷制造企业来说是决定性的因素。在制造过程的科技知识与产品研究开发的各个阶段，工程专家的协作是一种重要资源。

敏捷制造企业中的每一个人都应该认识到柔性可以使企业转变为一种通用工具，这种工具的应用仅仅取决于人们对于使用这种工具进行工作的想象力。大规模生产企业的生产设施是专用的，因此，这类企业是一种专用工具。与此相反，敏捷制造企业是连续发展的制造系统，该系统的能力仅受人员的想象力、创造性和技能的限制，而不受设备限制。敏捷制造企业的特性支配着它在人员管理上所特有的、完全不同于大量生产企业的态度。管理者与雇员之间的敌对关系是不能容忍的，这种敌对关系限制了雇员接触有关企业运行状态的信息。信息必须完全公开，管理者与雇员之间必须建立相互信赖的关系。工作场所不仅要完全，而且对在企业的每一个层次上从事脑力创造性活动的人员都要有一定的吸引力。

6.5.4 实施敏捷制造的技术

为了推进敏捷制造的实施，1994 年由美国能源部制订了一个"实施敏捷制造技术"（Technologies Enabling Agile Manufacturing，TEAM）的五年计划，该项目涉及联邦政府机构、著名公司、研究机构和大学等 100 多个单位。1995 年，该项目的策略规划和技术规划公开发表，它将实施敏捷制造的技术分为产品设计和企业并行工程、虚拟制造、制造计划与控制、智能闭环加工和企业集成五大类。

（1）产品设计和企业并行工程。产品设计和企业并行工程的使命就是按照客户需求进行产品设计、分析和优化，并在整个企业内实施并行工程。通过产品设计和企业并行工程，产品设计在概念优化阶段就可考虑产品整个生命周期的所有重要因素，如质量、成本、性能，以及产品的可制造性、可装配性、可靠性与可维护性等。

（2）虚拟制造。虚拟制造就是"在计算机上模拟制造的全过程"。具体地说，虚拟制造将提供一个功能强大的模型和仿真工具集，并在制造过程分析和企业模型中使用这些工具。过程分析模型和仿真包括产品设计及性能仿真、工艺设计及加工仿真、装配设计及装配仿真等；而企业模型则考虑影响企业作业的各种因素。虚拟制造的仿真结果可以用于制订制造计划、优化制造过程、支持企业高层进行生产决策或重新组织虚拟企业。由于产品设计和制造是在数字化虚拟环境下进行的，这就克服了传统试制样品投资大的缺点，避免失误，保证投入生产一次成功。

（3）制造计划与控制。制造计划与控制的任务就是描述一个集成的宏观（企业的高层计划）和微观（详细的信息生产系统，包括制造路径、详细的数据以及支持各种制造操作的信息等）计划环境。该系统将使用基本特征的技术、与 CAD 数据库的有效连接方法、具有知识处理能力的决策支持系统等。

（4）智能闭环加工。智能闭环加工就是应用先进的控制和计算机系统以改进车间的控制过程。当各种重要的参数在加工过程中能够得到监视和控制时，产品质量就能够得到保证。智能闭环加工将采用投资少、效益高、以微机为基础的具有开放式结构的控制器，以达到改进车间生产的目的。

（5）企业集成。企业集成就是开发和推广各种集成方法，在适应市场多变的环境下运行虚拟的、分布式的敏捷企业。TEAM 计划将建立一个信息基础框架——制造资源信息网络，使得地理上分散的各种设计、制造工作小组能够依靠这个网络进行有效的合作，并能够依据市场变化而重组。

6.5.5 敏捷制造的应用

美国汽车公司 USM（United States Motor Co.）是一家以国防部为主用户的汽车公司。它向用户承诺：每辆 USM 汽车都按用户要求制造；每辆 USM 汽车从订货起三天内交货；在 USM 汽车的整个生命周期内，有责任使用户满意，而且这种车能够重新改装，使用寿命长。

在此以前，任何公司不管花费多大代价，都不可能做到这三点。如果 USM 的管理结构按传统构成，多级的机构和自动流水线构成，即使采用新技术，也无法实现上述承诺。但 USM 公司却可以做到这一点。

USM 需要不断地成立产品设计小组来完成销售部门、工程部门或生产现场提出的项目任务。产品设计小组的成员包括生产一线的工人、工程师、销售人员以及供应厂商的代表。在 USM，产品也可由用户根据自己的需要直接设计。潜在的用户可以通过家里或销售商店的计算机，利用 USM 软件设计自己的汽车。这种软件能够生成用户构思的逼真的汽车图像和售价，并能估算在规定使用条件下的运行费用。如果需要订货，则可将所设计的车型传送到销售点，用户在那里可以借助多媒体模拟装置，对汽车进行非常接近于实际、不同条件下的试验。试验时，驾驶人员坐在可编程的椅子上，戴上虚拟现实眼镜，在视野内可以看到他们选择的操纵板和座椅的结构、颜色、控制装置的位置，通过窗口能够看到前后盖板和挡泥板的形状、外面的景物，还可以听到在各种行驶速度下发出的响声和风声。通过可编程序座椅、方向盘、模拟控制装置可以感觉到悬挂装置对不同路面和拐弯速度的反应。用户还可以进一步调整汽车的各种功能、美观和舒适程度，直到满意为止。此时，用户就可以办理订货的一切手续。

产品设计一旦被批准，就能立即投入生产，因为 USM 的产品设计与制造工艺设计是同时进行的，设计的结果能够立即转换为现实生产所需要的信息，并且可以借助巨型计算机对全车的设计和制造工艺进行仿真。USM 的生产线很短，因为汽车采用的是模块化设计，这种模块化程度很高的汽车，使每个用户都可得到一辆价格合理、专门定制的车，而且这种车不会轻易报废，很容易进行改造。如果需要，用户可以更换某些模块，加以更新换代，花的钱比重新买一辆新车少得多。对于 USM 公司来说，也可以把市场积压的过时汽车，返回工厂重新改装后再销售。USM 公司的决策权力是分散的，这使得管理层次很少，再加上 USM 的产品结构灵活，可以方便地重构，汽车可以根据用户要求制造，交货期极短，所以 USM 公司具有极大的竞争优势。

本章小结

本章通过介绍制造模式的演化，引出了先进制造模式的内涵和类型，分析了制造模式与管理、先进制造模式和先进制造技术之间的区别与关系，接着一一介绍了计算机集成制造、大批量定制、精益生产、敏捷制造等先进制造模式的概念、特征、关键技术以及应用。本章重点是大批量定制和精益生产，本章难点是精益生产体系和敏捷制造的关键技术。

拓展与思考

　　先进制造模式单列成章，目的是想引起学生或读者们高度重视，防止和克服过去曾经出现过的只埋头研究技术而忽视环境、忽视战略层研究的倾向。受篇幅所限，本章没有列举关于每一种制造模式的应用案例。因此，要求学生在了解某一制造模式体系结构的基础上，通过读书、上网查询或去企业参观学习等方式，多去看一些关于这种制造模式应用的成功案例，积极思考，掌握其精髓，培养科学思维与科学创新能力。

 思考题与习题

　　6-1　简述先进制造模式的内涵。

　　6-2　制造业的生产方式的发展大致经历了哪几个主要阶段？

　　6-3　制造模式与管理有何区别？先进制造模式和先进制造技术之间有何关系？

　　6-4　丰田汽车公司创始人到福特汽车公司考察学习，但为什么没有照搬福特汽车公司的大批量生产方式？丰田的做法有何现实意义？

　　6-5　CIM 和 CIMS 有何区别和联系？

　　6-6　CIMS 由哪几个系统组成？简述 CIMS 的体系结构。

　　6-7　何谓大批量定制？大批量定制和大批量生产有何联系和区别？

　　6-8　大批量定制有哪几种方式？企业通常采用的是何种定制方式？

　　6-9　简述大批量定制的基本原理。实现大批量定制的关键技术有哪些？

　　6-10　阐述精益生产的主要内容和体系构成。

　　6-11　精益生产有哪些特点？

　　6-12　精益生产模式下"不增值岗位不设"对现在的管理有何指导意义？

　　6-13　敏捷制造是在什么样的背景下产生的？

　　6-14　敏捷制造主要概念是什么？

　　6-15　敏捷制造企业的特点有哪些？

第7章
智能制造

 学习目标 ▶▶ ▶

1. 了解智能制造的基本概念，掌握智能制造的主要内容，明确智能制造的主要目标。

2. 了解智能制造的技术体系构成。

3. 熟悉智能加工的基本特征，了解智能加工技术系统的基本构成。要认识到我国智能加工领域尚待解决的主要问题，并能提出解决问题的措施。

4. 搞清楚智能控制和传统控制的不同，懂得智能控制在机械制造中是如何应用的，了解智能控制的发展趋势。

5. 搞清楚智能生产线和一般自动生产线的区别，能结合具体案例分析智能生产线的组成和运行。

6. 领会"工业4.0"的内涵，会分析智能工厂的架构。

7.1 概 述

 ### 7.1.1 智能制造的基本概念

"智能制造"以制造和智能两个方面来进行理解。制造是指对材料进行加工或再加工，以及对零部件进行装配的过程。智能是由"智慧"和"能力"两个词语构成的。从感觉到记忆到思维这一过程，称为"智慧"，智慧的结果产生了行为和语言，将行为和语言的表达过程称为"能力"，两者合称为智能。

目前，国际上关于智能制造的定义有很多。美国 Wright 和 Bourne 在其《制造智能》一书中将智能制造定义为"通过集成知识工程、制造软件系统、机器人视觉和机器人控制来对制造技工们的技能与专家知识进行建模，以使智能机器能够在没有人工干预的情况下进行小批量生产"。当然，今天能够用于制造活动的智能技术不只是上述定义中所列举的。此外，智能制造显然不局限于小批量生产。不过，能在相关技术发展尚不成熟的 20 世纪 80 年代提出智能制造的概念无疑是富有远见和开创性的工作。

我国的专家学者也相继对智能制造给出定义，如："一种由智能机器和人类专家共同组成的人机一体化智能系统，在制造过程中能进行智能活动，诸如分析、推理、判断、构思和决策等。通过人与智能机器的合作共事，去扩大、延伸和部分地取代人类专家在制造过程中的脑力劳动。""智能制造是基于新一代信息技术，贯穿设计生产、管理、服务等制造活动各个环节，具有信息深度自感知、智慧优化自策、精准控制自执行等功能的先进制造过程、系统与模式的总称。"

简言之，智能制造是指把机器智能融合于制造的各种活动中，以满足企业相应目标的全过程。这里的机器智能包括计算、感知、识别、存储、记忆、呈现、仿真、学习、推理等，既包括传统智能技术，也包括新一代人工智能技术（如基于大数据的深度学习）。虽然机器智能是人开发的，但很多单元智能（如计算、记忆等）的强度远超人的能力。

智能制造系统是指把机器智能融入包括人和资源在内的系统中，使制造活动能动态地适应需求和制造环境的变化，从而满足系统的优化目标。智能制造系统必须具备一定的自主性的感知、学习、分析、决策、通信与协调控制能力。如图7-1所示，智能制造系统可以是一个加工单元或生产线，一个车间，一个企业，一个由企业及其供应商和客户组成的企业生态系统。动态适应意味着对环境变化（如温度变化、刀具磨损、市场波动等）能够实时响应；优化目标涉及企业运营的目标，如效率、成本、节能降耗等。

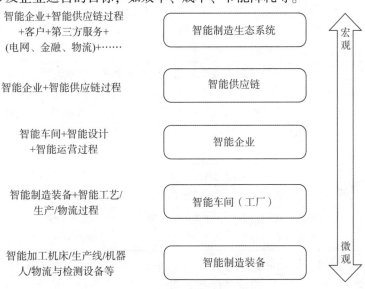

图7-1　智能制造系统的层次

7.1.2　智能制造的主要内容和目标

智能制造是"中国制造2025"的主要发展方向，不仅是中国实现制造业转型升级的重要契机，还关系到未来中国制造强国战略的成功与否。"中国制造2025"以促进制造业创新发展为主题，以提质增效为中心，以加快新一代信息技术与制造业深度融合为主线，以推进智能制造为主攻方向，以满足经济社会发展和国防建设对重大技术装备需求为目标，强化工业基础能力，提高综合集成水平，完善多层次多类型人才培养体系，实现制造业由大变强。

1. "中国制造2025"的五项工程

制造业是国民经济的基础，是科技创新的主战场，是立国之本、兴国之器、强国之基。当前，全球制造业发展格局和我国经济发展环境发生重大变化，因此必须紧紧抓住当前难得的战略机遇，突出创新驱动，优化政策环境，发挥制度优势，实现中国制造向中国创造转变，中国速度向中国质量转变，中国产品向中国品牌转变。

围绕实现制造强国的战略目标，"中国制造2025"明确了五项重大工程，如表7-1所示。

表7-1 "中国制造2025"五项重大工程

工程	具体内容
智能制造工程	开展信息技术与制造装备融合的集成创新和工程应用，开发智能产品和自主可控的智能装置并实现产业化； 建设重点领域智能工厂/数字化车间； 开展智能制造试点示范及应用推广； 建立智能制造标准体系和信息安全保障； 搭建智能制造网络系统平台
工业强基工程	支持核心基础零部件（元器件）、先进基础工艺、关键基础材料的首批次或跨领域应用； 突破关键基础材料、核心技术零部件工程化、产业化瓶颈； 完善重点产业基础体系
绿色制造工程	组织实施传统制造业能效提升、清洁生产、节水治污、循环利用等专项技术改进； 开展重大节能环保、资源综合利用、再制造、低碳技术产业化示范； 实施重点区域、流域、行业清洁生产水平提升计划； 开展绿色评价
高端装备创新工程	实施一批创新和产业化专项、重大工程； 开发一批标志性、带动性强的重点产品和重大装备
制造业创新中心建设工程	形成一批制造业创新中心； 重点开展行业基础和共性关键技术研发、成果产业化、人才培训等工作

从表7-1可以看出，智能制造工程是"中国制造2025"五项重大工程其中的一项，并包含大量的内容，可见智能制造的重要性和必要性。

2. 智能制造的主要目标

智能制造以数字化、系统集成、技术装备、工业软件系统等技术作为支撑，持续推广全新的智能制造新模式。智能制造的目标主要体现在以下几个方面。

（1）实现由机器智能代替人工制造，使脑力劳动自动化。

（2）在制造系统中实现机器智能代替工人的技能，使得制造过程不再依赖于人的手艺、在维持自动生产时不再需要人的监视、决策控制使得制造系统能进行自主的生产。

（3）满足客户特定的需求。产品的特定需求来源于不同客户多样化与动态变化的特定需求，企业必须在某一方面具有特定生产的能力，才能在激烈竞争市场中具有很强的竞争力，才能得以生存。智能制造可以为特定产品提供技术支持，通过智能化手段可以缩短产品的试制周期，通过智能化制造装备可以提高生产的柔性，以适应单件、小批量生产模式等。

（4）实现复杂零件的高品质制造。许多行业有较多结构复杂、加工质量要求非常高的零件，若用传统方法加工，则其加工变形难以控制，质量的一致性也难以保证。采用智能制造技术，可在线监测加工过程中的力热–变形场的分布特点，实时掌握加工中的工况变化并根据工况的变化及时进行决策，使制造装备自律运行，可显著提升复杂零件的加工质量。

（5）提升产品价值，拓展产品价值链。产品的价值体现在产品全生命周期"研发–制造–服务"的每一个环节，其中制造过程的利润空间通常较低，而研发与服务阶段的利润较高。智能制造有助于企业拓展价值空间，通过产品智能设计技术，实现产品智能化升级和创新，以提升产品价值。也可通过产品个性化定制、产品使用过程中的在线实时监控、远程故障诊断等智能服务手段，创造产品的新价值，拓展产品价值链。

7.1.3 智能制造与传统制造的异同

智能制造是一种由智能机器和人类专家共同组成的人机一体化智能系统，通过人与智能机器的合作共事，去扩大、延伸和部分地取代人类专家在制造过程中的脑力劳动。它更新了制造自动化的概念，使其扩展到柔性化、智能化和高度集成化。智能制造与传统制造的异同点主要体现在产品的设计、产品的加工、制造管理以及产品服务等几个方面，具体如表7–2所示。

表7–2 智能制造与传统制造的异同

分类	传统制造	智能制造	智能制造的影响
设计	常规产品 面向功能需求设计 新产品周期长	虚实结合的个性化设计，个性化产品 面向客户需求设计 数值化设计，周期短，可实时设计手段的改变	设计理念与使用价值观的改变 设计方式的改变 设计手段的改变 产品功能的改变
加工	加工过程按计划进行 半智能化加工与人工检测 生产高度集中组织 人机分离 减材加工成型方式	加工过程柔性化，可实时调整 全过程智能化加工与在线实时 生产组织方式个性化 网络化过程实时跟踪 网络化人机交互与智能控制 减材、增材多种加工成型方式	劳动对象变化 生产方式的改变 生产组织方式的改变 生产质量监控方式的改变 加工方法多样化 新材料、新工艺不断出现
管理	人工管理为主 企业内管理	计算机信息管理技术 机器与人交互指令管理 延伸到上下游企业	管理对象变化 管理方式变化 管理手段变化 管理范围扩大
服务	产品本身	产品全生命周期	服务对象范围扩大 服务方式变化 服务责任增大

7.2 智能制造技术体系

7.2.1 智能制造技术体系构成

智能制造技术涉及产品全生命周期中的设计、生产、管理和服务等环节的制造活动。其技术体系主要包括制造智能技术、智能制造装备技术、智能制造系统技术和智能制造服务技术。

1. 制造智能

制造智能主要涉及制造活动中的知识、知识发现和推理能力、智能系统结构和结构演化能力。智能制造技术主要包括感知与测控网络技术、知识工程技术、计算智能技术、感知-行为智能技术、人机交互技术等。智能传感器、智能仪器仪表及测控网络是智能制造的基石，知识是智能制造的核心，推理是智能制造的灵魂，是系统智慧的直接体现。

2. 智能制造装备

智能制造装备是先进制造技术、数控技术、现代传感技术以及智能技术深度融合的结果，是实现高效、高品质、节能环保和安全可靠生产的下一代制造装备。其主要技术特征是：具有对装备运行状态和环境的实时感知、处理和分析能力；具有根据装备运行状态变化的自主规划、控制和决策能力；具有故障自诊断和自修复能力具有参与网络集成和网络协同的能力。

在智能制造装备技术研究方面，要重点推进高档数控机床与基础制造装备、自动化成套生产线、智能控制系统、精密和智能仪器仪表与试验设备、关键基础零部件/元器件及通用部件、智能专用装备的发展，实现生产过程自动化、智能化、精密化、绿色化，带动工业整体技术水平的提升。智能机床是最重要的智能制造装备，具有感知环境和适应环境的能力及智能编程的功能，具备宜人的人机交互模式、网络集成和协同能力将成为未来20年高端数控机床的发展趋势。

3. 智能制造系统

如前所述，智能制造系统是一种由智能机器和人类专家共同组成的人机一体化智能系统，其最终要从以人为决策核心的人机和谐系统向以机器为主题的自主运行系统转变。要实现这一目标，就必须攻克一系列关键技术，如制造系统建模与自组织技术、智能制造执行系统技术、智能企业管控技术、智能供应链管理技术以及智能控制技术等。

4. 智能制造服务

当前制造业正经历从生产型制造向服务型制造的转型。制造服务包含产品服务和生产服务。智能制造服务强调知识性、系统性和集成性，强调以人为本的精神，为客户提供主动、在线、全球化服务，它采用智能技术来提高服务状态、环境感知能力与服务规划、决策、控制水平，提升服务质量，扩展服务内容。

7.2.2 智能制造技术的支撑技术

智能制造技术是以知识信息处理技术为核心的面向21世纪的制造技术，其主要支撑技术如下。

（1）人工智能技术。采用智能制造技术的目的是利用计算机模拟制造业人类专家的智能活动，以取代或延伸人的部分脑力劳动，而这正是人工智能技术的研究内容。人工智能技术研究的是利用机器来模拟人类的某些智能活动的有关理论和技术，由此可见，智能制造技术离不开人工智能技术。

（2）并行工程。并行工程是集成地、并行地设计产品及相关过程的系统化方法。通过组织多学科产品开发小组、改进产品开发流程和利用各种计算机辅助工具等手段，可使多学科小组在产品开发初始阶段就能及早考虑下游的可制造性、可装配性、质量保证等因素，从而达到缩短产品开发周期、提高产品质量、降低产品成本、增强企业竞争力的目的。

（3）虚拟制造技术。虚拟制造技术是建立在利用计算机完成产品整个开发过程这一构想基础之上的产品开发技术，它综合应用建模、仿真和虚拟现实等技术，可提供三维可视交互环境，对产品从概念到制造的全过程进行统一建模，并实时、并行地模拟出产品未来制造的全过程，以期在进行真实制造之前，预测产品的性能、可制造性等。

（4）计算机网络与数据库技术。计算机网络与数据库的主要任务是采集智能制造系统中的各种数据，以合理的结构存储它们，并以最佳的方式、最少的冗余、最快的存取响应为多种应用服务，同时为应用共享这些数据创造良好的条件，从而实现整个制造系统中的各个子系统的智能集成。

7.2.3 智能制造赋能技术

数字化、网络化、智能化技术可以为各行各业、不同种类的制造系统赋能，进而与各行各业、不同种类的制造技术深度融合，形成智能制造技术。智能制造技术是第四次工业革命的核心技术，是推进各行各业、不同种类制造企业转型升级的核心驱动力。

智能制造作为信息技术和制造业深度融合的产物，其要点包括两个方面。一方面，数字化、网络化、智能化等信息技术是智能制造革命性的共性赋能技术。这些共性赋能技术与制造技术的深度融合，引领和推动制造业革命性的转型升级。另一方面，智能制造中，制造是主体。以先进信息技术为代表的赋能技术需要与制造领域技术进行深度融合，才能真正发挥作用，成为新一代智能制造技术。如同第一次工业革命中的蒸汽机技术、第二次工业革命中的电动机和内燃机技术，数字化、网络化、智能化技术在智能制造的发展中发挥了核心赋能支撑作用，特别是以新一代人工智能为代表的智能化技术，正在成为新的工业革命的核心驱动力。

总体来看，数字化、网络化、智能化技术的发展呈现后者以前者为基础，不断递进和深化的特点。其中，数字化技术重点实现了物理信息的数字化描述，以感知、通信、计算和控制全过程的数字化为核心特征。网络化技术在数字化基础上实现连接范围的极大拓展和信息的深度集成，以互联网大规模普及应用为主要特征。智能化技术则在数字化描述和万物互联的基础上，形成数据驱动的精准建模、自主学习和人机混合智能，以新一代人工智能技术为主要特征，使传统方法难以实现的系统建模和优化成为可能，具有重要变革意义。需要说明的是，数字化技术是赋能技术的基础，其内涵不断发展和演进，贯穿于智能制造的全部发展阶段，这里所说的数字化技术是一种相对狭义的定位。智能制造赋能技术发展脉络如图7-2所示。

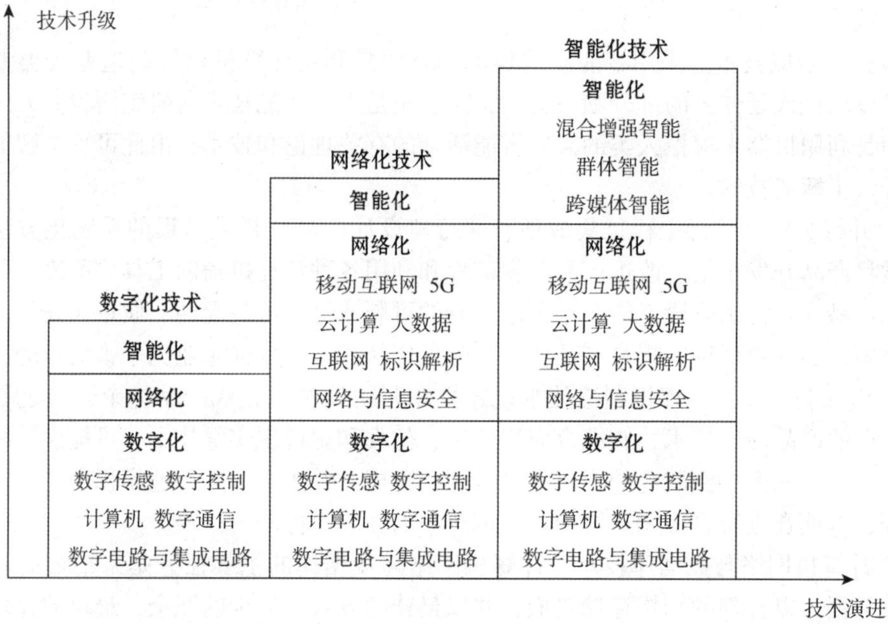

图 7-2　智能制造赋能技术发展脉络

同时，数字化、网络化、智能化技术的发展也是一个相辅相成的有机整体。网络化技术的发展要以数字化技术为前提，智能化技术的发展也要以数字化技术和网络化技术为前提。反过来，尽管数字化技术和网络化技术都还在不断创新演进，但只有进化到智能化阶段，才能实质性地解决智能决策的问题。因此，从这个意义上看，网络化技术和智能化技术可被视为数字化技术发展的高级阶段，三者共同构成广义上的数字化技术；同时，数字化技术和网络化技术可被视为智能化技术发展的基础和重要组成部分，三者共同构成广义上的智能化技术。

数字化、网络化、智能化技术的发展也为社会经济发展带来重大创新变革。数字化技术的发展将催生以数据为关键要素的新型经济形态，形成以数字产业化和产业数字化为主要特征的数字经济。网络化技术将社会经济串联成高效协同的统一的有机整体，将互联网的创新成果与社会经济各领域深度融合，带来"互联网+"的蓬勃兴起。而以新一代人工智能技术为代表的智能化技术，则将进一步引发社会经济各领域的深层次智能化变革，带来生产、生活与社会治理模式的全面跃迁，构建出面向未来的智能社会。

就智能制造而言，在智能制造发展的不同阶段，数字化、网络化、智能化技术发挥着不同的赋能作用。在数字化制造阶段，数字化技术起着主导赋能作用；在数字化网络化制造阶段，数字化技术和网络化技术共同发挥赋能作用；在数字化网络化智能化制造阶段，则需要数字化、网络化、智能化技术三者共同发挥作用。这一阶段以新一代人工智能技术的战略性突破和快速转化为现实生产力为核心特征。新一代人工智能技术与先进制造技术深度融合形成的智能制造技术，将彻底改变科技创新方式与产业发展模式，重塑经济与社会形态，进一步解放人类生产力，引领真正意义上的第四次工业革命。

7.3 智能加工与控制

7.3.1 智能加工

1. 智能加工的技术内涵

智能加工基于数字制造技术对产品进行建模仿真，对可能出现的加工情况和效果进行预测，加工时通过先进的仪器装备对加工过程进行实时监测控制，并综合考虑理论知识和人类经验，利用计算机技术模拟制造专家的分析、判断、推理、构思和决策等智能活动，优选加工参数，调整自身状态，从而提高生产系统的适应性，获得最优的加工性能和最佳的加工质效。图 7-3 为智能加工实现流程。

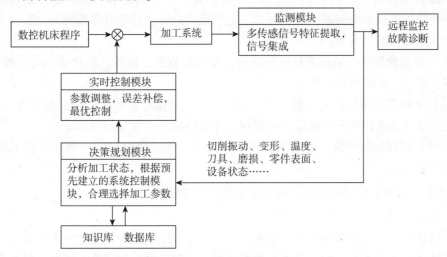

图 7-3 智能加工实现流程

智能加工是一种基于知识处理，综合应用智能优化和智能数控加工的高新加工方式，其基本目的就是要应用智能机器在加工过程中自动检测控制，模仿人类专家处理产品加工的思维方式去决策，以解决一些不确定性的、传统中要求人工干预的问题，同时对加工信息进行收集、储存、完善、共享、继承和发展、扩大、延伸，甚至是取代人们在加工过程中的脑力活动。

链接 7-1
智能物流

2. 智能加工的基本特征

由智能加工的技术内涵和基本工作原理，可以概括出智能加工的以下基本特征。

（1）部分代替人的决策。对于难以量化和形式化的加工信息，智能加工系统能够利用知识专家系统进行决策解决，自动确定工艺路线、零件加工方案和初步的切削参数，而且能在面对加工过程中出现的一些现象和问题时，自行决策并加以解决，完成了原需人来决策的过程自动化。

（2）能综合利用人工智能技术与计算智能的技术。智能加工将加工信息量化成计算机能识别的数值和符号，再利用计算机数值计算方法对加工信息进行定量分析，或对难以量化的信息采用符号推理技术进行定性分析。对于难以形式化的定性分析可采用专家系统进行决策解决。

（3）多信息感知与融合。智能加工系统通过各处的传感器，实时监测加工过程中各个单元的状态，如振动、切削温度、刀具磨损等，为之后的决策分析提供基础数据。

（4）自适应功能。智能加工系统能够根据传感器提供的加工状态和数据库的数据支持，自动调整切削参数，优化加工状态，实现最优控制。

（5）对加工经验的继承性。智能加工技术不是从零开始，而是对加工知识和经验进行存储积累，扩大延伸，实行加工过程的延伸。

3. 智能加工技术系统的基本构成

智能加工涉及材料科学、信息科学、智能理论、机械加工学、机械动力学、自动控制理论和网络技术等多个学术领域。一般来说智能加工技术系统主要包括以下模块。

（1）建模仿真模块。基于不同的工件和刀具状态、机床状态、加工过程参数和加工工艺等影响零件加工质量的因素，通过对加工过程模型的仿真，进行参数的优化和预选，生成优化的加工过程控制指令等。

（2）过程监测模块。通过各处的传感器，实时监测加工过程，包括切削力、加工温度、刀具磨损、振动、主轴的转矩等。

（3）智能推理决策模块。通过知识库搜索，甚至利用专家系统，部分地代替人来决策，根据预先建立的系统控制模型确定工艺路线、零件的加工方案和切削参数。

（4）最优过程控制模块。根据工件形状变化实时优化调整切削参数，对加工过程中产生的误差进行补偿。

4. 我国智能加工领域尚待解决的主要问题及关键技术

1）现有切削加工系统存在的问题

随着现代先进加工技术不断朝着精密化、高效化、绿色化和智能化的方向迈进，人们对加工性能的要求越来越高。对于具有高度非线性、不确定性、时变性、随机干扰严重的机械切削加工过程，建立在精确数学模型的传统自适应控制系统很难对其复杂动态过程进行有效的控制，作为现代制造技术基础的数控技术在其发展过程中也存在着如下问题。

（1）数控加工过程并非一直处于稳定状态。在实际数控加工过程中会出现多种复杂的物理现象，如工件的热变形、装夹系统的弹性变形以及加工系统的振动等，这就导致了预先设计的正确加工程序未能加工出最佳最优的零件，甚至导致工件不能满足形状精度和表面质量。

（2）数控刀具并非一直处于理想状态。由于刀具的工作环境是不断变化的，而且影响刀具磨损状态的因素有很多，如装夹的稳定性、切削参数的合理性、加工材料的均匀性和一致性等，因此对刀具磨损判断的准确性不高。此外，刀具的振动和崩裂等变化会导致加工工艺系统的动态变化，难以保持加工过程的稳定性。

（3）数控加工系统并非一直处于最优状态。长期以来，设计者的注意力都集中在提高机床的结构刚度、进给机构的定位精度上，缺乏对数控装备和加工过程交互作用的综合考虑，而加工中的切削热和环境温度变化等因素对机床的变形有很大的影响，往往导致难以预测的加工结果。

2）我国智能加工尚待解决的关键技术

迄今为止，国内部分高校和研究院所专家学者对智能加工技术进行了部分研究，也取得了一些成果。但其研究工作缺乏系统性，与我国机械制造业转型升级的需求缺乏针对性，尤其是与国家重大科技专项"高档数控机床与基础装备"缺乏适应性。目前，我国智能加工领域尚待解决的主要科学问题及关键技术如下。

（1）面向高档数控机床的智能加工基础平台建设。"高档数控机床与基础装备"重大科技专项的实施加快了高档机床装备领域的技术创新，使我国总体制造能力和水平得到了显著提升。但基于数控刀具的智能加工国家平台建设滞后，智能加工基础共性技术研发滞后，直接影响和制约了国家重大科技专项成果的应用成效。

（2）基于知识的数控刀具加工建模与仿真技术。对数控加工过程中的刀具、夹具等单元以及工艺过程进行建模和仿真，对刀具结构、负载情况进行分析与优化设计，以获得更好的切深和进给速率，从而提升加工效率与经济效益，这是贯通高档数控机床与装备和加工过程信息通道的基本途径，也是实现智能化加工的基础。

（3）数控加工系统状态的在线监测与误差补偿技术。利用各种传感器、远程监控与故障诊断技术，对数控加工过程中的振动、切削温度、刀具磨损、加工变形以及设备的运行状况进行监测，根据预先建立的系统控制模型，实时调整加工参数，并对加工过程中产生的误差进行实时补偿。

（4）智能加工策略和数控系统的融合技术。智能数控系统的实现有两大关键技术，一是智能加工策略，二是智能加工策略与数控系统的融合。加工系统的智能化要使加工系统在保持所需精度和高生产率的前提下具有尽可能大的柔性，智能加工系统必须能够根据实际情况来适当改变其控制策略，最终达到质量、效率和成本的最优组合。

（5）智能加工系统组成单元（部件）的智能化。数控加工工艺系统智能化程度是实现高效、精密、优质加工的基础。"高档数控机床与基础装备"重大科技专项的实施使机床的智能化水平显著提高，而组成加工系统单元（部件）的刀柄、夹具、夹头和刀具等的智能化及其实现方法，将成为实施智能加工技术与应用示范坚实的基础。

（6）加工机床高度集成化、智能化技术。智能加工机床是智能加工系统的核心单元，机床的自动化程度取决于各单元集成自动化的程度。对于智能加工的整体过程，智能加工机床必须具有更高超的控制技巧和分层信息处理能力，能够协调好各个环节的加工机能，改善"智能化孤岛"问题，在整体上达到最优。

（7）基于加工表面质量的智能检测及最优控制技术。获得高品质零件加工的表面质量（也称表面完整性，包括表面微观几何形貌、表面结构、表面残余应力、表面冷作硬化、表面纹理特征）是智能加工的终极目标。研究并建立数控切削加工表面完整性形成的数学-力学模型，搭建加工表面质量、切削刀具、工具系统、机床之间的智能信息交互的桥梁与反馈通道，是实现智能加工的关键。通过对数控加工形成工件表面完整性的在线智能监测与质量评判，适时调整刀具的位置、刀具的运行轨迹、切削参数、机床运动参数等，进而充分发挥高端数控机床及加工系统的功能，为实现质量高、效益佳、控制优的智能加工开辟新路径。

显然，上述问题和关键技术的突破，将推动我国智能化加工技术的进步，进一步提高我国制造业的整体水平，加快制造业转型升级的步伐，进而提升我国制造技术的核心竞争力。

5. 加快发展我国智能加工技术研究与应用的建议

进入 21 世纪以来的前十年，智能制造在我国迅速发展，在许多重点项目方面取得成果，以新型传感器、智能控制系统、工业机器人、自动化成套生产线为代表的智能制造装备产业体系初步形成，一批具有自主知识产权的重大智能制造装备实现突破。但我国智能加工面向实际生产应用仍有不足，需要在以下方面进行加强。

（1）加快智能加工理论体系的构建关键技术的突破。深入研究智能加工基础理论及技术新趋势，包括新型传感理论与技术、智能控制与优化理论、智能化集成化规划理论与技术、智能切削加工技术研究及其应用示范、基于智能加工的切削系统构建及应用技术开发等。

（2）推动我国智能数控装备的发展和应用。一方面，继续加快实施国家战略性措施，推进"高档数控机床与基础制造装备"等国家科技重大专项的实施；另一方面，围绕典型智能测控装置进行研发并加以应用，形成对智能制造装备产业发展的有力支撑。

（3）打造产学研用相结合的数控加工创新平台，提高智能加工自主创新能力。建立高端制造企业、重点高校和科研机构之间的联盟机制和信息资源平台，实现资源共享、优势互补，并建立完善智能加工人才培养体系和激励机制，培养一批高水平技术创新人才团队。

7.3.2 智能控制

1. 智能控制的概念

智能控制是在无人干预的情况下，能自主地驱动智能机器实现控制目标的自动控制技术。对许多复杂的系统，难以建立有效的数学模型和用常规的控制理论去进行定量计算和分析，而必须采用定量方法与定性方法相结合的控制方式。定量方法与定性方法相结合的目的是，要由机器用类似于人的智慧和经验来引导求解过程。因此，在研究和设计智能系统时，主要注意力不放在数学公式的表达、计算和处理方面，而是放在对任务和现实模型的描述、符号和环境的识别以及知识库和推理机的开发上，即智能控制的关键问题不是设计常规控制器，而是研制智能机器的模型。此外，智能控制的核心在高层控制，即组织控制。高层控制对实际环境或过程进行组织、决策和规划，以实现问题求解。为了完成这些任务，需要采用符号信息处理、启发式程序设计、知识表示、自动推理和决策等有关技术。这些问题求解过程与人脑的思维过程有一定的相似性，即具有一定程度的"智能"。

智能控制与传统的或常规的控制有密切的关系，不是相互排斥的。常规控制往往包含在智能控制之中，智能控制也利用常规控制的方法来解决"低级"的控制问题，力图扩充常规控制方法并建立一系列新的理论与方法来解决更具有挑战性的复杂控制问题。

智能控制是控制理论与人工智能的交叉成果，是经典控制理论在现代的进一步发展，其解决问题的能力和适应性相较于经典控制方法有显著提高。由于智能控制是一门新兴学科，正处于发展阶段，因此尚无统一的定义，存在多种描述形式。美国电气和电子工程师协会将智能控制归纳为：智能控制必须具有模拟人类学习和自适应的能力。我国学者认为：智能控制是一类能独立地驱动智能机器实现其目标的自动控制，智能机器是能在各类环境中自主地或交互地执行各种拟人任务的机器。

2. 智能控制的特点

传统控制的控制方法存在以下局限性。

（1）缺乏适应性，无法应对大范围的参数调整和结构变化。

（2）需要基于控制对象建立精确的数学模型。

（3）系统输入信息模式单一，信息处理能力不足。

（4）缺乏学习能力。

智能控制能克服传统控制理论的局限性，将控制理论方法和人工智能技术相结合，产生拟人的思维活动。采用智能控制的系统具有以下特点。

（1）智能控制系统能有效利用拟人的控制策略和被控对象及环境信息，实现对复杂系统的有效全局控制，具有较强的容错能力和广泛的适应性。

（2）智能控制系统具有混合控制特点，既包括数学模型，也包含以知识表示的非数学广义模型，实现定性决策与定量控制相结合的多模态控制方式。

（3）智能控制系统具有自适应、自组织、自学习、自诊断和自修复功能，能从系统的功能和整体优化的角度来分析和综合系统，以实现预定的目标。

（4）控制器具有非线性和变结构的特点，能进行多目标优化。这些特点使智能控制相较于传统控制方法，更适用于解决含不确定性、模糊性、时变性、复杂性和不完全性的系统控制问题。

7.3.3 智能控制在智能制造中的应用

智能制造要求能对制造系统的运行过程进行合理控制，实现提升产品质量、提高生产效率和降低能耗的目标。因此，高水平的控制技术对实现智能制造至关重要。国际上制造业发达国家越来越重视制造系统控制及相关技术的发展，我国制造业虽然起步较晚、基础较弱，但经过近几年的持续攻关，与发达国家的差距正在逐渐缩小。目前，国内制造系统控制技术与国外相比仍存在以下差距。

（1）缺乏具有自主知识产权的核心基础零部件研发能力。例如，制造系统核心硬件（如控制器）和软件依赖进口，受制于人；网络化接口技术和标准化不足，导致各种控制单元无法实时进行通信，形成"信息化孤岛"。

（2）制造系统智能化、数字化、网络化水平较低。以数字化车间、智能工厂、网络协同制造为代表的传统制造业转型升级在全球范围内兴起，国内尚处于探索阶段。

针对上述问题，我国在《中国制造2025》中强调开展新一代信息技术与制造装备融合的集成创新和工程应用，实现生产过程智能优化控制。智能控制技术的应用，对于提高制造系统的智能化水平以满足智能制造需求具有重要意义。实际上，智能控制技术已经被应用于我国制造业各个领域，取得了显著成果。以下列出几个典型的应用方向。

1. 智能控制在工业自动化过程控制中的应用

（1）生产过程信息的获取。传统生产过程信息化程度不高，采用智能控制技术自动获取生产过程的信息并进行分析，可以有效提高信息化程度，基于数据对系统进行自动调整，从而提高生产效率，降低成本。

（2）系统建模和监控。依据采集的数据，利用智能控制技术对生产系统的运行状态进行监控，当出现严重故障时，可以立即停止作业，保护生产线和人员的安全。

（3）动态控制。智能控制相较传统控制方法体现出更优异的控制水平。近年来，工业生产中的动态控制不仅包含工艺加工，而且参与了对生产过程的管控。智能控制的应用，为高效动态控制提供了条件，从而实现了对工艺生产过程的精确控制。

例如，结合模糊控制和 PID 控制对石油化工某反应单元的温度进行智能控制，如图 7-4 所示，需要通过控制蒸汽流量，实现对反应器温度的精准控制。传统控制方案采用温度-流量串级控制，然而，串级控制存在强耦合，且温度测量和汽包的惯性带来滞后，导致控制效果不理想。因此，可以基于工程师手动控制经验总结出一般控制规则，从而建立模糊规则实现对 PID 控制器参数的自整定，不仅简化了操作流程，也减小了控制上的延迟，提高了温度控制精度。

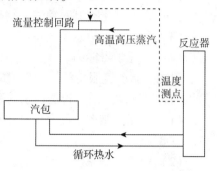

图 7-4　某反应单元温度控制系统

2. 智能控制在车床控制中的应用

车床被广泛应用于制造领域中。传统控制方法需要人工预设工艺参数，十分烦琐，而且控制精度较低，难以达到预期的控制效果。随着科技的不断发展，制造过程中车床控制开始朝着更智能化的方向发展。将智能控制技术应用于车床，可以提高零件加工的精度、效率和柔性。智能控制技术在车床控制中的应用主要有以下两个方面。

（1）车床运动轨迹控制。车床进给系统存在跟踪误差，特别是当加工面比较复杂时，加工轨迹的突变导致较大偏差，会极大影响控制精度。应用智能控制技术对进给系统进行建模和控制，可以有效降低跟踪误差，提高系统稳定性。

（2）工艺参数优化。机床加工中，切削参数和刀具参数会直接影响零件加工质量、效率和能耗。基于不同优化目标，如加工工时和能耗，设置相应的评价指标，采用智能算法对典型的工艺参数进行优化，能提高加工效率，降低能耗和碳排放。

例如，采用迭代学习控制对车床进给系统驱动轴进行控制，如图 7-5 所示。在机床加工过程中，进给系统沿复杂加工面运动时，跟踪误差导致运动轨迹偏离，影响加工精度。基于对进给系统跟踪误差和动力学模型的分析，设计迭代学习更新规律，通过迭代学习时实际位置与期望位置收敛，从而减小跟踪误差。进一步地，可以结合扰动观测器提高控制精度和系统稳定性。

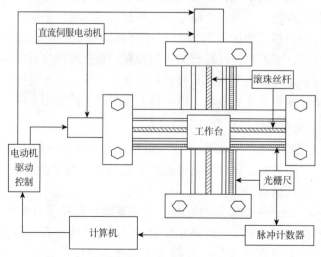

图 7-5　双轴进给驱动系统

3. 智能控制的发展趋势

随着智能控制技术的发展和诸多领域应用的日益成熟，在世界范围内，智能控制正成为一个迅速发展的学科，并被许多国家视为提高国家竞争力的核心技术。当前智能控制面临的问题及未来发展趋势总结如下。

1）当前面临的问题

智能控制因其优越的控制性能，被广泛应用于智能制造的各个领域。然而，智能控制的发展还面临一些问题，主要有以下几点。

（1）应用范围不够广泛。针对一些简单系统，智能控制的优越性相较于传统控制方法并不突出。

（2）实际应用还存在技术瓶颈。许多控制技术还停留在"仿真"水平，未能应用于解决实际问题。在系统运行速度、模块化设计、对环境的感知和解释、传感器接口等许多方面还需要做更多工作。

（3）可靠性和稳定性不足。许多智能控制技术依赖于人的经验，如专家控制。然而，如何获取有效的专家经验知识，构造能长期稳定运行的系统是一个重要难题。此外，部分智能控制方法的鲁棒性问题缺乏严格的数学推导，也对控制的稳定性提出挑战。

2）未来发展趋势

虽然智能控制在智能制造领域的研究还存在一些问题，但不可否认的是，智能控制的研究前景仍然十分广阔。智能控制是传统控制理论在深度和广度上的拓展。随着计算机技术、信息技术和人工智能技术的快速发展，控制系统向智能控制系统发展已成为一种趋势。以下是对未来智能控制发展趋势的展望。

（1）多学科交叉融合形成新突破。一方面是智能控制与计算机科学、模糊数学、进化论、模式识别、信息论、仿生学和认识心理学等其他学科的相互促进；另一方面是智能控制领域内不同技术的渗透，如深度学习和强化学习的相互补偿。

（2）寻求更新的理论框架。智能控制尝试实现甚至超越人类智能，既需要结合哲学、心理学、认知科学等抽象学科，又需要基于控制科学、生理学、人工智能等学科，建立更高层次的智能控制框架。

（3）智能控制的应用创新。研究适合智能控制的软件、硬件平台，提升基于现有计算资源的控制水平，进行更好的技术集成，以解决智能控制在实际应用中存在的问题。

7.4 智能生产线与智能工厂

7.4.1 智能生产线

1. 概述

自动生产线是指由自动化机器体系实现产品工艺过程的一种生产组织形式。它是在连续流水线进一步发展的基础上形成的。其特点是：加工对象自动地由一台机床传送到另一台机床，并由机床自动地进行加工、装卸、检验等；工人的任务仅是调整、监督和管理自动生产线，不参加直接操作；所有的机器设备都按统一的节拍运转，生产过程是高度连续的。

自动生产线在无人干预的情况下按规定的程序或指令自动进行操作或控制，其目标是"稳，准，快"。采用自动生产线不仅可以把人从繁重的体力劳动、部分脑力劳动以及恶劣、危险的工作环境中解放出来，而且能扩展人的器官功能，极大地提高劳动生产率，增强人类认识世界和改造世界的能力。

智能制造生产线是指利用智能制造技术实现产品生产过程的一种生产组织形式。智能制造生产线包括：覆盖自动化设备、数字化车间、智能化工厂三个层次，贯穿智能制造六大环节（智能管理、智能监控、智能加工、智能装配、智能检测、智能物流）；融合"数字化、自动化、信息化、智能化"四化共性技术；包涵智能工厂与工厂控制系统、在制品与智能机器、在制品与工业云平台、工厂云平台与智能机器、工厂控制系统与工厂云平台、工厂云平台与用户、工厂云平台与协作平台、智能产品与工厂云平台等工业互联网八类连接的全面解决方案。

2. 智能车削生产线

图7-6为一条典型的智能车削生产线，主要用于汽车零件的加工，该生产线主要完成两种汽车零件从毛坯到成品的混线自动加工。车削生产线由毛坯仓储单元、成品仓储单元、RGV小车物流单元、加工单元、在线清洗与在线检测单元、产线总控系统组成。

链接7-2
智慧工厂

图 7-6 智能车削生产线

1) 总控制系统和检测单元

图7-7是我国某企业设计的典型总控系统，由室内终端和现场终端两部分组成。室内终端配备多台显示器及数据库，显示器用于用户车间现场各项状态的显示，包括设备运行状态、零件加工状态、物流情况、人员状况以及用户车间现场温度、湿度等环境信息；数据库负责接收整个生产车间传输过来的制造生产大数据。高层管理人员在室内终端可以非常方便、直观清晰地查看现场的各项状况。在生产车间中，配备现场终端，用于控制整个生产线的运行，完成设备基础数据的采集、分析、本地和远程管理、动态信息可视化等。现场终端配备显示器，通过显示器可以清晰方便地查看用户车间中的各项状态，包括设备监控生产统计、故障统计、设备分布、报警分析、工艺知识库等。现场终端可以添加生产管理看板、加工程序的上传下载、人员刷卡身份识别以及生产任务的进度统计与分析等功能。现场终端可以通过有线、Wi-Fi、2G/3G/4G/5G 等多种接入方式进行现场数据的采集与传输，相关制造大数据通过互联网可以传输到用户室内终端的 SQL Server 数据库中，通过终端计算机，与室

内终端进行数据交互。

图7-7　总控系统

图7-8是典型的在线检测单元，由工业机器人、末端执行器和多源传感器等组成。物流系统将成品运输到指定位置之后，工业机器人将整个检测单元移动到指定工位上，通过视觉相机进行待检测零件的拍照识别和定位，工业机器人再次调整自身位置，使整个检测单元对准待检测部位。

图7-8　在线检测单元

识别与定位完成之后，由末端执行器负责待检测零件的抓取，通过工业机器人将零件转移到检测台上的指定位置，由检测台上预先配备的多源传感器对待检测零件的孔径、窝深、曲率、粗糙度、齐平度等精度指标进行在线检测，也可以通过智能算法对零件进行自动测量和自动分类，将不同类型的零部件转移到不同的物流线上，完成零件的自动分类操作。通过互联网检测单元可以将检测结果返回给总控系统，操作人员通过室内总控系统或者现场总控系统的终端，可以直接观看到零件的检测结果。符合检测要求的，直接进行下一工位操作；不符合要求的，在终端上显示不合格提醒，由操作人员根据零件的不合格程度进行判定决策。在检测完成之后，末端执行器抓取已检测零件，工业机器人将已检测零件移到物流系统上，由物流系统运送到下一工位进行处理。

2）汽车零件加工数字化车间

图7-9是我国某公司自主研发的壳体加工自动生产线。该生产线分为六个工序，采用的设备有立式加工中心、车削中心、工业机器人、在线检测设备、全自动料库等，可完成壳

体零件的自动加工。其工艺流程如图7-10所示。

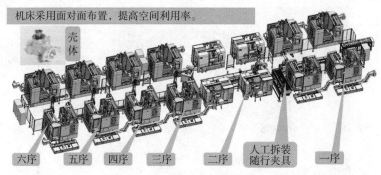

图7-9　壳体加工自动生产线

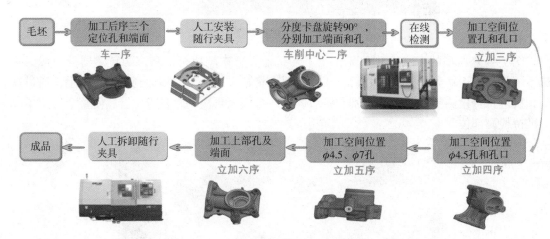

图7-10　壳体生产线工艺流程

其工艺流程具体如下。

（1）毛坯上料，利用车床一序加工定位孔和端面，然后人工安装随行夹具。

（2）分度卡盘旋转90°，利用车削中心二序，分别加工端面和孔，进行在线检测。

（3）在线检测合格之后，利用立式加工中心三序加工空间位置孔和孔口。

（4）通过立式加工中心四序加工空间位置ϕ4.5孔和孔口。

（5）通过立式加工中心五序加工空间位置ϕ4.5和ϕ7孔。

（6）通过立式加工中心六序加工上部孔及端面。

（7）人工拆卸随行夹具，完成成品加工。

7.4.2　智能工厂

1．"工业4.0"的出台与内涵

随着信息网络技术、大数据、云计算运用威力初显，一种更为伟大的工具——互联网技术正在融于制造过程中。信息化和工业化的交织，以智能制造为主要特征的新一轮工业革命——"工业4.0"的浪潮席卷而来。

因受到美国、英国等发达国家"再工业化"的刺激，以及以中国为主导的新兴国家崛起带来的挑战，已具有高技术水平和高效创新体系的德国，为保持并提高其在全球的优势，于 2013 年 12 月发布了"工业 4.0"标准化路线图，引领工业制造业朝高度信息化、自动化、智能化方向发展。

"工业 4.0"的第一个内涵就是智能化、绿色化和人性化。由于每个客户的需求不同，个性化或定制化的产品不可能大批量生产，因此"工业 4.0"必须解决的第一个问题就是单件小批生产要能够达到大批生产同样的效率和成本，构建能生产高品质、个性化智能产品的智能工厂。绿色化包括产品全生命周期，以实现可持续制造。正是由于绿色化生产，工厂可以建在城市里、甚至靠近员工的住处，大大改善生产与环境和人的关系，如图 7-11 所示。

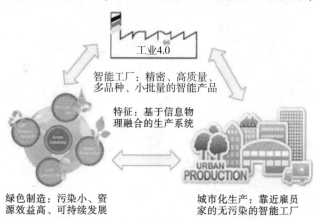

图 7-11　智能化、绿色化和人性化的工厂

"工业 4.0"的第二个内涵是实现资源、信息、物品和人相互关联的"虚拟网络-实体物理系统（Cyber-Physical System，CPS）"，也称为信息物理融合生产系统。借助移动终端和无线通信，虚拟世界和现实世界能够无障碍沟通，使设备和人在空间和时间上可以分离，机器与机器相互之间可以通信，处于不同地点的生产设施可以集成。可以设想，在统一的生产计划系统指挥调度下实行柔性工作制，由若干相对独立的 CPS 制造岛组成的分散网络化制造必将成为一种高效率、省资源、宜人化的先进生产模式，如图 7-12 所示。

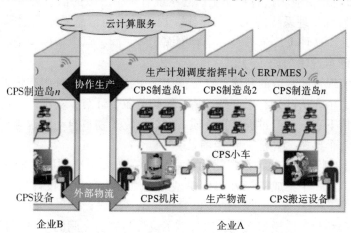

图 7-12　信息物理融合的分散网络化制造

2. 智能工厂

"工业4.0"提出的智能制造是面向产品全生命周期，实现泛在感知条件下的信息化制造。智能制造是可持续发展的制造模式，它借助计算机建模仿真和通信技术的巨大潜力，优化产品的设计和制造过程，大幅度减少物质资源和能源的消耗以及各种废弃物的产生，同时实现循环再用，减少排放，保护环境。

基于"工业4.0"构思的智能工厂标志着自动化制造业的未来。它由物理系统和虚拟的信息系统组成，称之为信息物理融合生产系统，其框架结构如图7-13所示。

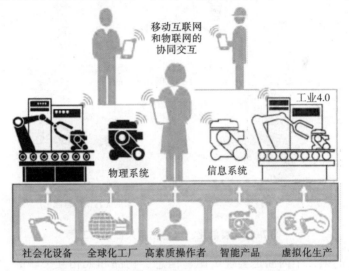

图7-13　信息物理融合生产系统框架结构

智能工厂是通过在生产系统中配备 CPS 来实现的。相对于传统生产系统，智能工厂的产品、资源及处理过程因 CPS 的存在，将具有非常高水平的实时性，同时在资源、成本节约中也颇具优势。

从图7-13可见，对应于进行物质生产的系统有一个虚拟的信息系统，它是物理系统的"灵魂"，控制和管理物理系统的生产和运作。物理系统与信息系统通过移动互联网和物联网协同交互。因此，这种工厂未必是一个有围墙实体车间，可以借助网络利用分散在各地的设备，这是"全球本地化"的工厂。

智能工厂是实现智能制造的载体。在智能工厂中，借助于各种生产管理工具/软件/系统和智能设备，打通企业从设计、生产到销售、维护的各个环节，实现产品仿真设计、生产自动排程、信息上传下达、生产过程监控、质量在线监测、物料自动配送等智能化生产。下面介绍智能工厂中几个典型"智能"生产场景。

场景1：设计/制造一体化。在智能化较好的航空航天制造领域，采用基于模型定义技术实现产品开发，用一个集成的三维实体模型完整地表达产品的设计信息和制造信息（产品结构、三维尺寸、BOM 等），所有的生产过程包括产品设计、工艺设计、工装设计、产品制造、检验检测等都基于该模型实现，这打破了设计与制造之间的壁垒，有效解决了产品设计与制造一致性问题。制造过程某些环节，甚至全部环节都可以在全国或全世界进行代工，使制造过程性价比最优化，实现协同制造。

场景2：供应链及库存管理。企业要生产的产品种类、数量等信息通过订单确认，这使得生产变得精确。例如：使用 ERP 或 WMS（仓库管理系统）进行原材料库存管理，包括各种原材料及供应商信息。当客户订单下达时，ERP 自动计算所需的原材料，并且根据供应商信息即时计算原材料的采购时间，确保在满足交货时间的同时使得库存成本最低甚至为零。

3. 智能工厂的架构

智能工厂的基本架构如图 7-14 所示。

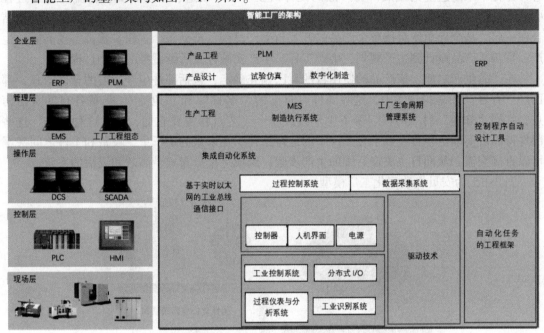

图 7-14　智能工厂的基本架构

1）企业层

企业层融合了产品设计生命周期和生产生命周期的全流程，对设计到生产的流程进行统一集成式的管控，实现全生命周期的技术状态透明化管理。通过集成 PLM 系统和 MES、ERP 系统，企业层实现了全数字化定义，设计到生产的全过程高度数字化，最终，实现基于产品的、贯穿所有层级的垂直管控。通过对 PLM 和 MES 的融合实现设计到制造的连续数字化数据流转。

2）管理层

管理层主要实现生产计划在制造职能部门的执行，管理层统一分发执行计划，进行生产计划和现场信息的统一协调管理。管理层通过 MES 与底层的工业控制网络进行生产执行层面的管控，操作人员/管理人员提供计划的执行、跟踪以及所有资源（人、设备、物料、客户需求等）的当前状态，同时获取底层工业网络对设备工作状态、实物生产记录等信息的反馈。

3）集成自动化系统

自动化系统的集成是从底层出发的、自下而上的，跨越设备现场层、中间控制层以及操作层三个部分，基于 CPS 网络方法使用全集成自动化（Totally Integrated Automation，TIA）技术集成现场生产设备物理创建底层工业网络，在控制层通过 PLC 和工控软件进行设备的集中控制，在操作层有操作人员对整个物理网络层的运行状态进行监控、分析。

智能工厂架构可以实现高度智能化、自动化、柔性化和定制化。研发制造网络能够快速响应市场的需求，实现高度定制化的节约生产。

4. 智能工厂实例

西门子基于"工业4.0"概念创建了安贝格数字化工厂，其目的是实践"工业4.0"概念并诠释未来制造业的发展。在产品的设计研发、生产制造、管理调度、物流配送等过程中，安贝格工厂都实现了数字化操作。安贝格数字化工厂的理念是将企业现实和虚拟世界结合在一起，从全局角度看待整个产品的开发与生产过程，推动每个过程步骤都实现高能效生产，覆盖从产品设计到生产规划、生产工程、生产实施以及后续服务的整个过程。

在产品生产之前，该产品的使用目的就已预先确定，包括部件生产所需的全部信息，都已经"存在"于虚拟现实中，这些部件有自己的"名称"和"地址"，具备各自的身份信息，它们"知道"什么时候、哪条生产线或哪个工艺过程需要它们，通过这种方式，这些部件得以协商确定各自在数字化工厂中的运行路径。在未来的工厂里，设备和工件之间甚至可以直接交流，从而自主决定后续的生产步骤，组成一个分布式、高效和灵活的系统。

图7-15为安贝格数字化工厂模型。

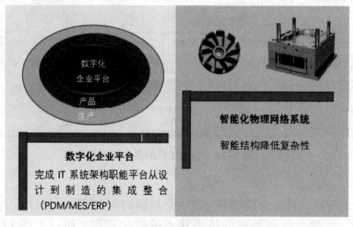

图7-15　安贝格数字化工厂模型

1）建立数字化企业平台

如图7-16所示，在统一的数字化平台上进行企业资源、企业供应链、企业系统的融合管理，建立一个跨职能的层级数字化企业平台，实现资源、供应链、设计系统、生产系统统一的柔性协调和智能化管控，企业所有层级进行全数字化管控，通过数字化数据的层级流转实现对市场需求的高定制化要求，并实时监控企业的资源消耗、人力分配、设备应用、物流流转等生产关键要素，分析这些关键要素对产品成本和质量的影响，以达到智能控制企业研发生产状态、有效预估企业运营风险的目的。

2）建立智能化物理网络

基于赛博物理网络基础集成西门子的T平台、工控软件、制造设备的各种软硬件技术，建立西门子的智能化物理网络（图7-17）。在创建生产现场物理网络的同时，把生产线的制造设备连接到物理网络中，采集设备运行情况，记录生产物料流转等生产过程数据。

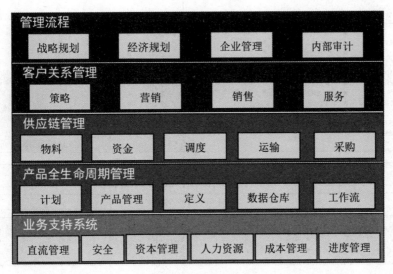

图 7-16　数字化企业平台

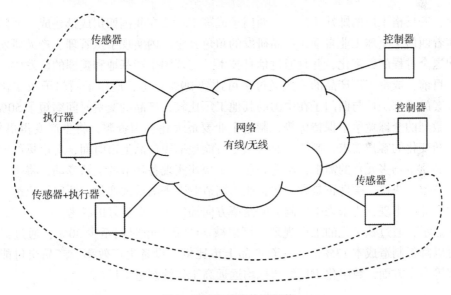

图 7-17　智能化物理网络

在西门子数字化工厂中，所研发、生产的每一件新产品都会拥有自己的数据信息。这些数据信息在研发、生产、物流的各个环节中不断丰富，实时保存在数字化企业平台中。基于这些数据实现数字化工厂的柔性运行，生产中的各个产品全生命周期管理系统、车间级制造执行系统、底层设备控制系统、物流管理等全部实现了无缝信息互联，从而实现智能生产。

西门子数字化工厂在同一数据平台上对企业的各个职能和专业领域进行数字化规划，数字化工厂应用领域包括数字化产品研发、数字化制造、数字化生产、数字化企业管理、数字化维护、数字化供应链管理。通过对企业各个领域的数字化集成实现企业精益文化的建立，实现企业的精益运营，如图 7-18 所示。

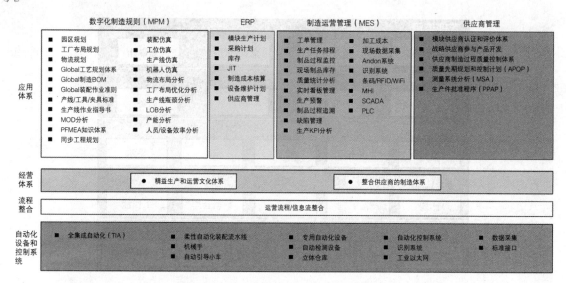

图7-18 西门子数字化工厂的数据平台

目前,安贝格工厂的姊妹工厂——西门子成都工厂已在我国四川成都建成。西门子成都工厂扮演着西门子全球工业自动化产品研发的角色,全厂内实现了从管理、产品研发、生产到物流配送全过程的数字化,并且通过信息技术,与德国生产基地和美国的研发中心进行数据互联。目前,成都工厂产品的一次通过率可达到99%以上,应用了西门子数字化企业平台解决方案的成都工厂与西门子在中国的其他工厂比较,产品的交货时间缩短了50%。

为在激烈的全球竞争中保持优势,制造企业要最大化利用资源,将生产变得更加高效;为适应不断变化的客户需求,制造企业必须尽可能地缩短产品上市时间,对市场的响应更加快速;为满足市场多元化的需求,制造企业还要快速实现各环节的灵活变动,将生产变得更加柔性。高效、快速、柔性正是数字化企业为制造业带来的最大变化。西门子成都工厂这样的数字化企业的出现,为未来中国制造的变革方向提供了一个良好的参考。

数据显示,通过数字化的工厂规划,可以减少产品上市时间至少30%;通过提升产品质量,可以降低制造成本13%。而在新产品上市比例、设备生产效率、产品交付能力及营运利润率等多个方面,数字化工厂的指标均远远高于传统制造工厂。

7.5 应用案例:智能制造在数控车床生产中的应用

随着制造强国战略的提出,中国正在从制造大国向制造强国转变,而现代制造业的竞争力强弱,主要表现在是否充分利用现有科学技术提升工业制造的智能化应用水平。通过各种智能化的功能,企业可以将产品设计、零件加工、产品装配和售后服务等环节串联起来,进行一体化管理。因此,智能制造已成为制造业的主要发展趋势。传统的数控机床已经无法实现设备自感知、自适应、自诊断、自决策等智能化功能,无法满足现有机械加工高精度、高效率、高可控等要求。因此,数控机床急需进行功能和需求转变。随之诞生的即是量大面广的智能数控车床,数控车床智能化也已经成为车床装备发展的主要趋势。它利用传感技术和基于大数据的知识储备,实现智能操控和决策,成为智能工厂乃至智能制造系统的重要组成部分。通过在车床的适当位置安装力、变形、振动、噪声、温度、位置、视觉、速度、加速度等多源传感器，收集数控车床基于指令域的电控实时数据及机床加工过程中的运行环境数据，形成数控车床智能化的大数据环境与大数据知识库，通过对大数据进行可视化处理、大数据分析、大数据深度学习和大数据理论建模仿真，形成智能控制的策略。通过在数控车床上附加智能化功能模块，实现数控车床加工过程的自感知、自适应、自诊断、自决策等智能化功能。本节主要从以下几个方面介绍数控车床的智能化。

7.5.1 智能健康保障功能

机床在运行过程中，主轴、电动机、传动轴、刀具、刀库等不可避免地都处于损耗状态，因此智能机床首先要实现的功能即是"自我体检"。

智能健康保障功能是智能机床进行自我检测和修复的重要功能，也是智能机床必备的功能之一。通过运行机床健康体检程序，采集数控机床运行过程中的实时大数据，形成指令域波形图，并从中获取可反映机床装配质量、电动机质量、伺服调整匹配度的特征参数，形成对数控机床健康状态的全面评估和保障。

健康保障算法以指令域分析为基础，将时域信号按照 G 指令进行划分，并提取相关时域信号的特征值，对特征值做相关聚类处理和可视化处理，得到数控机床进给轴、主轴和整机的健康指数，通过雷达图的方式，利用时序分析和历史健康数据对数控机床的进给轴、主轴和整机的健康状态进行预测。图 7-19 为典型的机床健康指数雷达图，指数范围为 0 ~ 1，越接近 1 表示健康状况越好，由图 7-19 可以直观地看出机床主轴、X 轴、Y 轴、Z 轴和刀库的健康程度。

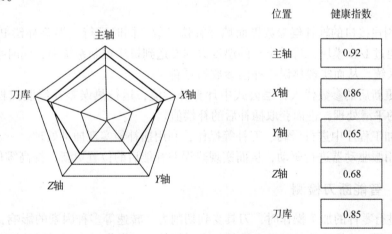

位置	健康指数
主轴	0.92
X轴	0.86
Y轴	0.65
Z轴	0.68
刀库	0.85

图 7-19　典型的机床健康指数雷达图

7.5.2 热误差补偿

数控车床在热机阶段，车床整体的温度会上升，由于车床各部位材料不同，因而各部位的热膨胀系数不同。热膨胀系数不同带来的结果是车床各部位热变形不一致，从而会导致加工精度下降。智能车床的智能化功能之一即是实现车床的热误差补偿，补偿流程如图 7-20 所示。

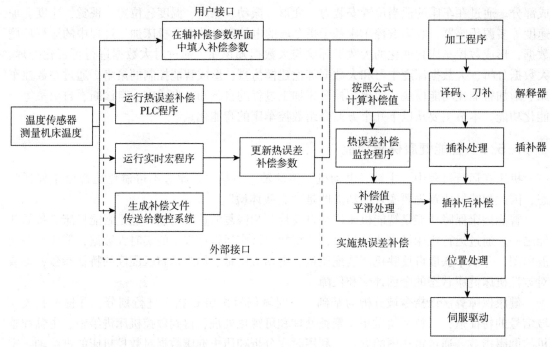

图 7-20　热误差补偿流程

（1）通过在机床主轴、各进给轴轴承座、螺母座及主轴轴承座等关键位置安装温度传感器，采集机床关键位置温度变化和机床运行过程中各个重要位置的温度信息，获取机床的实时温度场。

（2）在用户接口的轴补偿参数界面填写补偿参数，同时运行热误差补偿 PLC 程序和实时宏程序，通过 I/O 模块，将采集到的温度数据发送到机床控制系统中，同时生成补偿文件传送给数控系统，从而实现热误差补偿参数的更新。

（3）将更新后的参数代入补偿公式中计算补偿值，运行热误差补偿监控程序，实现热误差补偿值的平滑处理，进而获取插补后的补偿值。

（4）在加工程序中进行译码、刀补等操作，利用插补器实现插补处理。

（5）利用服驱动器进行驱动，从而实现热误差补偿后的位置更新，提高零件加工质量。

7.5.3　智能断刀检测

车床在进行零件的加工操作时，刀具受到切削力、转速等多种因素的影响，容易出现磨损、疲劳等问题。这就导致了刀具在进行一定时间的加工操作后出现断裂的情况。然而，加工刀具一般较小，操作人员肉眼难以分辨是否断刀，如果不及时进行换刀操作，将会大大影响加工质量，延长制造周期。

智能断刀检测功能能够自动检测刀具的运行状态，在刀具断裂时及时报警，提醒操作人员更换刀具。智能断刀检测流程如图 7-21 所示。

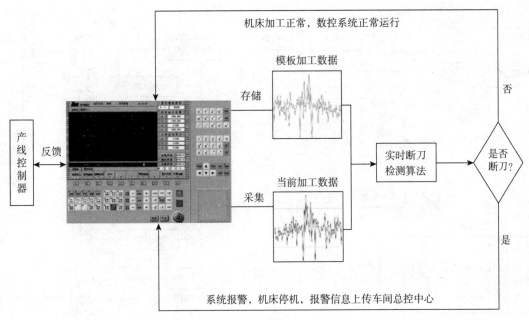

图 7-21　智能断刀检测流程

（1）采集加工主轴正常运行状态下的主轴电流特性，并且将之保存为模板。

（2）基于指令域的方法，计算刀具断裂时及断裂之后的主轴电流特征。

（3）监测加工状态下主轴的电流变化特征，并且自动与正常切削时的主轴电流进行比较。如果当前加工状态电流特征与模板特征相差较小或在允许的变化范围内，则向机床反馈加工正常，数控系统正常运行；如果电流变化与模板相差较大，系统则主动报警，同时机床自动停机，并且将报警信息自动上传到车间的总控中心。通过添加智能断刀检测功能，能够保证断刀时及时更换刀具，减小加工损失，提升加工质量。

7.5.4　智能工艺参数优化

在进行零件加工时，通常是先导入 CAD 模型，基于模型进行 CAM 编程，生成 G 代码，进而产生各轴的运动参数。然而，由于实际加工过程受主轴振动等影响，实际的运动路径与理论路径之间存在一定的偏差，因此需要对加工参数进行优化。

基于双码联控的智能化数控加工优化技术是指在不改变现有 G 代码的格式和语法的条件下，增加一个基于指令域大数据分析的包含机床特性的优化和补偿信息的第二加工代码文件，同时进行加工控制，将主轴电流用于深度反馈。利用 G 代码和智能优化指令对运动路径进行重新规划，通过插补器将偏差值进行补偿，利用伺服驱动器对偏差补偿运动量进行精确控制。在数控加工过程中提供基于机床指令域大数据的机床优化和补偿信息，用于针对具体机床的响应特征进行优化补偿。根据第二加工代码可以优化进给速度，将原始的主轴电流中的最大值降低、最小值提升、波动值减小，在均衡刀具切削负荷的同时，可有效、安全地提高加工效率。基于双码联控的智能化数控加工与优化示意图如图 7-22 所示。

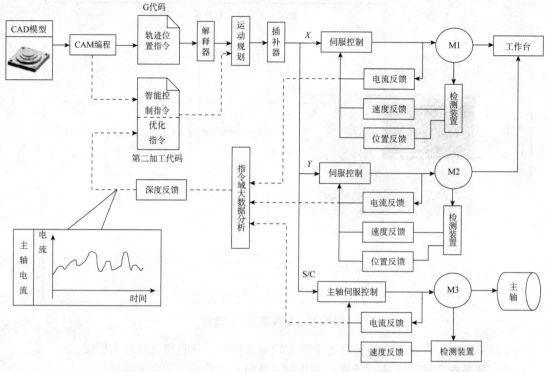

图 7-22　基于双码联控的智能化数控加工与优化示意图

7.5.5　主轴动平衡分析与振动主动避让

机床在加工运行的时候，主轴和电动机都处于高速旋转状态，从而会导致整个主轴处于长时间的振动状态，因此需要对主轴的动平衡进行分析。在机床主轴的不同位置分布安装振动传感器，实时采集主轴各部位的振动信号，通过 PLC 程序将采集到的信号传输给数控系统。通过编写好的动平衡分析算法，基于主轴振动信号进行主轴不平衡量检测及分析，计算主轴不平衡量，在主轴不平衡量过大的情况下进行报警，提醒操作人员主轴振动量过大，需要进行检修处理。智能机床主轴动平衡分析系统界面如图 7-23 所示。

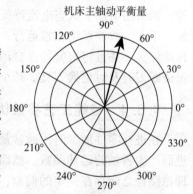

图 7-23　智能机床主轴动平衡分析系统界面

7.5.6　基于互联网的数控机床远程运维系统

制造好的智能机床会销往全国各地甚至是国外，机床的实际使用地点与生产地点距离往往相隔非常远，生产商的专业技术人员很难及时获取各个机床的实际状态。当机床出现故障时，生产商的专业技术人员往往很难第一时间赶到现场进行故障诊断，这就导致实际生产中可能出现停机等待检修的问题。停机等待大大地降低了用户企业的生产效率，因此需要另辟蹊径，解决这一难题。基于互联网的数控机床远程运维功能因此诞生，它能够实现机床的远程运行监测与故障检修维护。图 7-24 为远程运维系统技术架构。智能机床配备远程运维功能后，机床的各项数据可以通过互联网上传到生产商的远程运维数据库"云空间"中，技术人员通过云空间中的故障信息和机床状态可以远程对机床的故障进行检修，用户可以根据远程运维系统客户端观察设备状态以及获取机床相关资料。图 7-25 是某公司基于大数据的数控机床全生命周期管理平台，其核心需求在于产品溯源、设备报修、生产管理和电子资料库。通过远程运维系统，能够将机床生产厂和最终用户紧密连接在一起。

图 7-24 远程运维系统技术架构

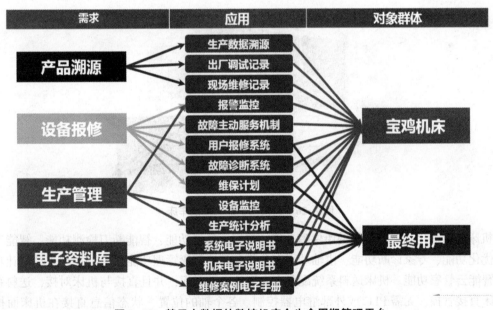

图 7-25 基于大数据的数控机床全生命周期管理平台

表 7-3 中列出了远程运维系统的核心价值，包括产品溯源、设备报修、生产管理和电子资料库，并对比了传统机床的缺点以及智能机床能够实现的功能。

表 7-3　远程运维系统的核心价值

远程运维系统核心价值	传统机床的缺点	智能机床的功能
产品溯源	没有统一的信息化管理平台，无法及时获悉机床使用情况、故障情况	建立设备档案，包括产品构成、使用客户等
设备报修	故障上报描述不清，信息传递多渠道	一键报修，报警信息二维码上传，故障案例库自主维修
生产管理	一些机床用户没有 MES 系统，也需要进行生产统计	实现 OEE 统计分析，满足用户需求
电子资料库	机床用户资料获取难、管理零散	使用手册、故障处理、调试案例等资源电子化

7.5.7　典型智能数控车床

图 7-26 是一台高效柔性加工数控车床，主要用于加工盘、盖类零件，特别适用于汽车、摩托车、工程机械等行业。机床整机结构紧凑，加工范围大且占地面积小、刀盘对边大、快移速度高、性价比较高。配备自动上下料机械手和 8 工位料库，可进行单机加工或多机连线，实现无人化操作。

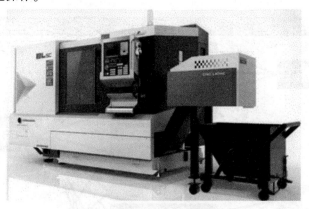

图 7-26　高效柔性加工数控车床

机床的智能化功能有智能健康保障功能、热温度补偿功能、智能断刀检测功能、智能工艺参数优化功能、专家诊断功能、主轴动平衡分析和智能健康管理功能、主轴振动主动避让功能以及智能云管家功能。机床送料系统配备有 8 工位自动料库，并且直接与机床对接，送料系统由机床直接管控，无需 PLC 或外部继电器控制。各个轴的位置、状态信息直接在机床面板上显示，在很大程度上方便了调试和使用人员。送料系统轴快移速度达到 160 m/min。

智能数控车床主要参数如表 7-4 所示。

表 7-4　智能数控车床主要参数

参数	数值
主轴最高转速/($r \cdot min^{-1}$)	4 500
最大车削长度/mm	100

续表

参数	数值
最大车削直径/mm	370
主电动机额定功率/kW	11/15
最大夹持质量/kg	4

图 7-27 是一台双主轴车削单元，主要用于加工盘、盖类零件，特别适用于汽车、摩托车、纺织机械等机械设备的盘、盖类零件的车削加工；采用双主轴、双刀架对称布局，整机结构紧凑，可完成工件的车削和钻孔加工；配备自动上下料机械手和料库，可进行单机加工或多机连线，达到车削工序的完全加工与物流传送的自动化，实现无人化操作。车削单元部分参数如表 7-5 所示。

图 7-27　双主轴车削单元

表 7-5　双主轴车削单元部分参数

项目		规格
加工范围	最大加工直径/mm	200
	最大加工长度/mm	100
	加工方式	（1）工件两端面连续加工 （2）两轴同样加工
主轴	主轴数	2
	两主轴间距/mm	400
	卡盘口径/mm	254
	主轴头形式	JIS A2-6
	主轴轴承（前/后）/mm	100/90
	主轴转速/(r·min^{-1})	50 ~ 4 000
	主轴电动机功率/kW	9

拓展与思考

我国智能制造的发展总体将分成两个阶段。第一阶段，到2025年，全面推进制造业数字化转型工程，"互联网+制造"在全国得到大规模推广应用，同时，新一代智能制造在重点领域试点示范取得显著成果；第二阶段，到2035年，新一代智能制造在全国制造业大规模推广应用，我国智能制造技术和应用水平走在世界前列，实现中国制造业的智能升级。

本章小结

　　智能制造是一个大概念，是先进制造技术与新一代信息技术的深度融合。本章首先介绍了智能制造的基本概念、主要内容及其主要目标，指出了智能制造与传统制造的异同点，分析了智能制造的技术体系。接着，重点介绍了智能加工和智能控制，分析了我国智能加工领域尚待解决的主要问题，并提出了解决问题的措施。基于"工业4.0"，搭建了智能工厂的架构。本章最大亮点是引用了多个应用案例，以加深读者对智能制造的理解。

　　随着科技发展，智能制造先后呈现三种基本范式，即数字化制造——第一代智能制造、数字化网络化制造——"互联网+制造"或第二代智能制造、数字化网络化智能化制造——新一代智能制造。

思考题与习题

7-1　何谓智能制造？它与传统自动化制造有何区别？

7-2　智能制造包含哪些主要内容？其主要目标是什么？

7-3　智能制造技术技术体系由哪几部分构成？

7-4　智能制造的赋能技术有哪些？

7-5　智能加工的基本特征有哪些？

7-6　我国智能加工领域尚待解决的主要问题有哪些？应采取什么措施加以解决？

7-7　智能控制和传统控制有何不同？如何在机械制造中实施智能控制？

7-8　介绍智能控制的发展趋势。

7-9　简述智能生产线的含义，说出智能生产线和一般自动生产线的区别。

7-10　"工业4.0"的内涵是什么？"工业4.0"下的智能工厂是什么样场景？

7-11　智能工厂包括哪些主要组成部分？

参 考 文 献

[1] 王隆太. 先进制造技术[M]. 3 版. 北京：机械工业出版社，2020.

[2] 任小中，贾晨辉. 先进制造技术[M]. 武汉：华中科技大学出版社，2017.

[3] 宾鸿赞. 先进制造技术[M]. 武汉：华中科技大学出版社，2010.

[4] 张军翠，张晓娜. 先进制造技术[M]. 北京：北京理工大学出版社，2013.

[5] 朱江峰，黎震. 先进制造技术[M]. 北京：北京理工大学出版社，2009.

[6] 戴庆辉. 先进制造系统[M]. 北京：机械工业出版社，2005.

[7] 蒋志强，施进发，王金凤. 先进制造系统导论[M]. 北京：科学出版社，2006.

[8] 张曙. 五轴加工机床：现状和趋势[J]. 金属加工·冷加工，2015（15）：1-5.

[9] 张曙. 工业 4.0 和智能制造[J]. 机械设计与制造工程，2014，43（8）：1-5.

[10] ABHISHEK DIXIT, VIKAS DAVE. Lean Production System：A Future Approach [J]. International Journal of Engineering Sciences & Management Research, 2015, 2 (6)：69-74.

[11] 贾鸿莉，王秋雪，高莉莉. 先进制造技术[M]. 镇江：江苏大学出版社，2016.

[12] 郭洪红. 工业机器人技术[M]. 3 版. 西安：西安电子科技大学出版社，2019.

[13] 许明，陈国金. 工业 4.0 柔性装配基础及实践[M]. 西安：西安电子科技大学出版社，2020.

[14] 黄明吉. 数字化成型与先进制造技术[M]. 北京：机械工业出版社，2020.

[15] 杨永旭. 传感器及其技术发展现状[J]. 信息技术，2010，40（6）：25-27.

[16] M. F. YING. Improving Electromagnetic Compatibility of Gas Sensor Based on Electromagnetic Measurement [C]. Proc. of the 8th World Congress on Intelligent Control and Automation, 2010 (6)：2053-2058.

[17] 王志萍，刘志富，王炜. 传感器技术在自动化控制系统中的应用[J]. 科技信息，2009（17）：1.

[18] 孙圣和. 现代传感器发展方向[J]. 电子测量与仪器学报，2009，23（1）：1-10.

[19] 郭玥，李潇雯. 基于遗传算法的码垛机器人路径规划应用[J]. 包装工程，2019，40（21）：167-172.

[20] COLGATEJ E, WANNASUPHOPRASIT W, PESHKIN M. Cobots：Robots for Collaboration with Human Operators[C]. Proceedings of the ASME Dynamic Systems and Control Division, 1996 (58)：433-440.

[21] 孙福权. ERP 实用教程[M]. 2 版. 北京：人民邮电出版社，2016.

[22] 周玉清，刘伯莹，周强. ERP 原理与应用教程[M]. 3 版. 北京：清华大学出版社，2019.

[23] 桂海进，汤发俊，成淼，等. ERP 原理与应用[M]. 3 版. 北京：中国电力出版社，2015.

[24] 程国卿. MRP Ⅱ/ERP 原理与应用[M]. 4 版. 北京：清华大学出版社，2021.

[25] 於志文，郭斌. 人机共融智能[J]. 中国计算机学会通讯，2017，13（12）：64-67.

[26] 李培根，高亮. 智能制造概论[M]. 北京：清华大学出版社，2021.

[27] 陈明，梁乃明. 智能制造之路：数字化工厂[M]. 北京：机械工业出版社，2016.

[28] 陈长年，李雷. 浅析智能机床发展[J]. 制造技术与机床，2015（12）：45-49.

[29] 周济，李培根. 智能制造导论[M]. 北京：高等教育出版社，2021.

[30] 岳玮，裴宏杰，王贵成. 智能加工技术研究进展与关键技术[J]. 工具技术，2015，49（11）：3-6.

[31] 朱剑英. 智能制造的意义、技术与实现[J]. 机械制造与自动化，2013（3）：16.

[32] 富宏亚，韩振宇. 智能加工技术与系统[M]. 哈尔滨：哈尔滨工业大学出版社，2006.

[33] 张定华，侯永锋，杨沫，等. 智能加工工艺引领未来机床发展方向[J]. 航空制造技术，2014，11：34-38.

[34] 蔡自兴. 中国智能控制 40 年[J]. 科技导报，2018，36（17）：23-39.

[35] 薛荣辉. 智能控制理论及应用综述[J]. 现代信息科技，2019，3（22）：176-178.

[36] 王立平. 智能制造装备及系统[M]. 北京：清华大学出版社，2020.

[37] 鄢萍，阎春平，刘飞，等. 智能机床发展现状与技术体系框架[J]. 机械工程学报，2013，49（21）：1-10.